熔焊方法与工艺

主 编 冯昊 张慧

北京理工大学出版社
BEIJING INSTITUTE OF TECHNOLOGY PRESS

内容提要

　　本书根据劳动和社会保障部培训就业司最新颁发的教学大纲，并结合教学实践和焊接技术的发展状况编写而成。全书共 8 章，主要包括：焊接基础知识、焊条电弧焊、气焊气割与碳弧气刨、埋弧焊、熔化极气体保护电弧焊、钨极惰性气体保护焊、等离子弧焊接与切割及电渣焊、螺柱焊、高能束焊接等焊接方法与工艺。

　　本书可供焊接技术、机械制造、材料加工等专业及热加工工种的师生使用，也可作为岗位培训教材和相关工程技术人员的参考资料。

图书在版编目（CIP）数据

　　熔焊方法与工艺 / 冯昊，张慧主编 . —北京：北京理工大学出版社，2016.3
　　ISBN 978-7-5682-1952-5

　　Ⅰ.①熔⋯　　Ⅱ.①冯⋯②张⋯　　Ⅲ.①熔焊–焊接工艺　　Ⅳ.①TG442

　　中国版本图书馆 CIP 数据核字（2016）第 043707 号

出版发行 / 北京理工大学出版社有限责任公司
社　　址 / 北京市海淀区中关村南大街 5 号
邮　　编 / 100081
电　　话 / （010）68914775（总编室）
　　　　　　82562903（教材售后服务热线）
　　　　　　68948351（其他图书服务热线）
网　　址 / http：//www.bitpress.com.cn
经　　销 / 全国各地新华书店
印　　刷 / 北京通县华龙印刷厂
开　　本 / 787 毫米 × 1092 毫米　1/16
印　　张 / 20.25
字　　数 / 430 千字
版　　次 / 2016 年 3 月第 1 版第 1 次印刷　　　　　　　　　　　责任校对 / 陈玉梅
定　　价 / 67.00 元　　　　　　　　　　　　　　　　　　　　　责任印制 / 边心超

图书出现印装质量问题，请拨打售后服务热线，本社负责调换

PREFACE 前言

　　本套教材根据劳动和社会保障部培训就业司最新颁发的教学大纲，结合职业技能鉴定需求和焊接专业特点编写而成。全套教材包括《熔焊方法与工艺》《焊接电工电子技术》《焊接工程制图与 CAD》《焊接结构与制造》《焊接检测技术》《熔焊基础与金属材料焊接》《工程材料与热加工基础》《机械工程基础（焊接专业）》《焊接安全与卫生》《金工实习（焊接专业）》《材料连接与切割技术》《电弧焊工艺》《钳工与冷作工艺》《钣金连接技术》等。

　　在教材的编写过程中，我们始终坚持了以下几个原则。

　　（1）坚持中高级技能人才的培养方向，从职业（岗位）需求分析入手，强调实用性，使学生掌握一定理论知识，培养学生分析问题、解决问题的能力。并引导学生理论联系实际，提高学生操作技能水平。

　　（2）紧密结合教育教学实际情况，化繁为简，化难为易，全书以国家职业资格标准为依据，力求使教材内容在覆盖职业技能鉴定的各项要求的基础上拓展外延，以满足不同层次的各级各类学校和工矿企业的需求。

　　（3）突出教材的时代感，力求较多地引进新知识、新技术、新工艺、新方法、新材料等方面的内容，较全面地反映焊接技术发展趋势。

　　（4）打破传统的教材编写模式，树立以学生为主体的教学理念，强调培养学生自主学习能力。

　　本套教材是基于编者多年的教学实践积淀而成。编写时，取材力求少而精，突出实用性，内容紧密结合工程实践。本套教材可供焊接技术、机械制造、材料加工等专业及热加工工种的师生使用，也可作为岗位培训教材和相关工程技术人员的参考资料。

编　者

目 录
Contents

第1章
焊接基础知识

1.1 焊接电弧

电弧是所有电弧焊方法的能源。电弧是一种气体放电现象，它是带电粒子通过两电极之间气体空间的一种导电过程。焊接电弧是在加有一定电压的电极和工件之间产生的一种长时间而有力的气体放电现象，即在局部气体介质中有大量电子流通过的导电现象（见图1-1）。电弧焊就是利用这种焊接电弧产生的热能和机械能来熔化金属，形成焊接接头，最终达到连接金属的目的。

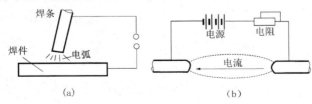

(a)　　　　　　　　　(b)

图1-1　焊接电弧示意图

1.1.1 焊接电弧的物理基础

1. 电弧的产生及其电场强度分布

通常情况下，气体的分子和原子呈中性，气体中没有带电粒子，即使在电场作用下，也不会产生气体导电现象。要使两电极之间的气体导电，必须具备以下两个条件。

①两电极之间有带电粒子；

②两电极之间有电场。

因此，如能采用一定的方法，改变两电极间气体粒子的电中性状态，使之产生带电粒子，这些带电粒子在电场的作用下运动，即形成电流，使两电极之间的气体空间成为导体，从而产生了气体放电。

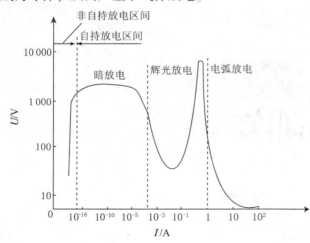

图 1-2　气体放电时的伏安特性曲线

加条件，放电过程仍能持续。根据放电电流的大小，

气体导电时，其电流与电压之间的关系不符合欧姆定律（见图 1-2）。根据气体放电电流大小的变化，气体放电现象可分为非自持放电和自持放电。非自持放电现象发生在很小的电流区间里，气体中的带电粒子不能通过导电过程本身产生，需外加条件或直接输入带电粒子，外加条件的存在与否决定着非自持放电现象的存在与否。自持放电现象是通过一定的外加条件，制造出带电粒子，一旦放电开始，取消外气体放电分为暗放电、辉光放电和电弧放电三种形式。其中，电弧放电是气体放电现象中电压最低、电流最大、温度最高、发光最强的一种放电现象。借助这种特殊的放电过程，电能被转换成热能、机械能和光能。

在两个电极之间产生电弧放电时，沿电弧长度方向的电场强度（电压降）分布如图 1-3 所示。由图可见，沿电弧长度方向的电场强度分布并不均匀。按电场强度分布的特点可将电弧分为三个区域：阴极区（阴极附近

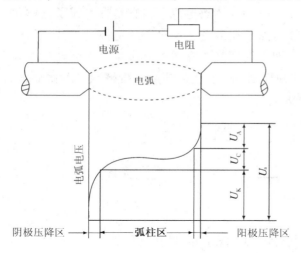

图 1-3　电弧及电场强度分布示意图

的区域，其电压 U_K 称为阴极电压降）、弧柱区（中间部分，其电压 U_C 称为弧柱电压降）、阳极区（阳极附近的区域，其电压 U_A 称为阳极电压降）。阳极区和阴极区占整个电弧长度的尺寸很小，约为 $10^{-2} \sim 10^{-6}$ cm，故可近似认为弧柱长度即为电弧长度。电弧的这种不均匀的电场强度分布，说明电弧各区域的电阻是不同的，即电弧电阻是非线性的。

电弧作为导体不同于金属导体，金属导电是通过金属内部自由电子的定向移动形成电流，而电弧导电时，电弧气氛中的电子、正离子、负离子都参与导电，其过程要复杂得多。

2. 电弧中带电粒子的产生

电弧两极间带电粒子的产生来源于气体粒子电离、电极发射电子和负离子形成等。其中气体的电离和阴极发射电子是电弧中产生带电粒子的两个基本物理过程。

（1）气体的电离。

①电离与激励。在外加能量作用下，使中性的气体分子或原子分离成电子和正离子的过程称为气体电离。气体电离的实质是中性气体粒子（分子或原子）吸收足够的外部能量，使分子或原子中的电子脱离原子核的束缚而成为自由电子和正离子的过程。中性气体粒子失去第一个电子所需的最小外加能量称为第一电离能，失去第二个电子所需的能量称为第二电离能，依此类推。

电弧焊中的气体粒子电离现象主要是第一次电离。电离能通常以电子伏（eV）为单位。1电子伏即为1个电子通过电位差为1V的两点间所需做的功，其数值为 1.6×10^{-19} J。为了便于计算，常把以电子伏为单位的能量转换为数值上相等的电离电压来表示。电弧气氛中常见气体粒子的电离电压见表 1-1。

表 1-1 常见气体粒子的电离电压

气体粒子	电离电压 /V	气体粒子	电离电压 /V	气体粒子	电离电压 /V
H	13.5	Ca	6.1（12，51，67）	Cl_2	13
He	24.5（54.2）	Ni	7.6（18）	CO	14.1
Li	5.4（75.3，122）	Cr	7.7（20，30）	NO	9.5
C	11.3（24.4，48，65.4）	Mo	7.4	OH	13.8
N	14.5（29.5，47，73，97）	Cs	3.9（33，35，51，58）	H_2O	12.6
O	13.5（35，55，77）	Fe	7.9（16，30）	CO_2	13.7
F	17.4（35，63，87，114）	W	8.0	NO_2	11
Na	5.1（47，50，72）	H_2	15.4	Al	5.96
Cl	13（22.5，40，47，68）	C_2	12	Mg	7.61
Ar	15.7（28，41）	Na	15.5	Ti	6.81
K	4.3（32，47）	O_2	12.2	Cu	7.68
注：括号内的数字依次为二次、三次……电离电压。					

当其他条件（如气体的解离性能、热物理性能等）一定时，气体电离电压的大小反映了带电粒子产生的难易程度。电离电压低，表示带电粒子容易产生，有利于电弧导电；相反，电离电压高表示带电粒子难以产生，电弧导电困难。当中性气体粒子受外加能量作用而不足以使其电离时，但可能使其内部的电子从原来的能级跃迁到较高的能级，这种现象称为激励。使中性粒子激励所需要的最低外加能量叫做激励能，若以伏为单位来表示，则称为激励电压。表 1-2 为常见气体粒子的激励电压。

表1-2　常见气体粒子的激励电压

元素	激励电压 /V	元素	激励电压 /V	元素	激励电压 /V
H	10.2	K	1.6	CO	6.2
He	19.3	Fe	4.43	CO_2	3.0
Ne	16.6	Cu	1.4	H_2O	7.6
Ar	11.6	H_2	7.0	Cs	1.4
N	2.4	N_2	6.3	Ca	1.9
O	2.0	O_2	7.9	CO_2	

激励时由于电子未脱离原子的束缚，所以受激粒子仍呈中性。受激粒子处于不稳定的受激状态，处于激励状态的时间极短（一般为 $10^{-2} \sim 10^{-8}\,s$）。处于激励状态的粒子有自发地恢复到常态的趋势，将自己的能量以辐射光的形式释放出来，表现为电弧的辐射光，或继续受到外加能量的作用而电离。

由此可见，当电弧空间同时存在电离电压（或激励电压）不同的几种气体时，在外加能量的作用下，电离电压（或激励电压）较低的气体粒子将先被电离（或激励）。如果这种气体供应充足，则电弧空间的带电粒子将主要由这种气体的电离来提供，所需要的外加能量也主要取决于这种较低的电离电压，因而为提供电弧导电所要求的外加能量也较低。焊接时，为提高电弧的稳定性，往往加入一些电离电压较低、易电离的元素作为稳弧剂，也就是基于此种原因。

任何中性气体粒子在一定的外加能量作用下都会产生电离与激励，电弧气氛中往往是电离与激励同时存在。外加能量可以通过不同方式作用于中性气体粒子，但使之电离与激励所必需的最低能量数值，并不因施加能量方式的不同而改变，即对于确定的气体粒子其电离电压和激励电压都是固定数值。

②电离种类。根据外加能量来源的不同，气体电离种类可分为热电离、场致电离和光电离三种。

a. 热电离。气体粒子受热的作用而产生电离的过程称为热电离。它实质上是由于气体粒子的热运动形成频繁而激烈地碰撞产生的一种电离过程。

电弧中带电粒子数的多少对电弧的稳定起着重要作用。单位体积内电离的粒子数与气体电离前粒子总数的比值称为电离度（x），即

$$x = \frac{\text{电离后的中性粒子密度}}{\text{电离前的中性粒子密度}}$$

热电离的电离度与温度、气体压力及气体的电离电压有关。随着温度的升高，气体压力的减小及电离电压的降低，电离度随之增加，电弧中带电粒子数增加，电弧的稳定性增强。

b. 场致电离在两电极间的电场作用下，气体中的带电粒子被加速，电能将转换为带电粒子的动能。当带电粒子的动能增加到一定数值时，则可能与中性粒子发生非弹

性碰撞而使之产生电离，这种电离称为场致电离。

在普通焊接电弧中，因弧柱的温度一般在 5 000～30 000 K 之间，而电场强度仅为 10 V/cm 左右，所以在弧柱区热电离是产生带电粒子的主要途径，电场作用下的电离则是次要的。在电弧的阴极压降区和阳极压降区，电场强度可达 $10^5～10^7$ V/cm，远高于弧柱区，因而会产生显著的场致电离现象。

热电离和场致电离本质上都属于碰撞电离。在碰撞过程中，由于电子的质量远小于其他气体粒子，速度快，动能大，因而当其与中性气体粒子碰撞时，几乎可以将其全部动能传递给中性粒子而转化为中性粒子的内能（这种碰撞称为非弹性碰撞），使中性粒子电离或激励。

c. 光电离。中性气体粒子受到光辐射的作用而产生的电离过程称为光电离。焊接电弧的光辐射只可能使 K、Na、Ca、Al 等金属蒸汽直接引起光电离，而对焊接电弧气氛中的其他气体则不能直接引起光电离。因此，光电离只是电弧中产生带电粒子的一种次要途径。

（2）阴极发射电子。在电弧焊中，电弧气氛中的带电粒子一方面由电离产生，另一方面则由阴极电子发射获得。两者都是电弧产生和维持不可缺少的必要条件。由于从阴极发射的电子，在电场的加速下碰撞电弧导电空间的中性气体粒子而使之电离，这样就使阴极电子发射充当了维持电弧导电的"原电子之源"。因此，阴极电子发射在电弧导电过程中起着特别重要的作用。

①电子发射与逸出功。阴极中的自由电子受到一定的外加能量作用时，从阴极表面逸出的过程称为电子发射。电子从阴极表面逸出需要能量，1 个电子从金属表面逸出所需要的最低外加能量称为逸出功（A_w），单位是电子伏。因电子电量为常数 e，故通常用逸出电压（U_w）来表示，$U_w = A_w/e$（V）。逸出功的大小受电极材料种类及表面状态的影响。表 1-3 为几种金属材料的逸出功。由表可见，当金属表面存在氧化物时逸出功都会减小。

表 1-3　几种金属材料的逸出功

金属种类		W	Fe	Al	Cu	K	Ca	Mg
A_w/e	纯金属	4.54	4.48	4.25	4.36	2.02	2.12	3.73
/V	表面有氧化物	—	3.92	3.9	3.85	0.46	1.8	3.31

②阴极斑点。阴极表面通常可以观察到烁亮的区域，这个区域称为阴极斑点，它是发射电子最集中的区域，即电流最集中流过的区域。阴极斑点的形态与阴极的类型有关。当采用钨或碳作阴极材料时（通常称为热阴极），其斑点固定不动；而当采用钢、铜、铝等材料作阴极时（通常称为冷阴极），其斑点在阴极表面做不规则的游动，甚至可观察到几个斑点同时存在。由于金属氧化物的逸出功比纯金属低，因而氧化物处容易发射电子。氧化物发射电子的同时自身被破坏，因而阴极斑点有清除氧化物的

作用。阴极表面某处氧化物被清除后另一处氧化物就成为集中发射电子的所在。于是，斑点游动力图寻找在一定条件下最容易发射电子的氧化物。如果电弧在惰性气体中燃烧，阴极上某处氧化物被清除后不再生成新的氧化物，阴极斑点移向有氧化物的地方，接着又将该处氧化物清除。这样就会在阴极表面的一定区域内将氧化物清除干净，显露出金属本色。这种现象称为"阴极清理"或"阴极破碎"作用。

③电子发射的类型。根据外加能量形式的不同，电子发射可分为热发射、场致发射、光发射和粒子碰撞发射四种类型。

a. 热发射。阴极表面因受热的作用而使其内部的自由电子热运动速度加大，动能增加，一部分电子动能达到或超出逸出功时产生的电子发射现象称为热发射。

热发射的强弱受材料沸点的影响。当采用高沸点的钨或碳作阴极时（其沸点分别为 5 950 K 和 4 200 K），电极可被加热到 3 500 K 以上的高温，此时，通过热发射可为电弧提供足够的电子。

焊接时，阴极表面受到热的作用，温度很高，其内部的自由电子运动速度加快，达到一定程度时，便飞出金属表面，产生热发射。温度越高，热发射作用越强烈。电子从阴极发射时，将从阴极表面带走热量，对金属表面产生冷却作用。当电子被阳极接受时，将恢复金属内部的自由电子，并向其放出逸出功，使表面加热。

b. 场致发射。当阴极表面空间存在一定强度的正电场时，阴极内部的电子将受到电场力的作用。当此力达到一定程度时电子便会逸出阴极表面，这种电子发射现象称为场致发射。

当采用钢、铜、铝等低沸点材料作阴极时（其沸点分别为 3 013 K、2 868 K 和 2 770 K），阴极加热温度受材料沸点限制不可能很高，热发射能力较弱，此时向电弧提供电子的主要方式是场致发射电子。实际上，电弧焊时纯粹的场致发射是不存在的，只不过是在采用冷阴极时以场致发射为主，热发射为辅而已。

电极间的电压越高，金属的逸出功越小，则场致发射作用越大。由于电场提供了电场能，相当于降低了电极的逸出功，因此场致发射时，电子从电极表面带走的热能比热发射带走的要少。

c. 光发射。当阴极表面受到光辐射作用时，阴极内的自由电子能量达到一定程度而逸出阴极表面的现象称为光发射。光发射在阴极电子发射中居次要地位。

d. 粒子碰撞发射。电弧中高速运动的粒子（主要是正离子）碰撞阴极时，把能量传递给阴极表面的电子，使电子能量增加而逸出阴极表面的现象称为粒子碰撞发射。这种发射伴随着从阴极逸出的电子首先与正离子中和成中性粒子，并释放出电离能的过程。因此，当电离能与正离子的撞击能之和为电子逸出功的两倍时，阴极才能发射出一个有效电子。

焊接电弧中，阴极区有大量的正离子聚积，正离子在阴极区电场作用下被加速，获得较大动能，撞击阴极表面可能形成碰撞发射。在一定条件下，这种电子发射形式也是焊接电弧阴极区提供导电所需带电粒子的主要途径之一。

实际焊接过程中，上述几种电子发射形式常常是同时存在，相互促进，相互补充。例如，在引弧过程中，热发射和电场发射起主要作用。使用高沸点的材料钨或碳作为阴极，阳极区的带电粒子主要为热发射电子。若铜或铝为阳极，撞击发射和电场发射就为主要作用。而钢作为阴极时，则热发射、撞击发射、电场发射都在起作用。

（3）带电粒子的消失。电弧导电过程中，在产生带电粒子的同时，伴随着带电粒子的消失过程。在电弧稳定燃烧时，上述二者处于动平衡状态。带电粒子在电弧空间的消失主要有扩散、复合两种形式和电子结合成负离子等过程。

①扩散。电弧空间中如果带电粒子的分布不均匀，则带电粒子将从密度高的地方向密度低的地方迁移而使密度趋于均匀，这种现象称为带电粒子的扩散。

焊接电弧中，弧柱中心部位比周边温度高，带电粒子密度大，因而这种扩散总是从弧柱中心向周边扩散。各种带电粒子中电子的质量最小，运动速度最大，因此电子的扩散速度比离子高，容易扩散到电弧周边上来。当电弧周边上的电子密度增加后将阻碍电子的继续扩散，这时由于正负电荷的吸引作用，又促使正离子向电弧周边扩散。这种扩散的结果，不仅使弧柱中心带电粒子数减少，还将中心的一部分热量带到电弧周边。为保持电弧的稳定燃烧，电弧本身必须再多产生一部分带电粒子和热量来弥补上述损失。

②复合。电弧空间的正负带电粒子（正离子、负离子、电子）在一定条件下相遇而结合成中性粒子的过程称为复合。

复合主要是在电弧的周边进行。这是因为弧柱中心温度较高，所有粒子本身的热运动能量都很大，只能产生更多的带电粒子，不可能产生复合。在电弧周边温度较低，带电粒子数较少，弧柱中心的带电粒子会向周边扩散并降低能量，然后复合成中性粒子。电子与正离子复合时将以辐射和热能的形式释放出电离能和各自的一部分动能。交流电弧焊接时，电流过零的瞬间电弧熄火，电弧空间温度迅速降低，这时会产生带电粒子的大量复合，使电弧空间带电粒子减少，可能导致电弧复燃困难。

（4）负离子的形成与影响。在一定条件下，有些中性原子或分子能吸附电子而形成负离子。由于电弧周边温度较低，因而中性粒子易与从电弧中心扩散出来的动能较低的电子相遇而形成负离子。

中性粒子吸附电子而形成负离子时，其内能不是增加而是减少的（以热或辐射光的形式释放出来）。减少的这部分能量称为中性粒子的电子亲和能。电子亲和能大的元素，形成负离子的倾向大。由于大多数元素的电子亲和能较小，所以不易生成负离子。电弧中可能遇到的 F、Cl、O_2、OH、NO 等元素均具有一定的电子亲和能，都可能形成负离子。

负离子的产生，使得电弧空间的电子数量减少，导致电弧导电困难，电弧稳定性降低；负离子虽然所带电荷量与电子相等，但因其质量比电子大得多，运动速度低，易与正离子复合成中性粒子，故不能有效地担负转送电荷的任务。

1.1.2 焊接电弧的导电特性

焊接电弧的导电特性是指参与电荷的运动并形成电流的带电粒子在电弧中产生、运动和消失的过程。在焊接电弧的弧柱区、阴极区和阳极区三个组成区域中，它们的导电特性是各不相同的。

1. 弧柱区的导电特性

弧柱的温度很高，且随电弧气体的介质、电流大小的不同而异，大约在 5 000 ~ 50 000 K之间。电弧稳定燃烧时，弧柱与周围气体介质处于热平衡状态。当弧柱温度很高时，可使其中的大部分中性粒子电离成电子和正离子。由于正离子和电子的空间密度相同，两者的总电荷量相等，所以宏观上看弧柱呈电中性。由此可见，弧柱是包含有大量电子、正离子等带电粒子和中性粒子等聚合在一起的气体状态。这种状态又称为电弧等离子体。

电弧等离子体虽然对外呈现电中性，但由于其内部有大量电子和正离子等带电粒子，所以仍具有良好的导电性能。这些带电粒子在电场的作用下运动，形成弧柱中的电流。弧柱中负离子的数量很少，可以忽略不计。因而，弧柱中的电流由向阴极运动的正离子流和向阳极运动的电子流组成。由于电子和正离子在同一电场中所受的电场力相同，而电子的质量远比正离子的质量小，即电子的运动速度比正离子的速度要大得多，因此弧柱中的电流主要由电子流构成。

弧柱单位长度上的电压降（即电位梯度）称为弧柱电场强度 E。E 的大小表征了弧柱的导电性能，弧柱的导电性能好，则所要求的 E 值小。显然，当弧柱中通过大电流时，电离度提高，E 值将减少。电场强度 E 和电流 I 的乘积 EI，相当于电源供给每单位弧长的电功率，它将与弧柱的热损失相平衡。电弧在 H_2、He 等气体介质中燃烧时，由于这些气体比空气轻，粒子运动速度大，带走的热量多，在电流一定时，为了平衡就需要增加电弧单位长度的电功率（即加大 E 值）。另外，多原子气体在分解成单原子时也要吸收热量，也会使 E 值变大。I 一定，E 变大，弧柱的产热功率提高，因而弧柱的温度也升高。当弧柱外围有强迫气流冷却时，E 也将提高，弧柱温度也会升高。由此可见：

①电场强度 E 的大小与电弧的气体介质有关；

②E 的大小将随弧柱的热损失情况而自行调整。

上述两种现象表明，弧柱在稳定燃烧时，有一种使自身能量消耗最小的特性。即当电流和电弧周围条件（如气体介质种类、温度、压力等）一定时，稳定燃烧的电弧将自动选择一个确定的导电截面，使电弧的能量消耗最小。当电弧长度也为定值时，电场强度的大小即代表了电弧产生热量的大小。因此，能量消耗最小时的电场强度最低，即在固定弧长上的电压降最小，这就是最小电压原理。

电流和电弧周围条件一定时，如果电弧截面面积大于或小于其自动确定的截面，都会引起电场强度 E 增大，使消耗的能量增多，违反最小电压原理。因为电弧截面增大时，电弧与周围介质的接触面增大，电弧向周围介质散失的热量增加，要求电弧产生更多的能量与之相平衡，即要求 EI 增加。因焊接电流 I 是一定的，所以只能是电弧电场强度 E 增加才能使 EI 增加；反之，若电弧截面减小，则在 I 一定的情况下，电流密度必然增加，导致 E 增大。所以说，电弧将自动确定一个截面，在这一截面下，使 EI 最小，即消耗的能量最小。

2. 阴极区的导电特性

阴极区是指靠近阴极的很小一个区域，在电弧中，它一方面向弧柱区提供电弧导电所需的电子流，另一方面接受由弧柱传来的正离子流。由于电极材料种类及工作条件（电流大小、气体介质等）不同，阴极区的导电形式和特性也不同。

（1）热发射型。当采用热阴极且使用较大电流时，阴极区可加热到很高的温度，这时阴极主要靠热发射提供电子流来满足弧柱导电的需要。这种情况下，阴极斑点在电极表面十分稳定，其面积较大而且比较均匀，紧挨阴极表面的弧柱不呈收缩状态。阴极区的电流密度与弧柱区也相近，阴极区电压降很小。

热发射时电子从阴极表面带走的热量可以从以下两条途径得到补充：一是正离子冲击阴极表面而将能量传递给阴极，并且正离子在阴极表面复合电子，释放出的电离能也使阴极加热；二是电流流过阴极时产生的电阻热使阴极加热。通过上述能量补充，可使阴极维持较高的温度，保证持续的热发射。大电流钨极氩弧焊时，这种热发射型导电占主导地位。

（2）电场发射型。当采用冷阴极或虽然采用热阴极但使用较小电流时，因为不可能加热到很高的温度，不足以产生较强的热发射来提供弧柱导电所需要的电子流，则在靠近阴极的区域，正电荷过剩而形成较强的正电场，并使阴极与弧柱之间形成一个正电性区——阴极区。这个正电场的存在，可使阴极产生场致发射，向弧柱提供所需要的电子流。同时阴极发射出来的电子被加速，使其动能增加，在阴极区可能产生场致电离。场致电离产生的电子与阴极发射出来的电子合在一起构成弧柱所需的电子流，场致电离产生的正离子与弧柱来的正离子，在电场作用下一起奔向阴极，使得阴极区保持正离子过剩，出现正电性，维持场致发射。另外，当这些正离子到达阴极时，将其动能转换为热能，对阴极的加热作用增强，使阴极的热发射作用增大，呈现热——场致发射，为弧柱提供足够的电子流。这种形式的导电中，为了提高阴极区的电场强度，按照最小电压原理，阴极区将自动收缩截面，以提高正离子流即正电荷的密度，维持阴极的电子发射能力。在小电流钨极氩弧焊和熔化极气电焊时，这种场致发射型导电起主要作用。

在采用冷阴极或虽然采用热阴极但使用较小电流的情况下，实际上是热发射型和场致发射型两种阴极导电形式并存，而且相互补充和自动调节。阴极区的电压降，主要取决于电极材料的种类、电流大小和气体介质的成分，一般在几伏至几十伏之间。当电极材料的沸点较高或逸出功较小时，热发射型导电的比例较大，阴极压降较小，反之，则场致发射型导电的比例较大，阴极压降也较大。电流较大时，一般热发射型导电的比例增大，阴极压降减小。

3. 阳极区的导电特性

阳极区是指靠近阳极的很小一个区域，在电弧中，它的主要作用是接受弧柱中送来的电子流，同时向弧柱提供所需的正离子流。

（1）阳极斑点。在阳极表面也可看到烁亮的区域，这个区域称为阳极斑点。弧柱中送来的电子流，集中在此处进入阳极，再经电源返回阴极。阳极斑点的电流密度比阴极斑点的小，它的形态与电极材料及电流大小有关。由于金属蒸汽的电离电压比周围气体介质的低，因而电离易在金属蒸汽处发生。如果阳极表面某一区域产生均匀的金属熔化和蒸发，或这些区域的蒸发比其他区域更强烈，则这个区域便成为阳极导电区。在大气或氧化性气氛中燃烧的电弧，由于金属阳极上有氧化物存在，而一般金属的熔点与沸点皆低于金属氧化物的熔点和沸点，所以纯金属处比金属氧化物处更容易产生蒸发。阳极斑点便会自动寻找纯金属而避开氧化物，因而在阳极表面上跳跃移动。

（2）阳极区导电形式。阳极不能发射正离子，弧柱所需的正离子流是由阳极区的电离提供的。由于条件不同，阳极区的导电形式有以下两种。

①阳极区的场致电离。当电弧电流较小时，阳极前面的电子数必将大于正离子数，形成负的空间电场，并使阳极与弧柱之间形成一个负电性区——阳极区。只要弧柱的正离子得不到补充，这个负电场就继续增大。阳极区内的带电粒子被这个电场加速，使其在阳极区内与中性粒子碰撞产生场致电离，直到这种电离生成的正离子能满足弧柱需要时，阳极区的电场强度才不再继续增大。电离生成的正离子流向弧柱，产生的电子流向阳极。这种导电方式中阳极区压降较大。

②阳极区的热电离。当电弧电流较大时，阳极的过热程度加剧，金属产生蒸发，阳极区温度也大大提高。阳极区内的电离方式将由金属蒸汽的热电离取代高能量电子的碰撞产生的场致电离，完成阳极区向弧柱提供正离子流的作用。这种情况下阳极区的压降较低。大电流钨极氩弧焊时属于这种阳极区导电机构。

1.1.3 焊接电弧的工艺特性

电弧焊以电弧为能源，主要利用其热能及机械能。焊接电弧是与热能及机械能有关的工艺特性，主要包括电弧的热能特性、电弧的力学特性和电弧的稳定性等。

1. 电弧的热能特性

（1）电弧热的形成机构。电弧可以看做是一个把电能转换成热能的柔性导体，由于电弧三个区域的导电特性不同，因而产热特性也不同。

①弧柱的产热。弧柱是带电粒子的通道。在这个通道中带电粒子在外加电场的作用下运动，电能转换为热能和动能。在弧柱中，带电粒子并不是直接向两极运动，而是在频繁而激烈地碰撞过程中沿电场方向运动。这种碰撞是无规则的紊乱运动，可能是带电粒子之间的碰撞，也可能是带电粒子与中性粒子之间的碰撞。碰撞过程中带电粒子达到高温状态，把电能转换成热能。由于质量上的差异，电子运动速度比正离子

运动速度大得多，因此从电源吸取电能转换为热能的作用几乎完全由电子来承担，在弧柱中外加电能大部分将转换为热能。

单位长度弧柱的电能为 EI，它的大小决定了弧柱产热量的大小。当电弧处于稳定状态时，弧柱的产热与弧柱的热损失（对流、传导和辐射等）处于动平衡状态。当电弧电流一定时，单位长度弧柱产热量由 E 决定，E 的数值按最小电压原理自行调节。I 一定，E 升高，则弧柱的产热量增加，弧柱温度升高，焊件获得的热量也增加。根据这一特点，在实际焊接中往往采取措施强迫冷却弧柱，使电弧截面减小，E 增大，从而获得能量更集中、温度更高的电弧。

一般电弧焊时，弧柱损失的热能中对流损失约占 80% 以上，传导与辐射损失约占 10% 左右，所以仅剩很少一部分能量通过辐射传给焊丝和焊件。当电流较大有等离子流产生时，等离子流可把弧柱的一部分热量带给焊件，从而增加焊件的热量。

②阴极区的产热。阴极区与弧柱区相比，长度很短，且靠近电极或焊件（由接线方法决定），所以直接影响焊丝的熔化或焊件的加热。阴极区存在电子和正离子两种带电粒子。这两种带电粒子在不断地产生、运动和消失，同时伴随着能量的转换与传递。由于弧柱中正离子流所占比例很小，可以认为它的产热对阴极区的影响很小，可忽略不计。影响阴极区能量状态的带电粒子全部在阴极区产生，并由阴极区提供足够数量的电子来满足弧柱导电的需要，因此可从这些电子在阴极区的能量平衡过程来分析阴极区的产热。

阴极区提供的电子流与总电流 I 相近，这些电子在阴极压降 U_k 的作用下逸出阴极并被加速，获得的总能量为 IU_k；电子从阴极表面逸出时，将从阴极表面带走相当于逸出功的能量，对阴极有冷却作用，这部分能量总和为 IU_W；电子流离开阴极区进入弧柱区时，将带走与弧柱温度相应的热能，这部分能量为 IU_T（U_T 为弧柱温度的等效电压）。所以阴极区总的产热功率 P_K 应为：

$$P_K = IU_k - IU_W - IU_T$$

所产热量主要用于对阴极的加热和阴极区的散热损失。焊接时，这部分能量可被用来加热填充材料或焊件。

③阳极区的产热。阳极区的电流由电子流和正离子流两部分组成，因正离子流所占比例很小，可忽略不计，只考虑电子流的能量转换效应。到达阳极的电子能量由电子经阳极压降区被 U_A 加速而获得的动能 IU_A、电子从阴极逸出时吸收的逸出功 IU_W 和从弧柱区带来的与弧柱温度相应的热功率为 IU_T 三部分组成，因此阳极区的总产热功率 P_A 为：

$$P_A = IU_A + IU_W + IU_T$$

所产热量主要用于对阳极的加热和散热损失。在焊接过程中，这部分能量也可用于加热填充材料或焊件。

（2）电弧的温度分布。电弧各部分的温度分布受电弧产热特性的影响，使电弧组成的三个区域产热特性不同，温度分布也有较大区别。电弧温度的分布特点可从轴向和径向两个方面进行比较。

①轴向。阴极区和阳极区的温度较低，弧柱温度较高。造成这一结果的原因是：电极受材料沸点的限制，加热温度一般不能超过其沸点；而弧柱中的气体或金属蒸汽不受这一限制，且气体介质的导热特性也不如金属电极的导热性好，热量不易散失，故有较高的温度。阴极、阳极的温度则根据焊接方法的不同有所差别，见表 1 - 4。

表 1 - 4　常用焊接方法阴极与阳极的温度比较

焊接方法	焊条电弧焊	钨极氩弧焊	熔化极氩弧焊	CO_2气体保护焊	埋弧焊
温度比较	阳极温度 > 阴极温度	阴极温度 > 阳极温度			

注：这里指酸性焊条，若为碱性焊条，则结论相反。

②径向。电弧径向温度分布的特点是：弧柱轴线温度最高，沿径向由中心至周围温度逐渐降低。

（3）焊接电弧的热效率及能量密度。电弧焊的热能由电能转换而来，因此电弧的热功率 P_Q 可用下式表示：

$$P_Q = P_e = IU_a$$

式中　　P_e——电弧的电功率；

U_a——电弧电压；

$U_a = U_K + U_C + U_A$。

焊接过程中，电弧产生的热量并没有全部被利用，其中一部分热量因对流、辐射及传导等损失于周围环境中。用于加热、熔化填充材料及焊件的电弧热功率称为有效热功率，表示为：

$$P_Q' = \eta P_Q$$

式中　　η——有效热功率系数（热效率系数）。

热效率系数与焊接方法、焊接工艺参数、焊接材料、母材及周围条件等因素有关，一般根据实验测定。表 1 - 5 为常用焊接方法的热效率系数。由表可见，钨极氩弧焊热效率系数较低，而埋弧焊较高。这是因为熔化极电弧焊时，无论是阴极还是阳极所吸收的热量最终都要给予母材，也就是焊丝受热后将通过熔滴过渡把热量传递给母材，所以热效率较高；埋弧焊时电弧埋在焊剂层下燃烧，焊剂形成的保护罩有保温作用，而且弧柱热量也用于熔化焊剂，热量利用最充分，所以热效率可高达 90%。非熔化极电弧焊，如钨极氩弧焊却不同，钨极氩弧焊电极不熔化，只是焊件熔化，仅利用一部分电弧热量，电极吸收的热量都将被焊枪或冷却水带走，而不能传递到母材中去，所以热效率较低。

表 1 – 5 常用焊接方法的热效率系数

焊接方法	碳弧焊	埋弧焊	焊条电弧焊	CO_2气体保护焊	钨极氩弧焊		熔化极氩弧焊		电渣焊	电子束焊	激光焊
					交流	直流	钢	铝			
热效率系数	0.5 ~ 0.65	0.65 ~ 0.85	0.77 ~ 0.90	0.75 ~ 0.90	0.68 ~ 0.85	0.78 ~ 0.85	0.66 ~ 0.69	0.7 ~ 0.85	0.8	0.9	0.9

当其他条件不变时，η 随着电弧电压 U_a 的升高而降低。因 U_a 升高，弧长增加，通过对流、辐射等损失的弧柱热量增加。

采用某热源加热焊件时，单位面积上的有效热功率称为能量密度，以 W/cm^2 表示。电弧焊时，电弧加热区的能量密度分布是不均匀的，弧柱轴线处能量密度最大，沿径向逐渐降低，因此弧柱中心处的焊件熔深大，而周围熔深小。显然，能量密度大时可有效地将热源用于熔化金属，并可减小热影响区，获得窄而深的焊缝，也有利于提高焊接生产效率。

应该说明的是，热效率值虽然代表了热源能量的利用率，但并不意味着其包含的热量全部得到了"有效"的应用，因为母材所吸收的热量并不全用于金属熔化，其中传导于母材内部的那一部分使得近缝区母材的温度升高，以致组织发生变化而形成热影响区。

2. 电弧的力学特性

在焊接过程中，电弧的机械能是以电弧力的形式表现出来的，电弧力不仅直接影响焊件的熔深及熔滴过渡，而且也影响到熔池的搅拌、焊缝成型及金属飞溅等。电弧力主要包括电磁收缩力、等离子流力、斑点力等。

（1）电弧力及其作用。

①电磁收缩力。当电流流过相距不远的两根平行导线时，如果电流方向相同则产生相互吸引力，方向相反则产生排斥力，这个力是由电磁场产生的，因而称为电磁力。它的大小与导线中流过的电流大小成正比，与两导线间的距离成反比。

当电流流过导体时，电流可看成是由许多相距很近的平行同向电流线组成，这些电流线之间将产生相互吸引力。如果是可变形导体（液态或气态），将使导体产生收缩，这种现象称为电磁收缩效应，产生电磁收缩效应的力称为电磁收缩力。电磁收缩力通常是形成其他电弧力的力源。

焊接电弧是能够通过很大电流的气态导体，电磁效应在电弧中产生的收缩力表现为电弧内的径向压力。通常电弧可看成是一圆锥形的气态导体，如图 1 – 4 所示。电极端直径小，焊件端直径大。由于不同直径处电磁收缩力的大小不同，直径小的一端收缩压力大，直径大的一端收缩压力小，因此将在电弧中产生压力差，形成由小直径

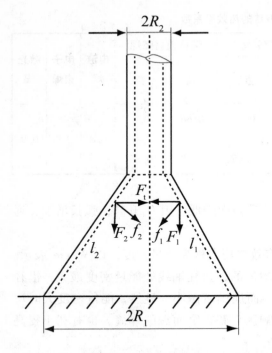

图1-4 圆锥状电弧及其电磁力示意图

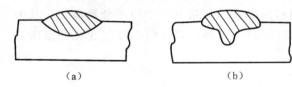

（a）　　　　　　　　　（b）

图1-5 焊缝形状示意图
（a）碗状熔深；（b）指状熔深

（电极）端指向大直径（工件）端的电弧轴向推力（F_t）。而且电流越大，形成的推力越大。

电弧轴向推力在电弧横截面上分布不均匀，弧柱轴线处最大，向外逐渐减小，在焊件上此力表现为对熔池形成的压力，称为电磁静压力。这种分布形式的力作用在熔池上，形成如图1-5（a）所示的碗状熔深焊缝形状。

电弧自身磁场引起的电磁收缩力，在焊接过程中具有重要的工艺性能。它不仅使熔池下凹，同时也对熔池产生搅拌作用，有利于细化晶粒，排出气体及熔渣，使焊缝的质量得到改善。另外，电磁收缩力形成的轴向推力可在熔化极电弧焊中促使熔滴过渡，并可束缚弧柱的扩展，使弧柱能量更集中，电弧更具挺直性。

②等离子流力。由上述可知，因焊接电弧呈圆锥状，使电磁收缩力在电弧各处分布不均匀，具有一定的压力差，形成了轴向推力。在此推力作用下，将把靠近电极处的高温气体推向焊件方向流动，高温气体流动时要求从电极上方补充新的气体，形成有一定速度的连续气流进入电弧区。新加入的气体被加热和部分电离后，受轴向推力作用继续冲向焊件，对熔池形成附加的压力，如图1-6所示。熔池这部分附加压力是由高温气流（等离子气流）的高速运动引起的，所以称为等离子流力，也称电弧的电磁动压力。

电弧中等离子气流具有很大的速度和加速度，可以达到每秒数百米。等离子流产生的动压力分布应与等离子流速度分布相对应，可见这种动压力在电弧中心线上最强。电流越大，中心线上的动压力幅值越大，而分布的区间越小。当钨极氩弧焊的钨极锥角较小，电流较大，或熔化极氩弧焊采用喷射过渡工艺时，这种电弧的动压力皆较显著，容易形成如图1-5（b）所示的指状熔深焊缝。

等离子流力可增大电弧的挺直性，在熔化极电弧焊时促进熔滴轴向过渡，增大熔深并对熔池形成搅拌作用。

③斑点力。电极上形成斑点时，由于斑点处受到带电粒子的撞击或金属蒸发的反

作用而对斑点产生的压力，称为斑点压力或斑点力。

阴极斑点力比阳极斑点力大，主要原因如下。

①阴极斑点承受正离子的撞击，阳极斑点承受电子的撞击，而正离子的质量远大于电子的质量，且阴极压降一般大于阳极压降，所以阴极斑点承受的撞击远大于阳极斑点。

②阴极斑点的电流密度比阳极斑点的电流密度大，金属蒸发产生的反作用力也比阳极斑点大。

不论是阴极斑点力还是阳极斑点力，其方向总是与熔滴过渡方向相反，因而斑点力总是阻碍熔滴过渡的作用力，如图1－7所示。但由于阴极斑点力大于阳极斑点力，所以在直流电弧焊时可通过采用反接法来减小这种影响。熔化极气体保护焊采用直流反接，可以减小熔滴过渡的阻碍作用，减少飞溅，钨极氩弧焊采用直流反接，由于阴极斑点位于焊件上，正离子的撞击使电弧具有阴极清理作用。

（2）影响电弧力的主要因素。

①焊接电流和电弧电压。焊接电流增大，电磁收缩力和等离子流力都增加，所以电弧力也增大。焊接电流一定，电弧长度增加引起电弧电压升高，则电弧力减小。

②焊丝直径。焊接电流一定时，焊丝越细，电流密度越大，造成电弧锥形越明显，则电磁收缩力和等离子流力越大，导致电弧力增大。

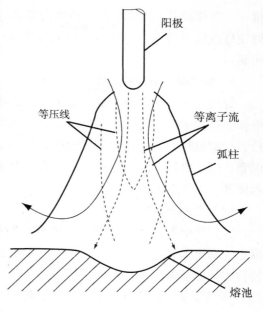

图1－6　等离子流形成示意图

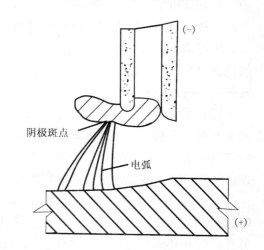

图1－7　斑点力阻碍熔滴过渡的示意图

③电极（焊条、焊丝）的极性。通常情况下阴极导电区的收缩程度比阳极区大，因此钨极氩弧焊正接时，可形成锥度较大的电弧，产生较大的电弧力。熔化极气体保护焊采用直流正接时，熔滴受到较大的斑点压力，过渡时受到阻碍，电弧力较小；反之，直流反接时，电弧力较大。

④气体介质。不同种类的气体介质，其热物理性能不同，对电弧产生的影响也不同。导热性强的气体或多原子气体消耗的热量多，会引起电弧的收缩，导致电弧力的

增加。气体流量或电弧空间气体压力增加，也会引起弧柱收缩，导致电弧力增加，同时使斑点压力增大。斑点压力增大使熔滴过渡困难。CO_2气体保护焊时这种现象尤为明显。

3. 影响焊接电弧稳定性的因素

焊接电弧的稳定性是指电弧保持稳定燃烧（不产生断弧、飘移和偏吹等）的程度。电弧焊过程中，当电弧电压和焊接电流为某一定值时，电弧放电可在长时间内连续进行且稳定燃烧的性能称为电弧的稳定性。电弧的稳定燃烧是保证焊接质量的一个重要因素，因此维持电弧的稳定性是非常重要的。电弧不稳定的原因除操作人员技术熟练程度外，还与下列因素有关。

（1）焊接电源。

①焊接电源的特性。如焊接电源的特性符合电弧燃烧的要求，则电弧燃烧稳定；反之，则电弧燃烧不稳定。电弧焊时，电源必须提供一种能与电弧静特性相匹配的外特性才能保证电弧的稳定燃烧。

②焊接电源的种类。采用直流电源焊接时，电弧燃烧比交流电源稳定。这是因为直流电弧没有方向的改变。而采用交流电源焊接时，电弧的极性是按工频周期性变化的（每秒钟电弧的燃烧和熄灭要重复 100 次）电流和电压每时每刻都在变化，因此，交流电源焊接时电弧没有直流电源时稳定。

③焊接电源的空载电压。具有较高空载电压的焊接电源不仅引弧容易，而且电弧燃烧也稳定。这是因为焊接电源的空载电压较高，电场作用强，场致电离及场致发射就强烈，所以电弧燃烧稳定。

（2）焊条药皮或焊剂。焊条药皮或焊剂是影响电弧稳定性的一个重要因素。焊条药皮或焊剂中有少量的低电离能的物质（如 K、Na、Ca 的氧化物）能增加电弧气氛中的带电粒子。酸性焊条药皮中的成型剂与造渣剂都含有云母、长石，水玻璃等低电离能的物质，因而能保证电弧的稳定燃烧。

如果焊条药皮或焊剂中含有电离能比较高的氟化物（CaF_2）及氯化物（KCl，NaCl）时，由于它们较难电离，因而降低了电弧气氛的电离程度，使电弧燃烧不稳定。另外，焊条药皮偏心和焊条保存不好而造成药皮局部脱落等，使得焊接过程中电弧气体吹力在电弧周围分布不均，电弧稳定性也将下降。

（3）焊接电流。焊接电流大，电弧的温度就增高，则电弧气氛中的电离程度和热发射作用就增强，电弧燃烧也就越稳定。随着焊接电流的增大，电弧的引燃电压降低；同时，随着焊接电流的增大，自然断弧的最大弧长也增大。所以焊接电流越大，电弧燃烧越稳定。

（4）磁偏吹。电弧实质上是一种气态导体，从宏观上看呈中性，而在其内部，正、负电荷分离并以一定的方向运动形成电流，就像一根通电的导体。与流过电流的导体一样，电弧周围也产生自身的磁场。电流与磁场的方向由右手定则确定（图 1 - 8 所示）。这种自身磁场能产生一定的电磁收缩力，促使熔滴向熔池过渡，保证熔化深度，并使电弧具有一定刚度，即电弧抵抗外界干扰，力求保持沿焊条（丝）轴向流动的能力。电弧在其自身磁场作用下具有一定的挺直性，使电弧尽量保持在焊条（丝）的轴线方向上，即使当焊条（丝）与焊件有一定倾角时，电弧仍将保持指向焊条（丝）轴线方向，而不垂直于焊件表面，如图1-9所示。

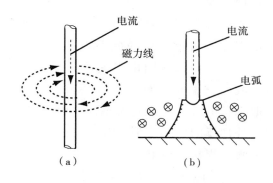

图1-8 电弧周围的磁场

（a）一般导体；（b）电弧

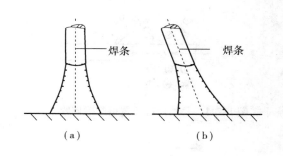

图1-9 电弧挺直性示意图

（a）焊条与工件垂直；（b）焊条与工件倾斜

但在实际焊接中，由于多种因素的影响，电弧周围磁力线均匀分布的状况被破坏，使电弧偏离焊丝（条）轴线方向，这种现象称为磁偏吹，如图1-10所示。电弧磁偏吹使焊接电弧飘移和不稳定，甚至会使电弧熄灭。电弧的不稳定燃烧，使加在熔池上的作用力也不稳定。熔滴过渡不规则，导致了焊缝成型不规则，从而引起未焊透、气孔、夹渣等缺陷；同时磁偏吹的存在，削弱了电弧的周围保护气氛，易混入空气等有害气体，影响了焊缝的内在质量。当磁偏吹现象严重时，还影响到焊接的正常进行。

引起磁偏吹的根本原因是电弧周围磁场

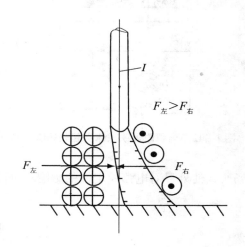

图1-10 电弧磁偏吹的形成示意图

分布不均匀，致使电弧两侧产生的电磁力不同，焊接时引起磁力线分布不均匀的原因主要有以下两个。

①导线接线位置。如图1-11所示，导线接在焊件的一侧，焊接时电弧左侧的磁力线由两部分叠加组成：一部分是电流通过电弧产生，另一部分由电流通过焊件产生。而电弧右侧磁力线仅由电流通过电弧本身产生，所以电弧两侧受力不平衡，偏向右侧。

②电弧附近的铁磁物体。当电弧附近放置铁磁物体（如钢板）时，因铁磁物体磁导率大，磁力线大多通过铁磁物体形成回路，使铁磁物体一侧磁力线变稀，造成电弧

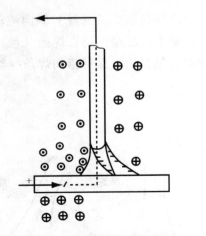

图 1-11　导线接线位置引起磁偏吹示意图

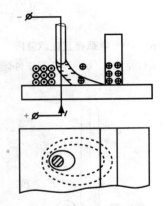

图 1-12　电弧附近铁磁体引起磁偏吹示意图

两侧磁力线分布不均匀，产生磁偏吹，电弧偏向铁磁物体一侧，如图 1-12 所示。

在实际生产中，为减弱磁偏吹的影响可优先选用交流电源；采用直流电源时，则在焊件两端同时接地线，以消除导线接线位置不对称所带来的磁偏吹，并尽可能在周围没有铁磁物质的地方焊接。同时，压短电弧，使焊丝向电弧偏吹方向倾斜，也是减弱磁偏吹影响的有效措施。另外，采取调整电弧两侧空间大小、小电流短弧焊、外加反向磁场或消磁等方法也是消除磁偏吹对焊接的影响的主要措施。

（5）其他影响因素。电弧长度对电弧的稳定性也有较大的影响，如果电弧太长，电弧就会发生剧烈摆动，从而破坏了焊接电弧的稳定性，而且飞溅也增大。焊接处如有油漆、油脂、水分和铁锈等存在时，也会影响电弧燃烧的稳定性。此外，强风、气流等因素也会造成电弧偏吹，同样会使电弧燃烧不稳定。

因此，焊前做好焊件坡口表面及附近区域的清理工作十分重要。焊接中除选择并保持合适的电弧长度外，还应选择合适的操作场所，使外界对电弧稳定性的影响尽可能降低。

1.2　焊接热过程

1.2.1　焊接热源及热效率

实现焊接过程必须由外界提供相应的能量，也就是说，能源是实现焊接的基本条件。从实现焊接所用能源的本质来看，主要是热能。对于熔化焊接来讲，所用的能源主要是热能源。

加热是金属熔焊的必要条件。通过对焊件进行局部加热，使焊接区的金属熔化，冷却后形成牢固的接头。此焊接热过程必将引起焊接区金属的成分、组织与性能发生变化，其结果将直接决定焊接质量。决定上述变化的主要因素是焊接区的热量传递和温度变化情况等。因此，为了保证焊接质量，必须了解焊接热过程的基本规律。

焊接热过程具有两个特点。其一是对焊件的加热是局部的，焊接热源集中作用在焊件接口部位，整个焊件的加热是不均匀的。其二是焊接热过程是瞬时的，焊接热源始终以一定速度运动。因此，焊件上某一点当热源靠近时，温度升高；当热源远离时，温度下降。

1. 焊接热源

熔焊时，要对焊件进行局部加热。由于金属具有良好的导热性，加热时热量必然会向金属内部流动。为保证焊接区金属能够迅速达到熔化状态，并防止加热区过宽，理想的热源应该具有加热面积小，功率密度高、加热温度高等特点。生产中常用的焊接热源见表1-6。

表1-6 常用焊接热源的种类及特点

热源种类	特点	适用的焊接方法
电弧热	利用气体介质中的放电过程所产生的热源作为焊接热源，是目前应用最广泛的一种	手工电弧焊、埋弧焊、气体保护焊
化学热	利用助燃、可燃气体（如氧、乙炔、丙烷等）或铝、镁发热剂燃烧时产生的热量作为焊接热源	气焊、铝热焊
电阻热	利用电流通过导体时产生的电阻热作为焊接热源	电阻焊、电渣焊
摩擦热	由机械摩擦而产生的热能作为焊接热源	摩擦焊
等离子弧	电弧放电或高频放电产生高度电离的气流，由机械压缩、电磁收缩、热收缩效应产生大量的热能和动能，利用这种能量作为焊接热源	等离子弧焊
电子束	在真空、低真空、局部真空中，利用高压高速运动的电子猛烈轰击金属局部表面，使这种动能变为热能作为焊接热源	电子束焊
激光束	通过受激辐射而使放射增强的光（即激光），经聚焦产生能量高度集中的激光束作为热源	激光焊
高频感应	对有磁性的金属，利用高频感应产生的二次感应电流作为热源	高频感应焊

2. 焊接传热

只要有温度差的存在，热量总是自发地从高温物体向低温物体传递。焊接时，焊件局部被加热到高温，焊件上各点之间以及焊件与周围介质之间都存在温度差，因此必然伴随有热量的转移。焊接过程中，热量有三种基本传递方式，即热传导、热对流及热辐射。

（1）热传导。热传导是指物体内部或直接接触的物体间的传热。固体金属内部传热唯一方式是热传导。金属内部主要依靠自由电子的运动来传递热量，焊接时热量由焊件的高温部分传递到低温部分。

（2）热对流。热对流是指物体内部各部分发生相对位移而产生的热量传递。热对流只发生于流体内部。焊接时，熔池内部的传热方式主要是热对流。

（3）热辐射。热辐射是指物体表面直接向外界发射可见或不可见射线，在空间传递热量的现象。热辐射与热传导、热对流不同，能量传递时不需要接触。即使在高真空度的空间，热辐射也能进行。热辐射过程中能量的转化形式是：热能→辐射能→热能。物体的温度越高，辐射能力越强。

电弧焊时，电弧对母材和焊条（丝）的加热（即热量从热源传递到焊件），是以辐射和对流为主，而在母材和焊条（丝）获得热能之后，在其内部热的传递则以传导为主。

1.2.2 焊接温度场

1. 焊接温度场的表示及特点

焊接时，焊件上各点的温度不同，并随时间而变化。焊接过程中某一瞬间焊接接头上各点的温度分布状态称为焊接温度场。焊接温度场可用列表法、公式法或图像法表示，其中最常用最直观的方法是图像法，即用等温线或等温面来表示。所谓等温线或等温面，就是温度场中温度相等的各点的连线或连面。因为在给定温度场中，任何一点不可能同时有两个温度，因此不同温度的等温线（面）绝对不会相交，这是等温线（面）的重要性质。

绘制等温线（面）时，通常以热源所处位置作为坐标原点 O，以热源移动方向为 X 轴，焊件宽度方向为 Y 轴，焊件厚度方向为 Z 轴，如图 1-13（a）所示。如工件上等温线（面）确定，即温度场确定，则可以知道工件上各点的温度分布。例如，已知焊接过程中某瞬时 XOY 面等温线表示的温度场［图 1-13（b）］，则可知道该瞬时 XOY 面任一点的温度情况。同样也可画出 X 轴上和 Y 轴上各点的温度分布曲线，如图 1-13（c）、图 1-13（d）所示。

由图 1-13 可知，沿热源移动方向温度场分布不对称。热源前面温度场等温线密集，温度下降快；热源后面等温线稀疏，温度下降较慢，如图 1-13（b）、图 1-13（c）所示。这是因为热源前面是未经加热的冷金属，温差大，故等温线密集；而热源后面的是刚焊完的焊缝，尚处于高温，温差小，故等温线稀疏。热源运动对两侧温度分布的影响相同，如图 1-13（d）所示。因此，整个温度场对 Y 轴形成不对称，而对 X 轴的分布仍保持对称。

2. 影响温度场的因素

（1）热源的性质及焊接工艺参数。热源的性质不同，温度场的分布也不同。热源的能量越集中，则加热面积越小，温度场中等温线（面）的分布越密集。同样的焊接热源，焊接工艺参数不同，温度场的分布也不同。在焊接工艺参数中，热源功率和焊接速度的影响最大。当热源功率一定时，焊接速度增加，等温线的范围变小，即温度

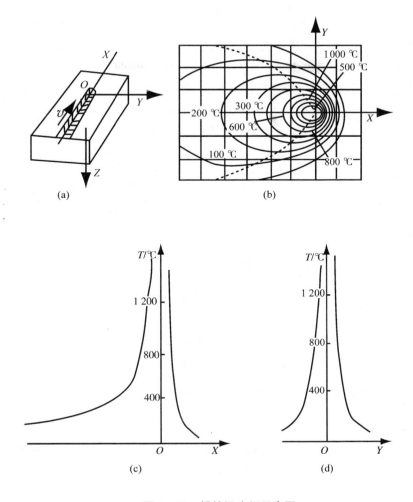

图 1-13 焊接温度场示意图

（a）焊件上的坐标轴；（b）*XOY* 面等温线和最高温度点曲线（虚线）

（c）沿 *X* 轴的温度分布曲线；（d）沿 *Y* 轴的温度分布曲线

场的宽度和长度都变小，但宽度减小得更大些，所以温度场的形状变得细长。当焊接速度一定时，随热源功率的增加，温度场的范围随之增大。另外，当 P/v 一定时，等比例改变 P 和 v，等温线有所拉长，温度场范围也随之拉长。

（2）焊件的热物理性质。焊件（被焊金属）的热导率、比热容、传热系数等对焊接温度场的影响较大。例如，在线能量与工件尺寸一定时，热导率小的不锈钢 600 ℃ 以上高温区比低碳钢大，而热导率高的铝、纯铜的高温区要小得多。这是因为热导率大时，热量很快向金属内部流失，热作用的范围大，高温区域却缩小了。因此，焊接不同的材料，应选用合适的焊接热源及工艺参数。

（3）焊件的几何尺寸及状态。焊件的几何尺寸影响导热面积和导热方向。焊件的尺寸不同，可形成点状热源、线状热源和面状热源三种。当工件尺寸厚大时，如图 1－

14（a）所示，热量可沿 X、Y、Z 三个方向传递，属于三向导热，热源相对于工件尺寸可看做点状热源。当工件为尺寸较大的薄板时，如图1–14（b）所示，可认为工件在厚度方向不存在温差，热量沿 X、Y 方向传递，是二向导热，可将热源看做线状热源。如果工件是细长的杆件，只在 X 方向存在温差，是属于单向导热，热源可看做面状热源，如图1–14（c）所示。焊件的状态（如预热、环境温度）不同，等温线的疏密也不一样。预热温度和环境温度越高，等温线分布越稀疏。

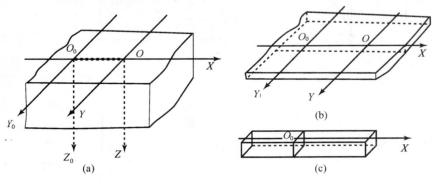

图1–14 三种典型传热方式示意图

（a）三向导热，点状热源；（b）二向导热，线状热源；（c）单向导热，面状热源

1.2.3 焊接热循环

焊接温度场能反映出焊件温度在某一瞬间在空间的分布情况，但不能说明焊件上各点温度随时间变化的情况。而焊接热循环讨论的则是焊件上某一点的温度与时间的关系。这一关系决定了该点的加热速度、保温时间和冷却速度，对焊接接头的组织与性能都有明显影响。

在焊接热源作用下，焊件上某点的温度随时间变化的过程称为焊接热循环。焊接热循环是针对某个具体的点而言的。当热源向该点靠近时，该点温度升高，直至达到最大值，随着热源的离开，温度又逐渐降低。热循环一般用温度 – 时间曲线来表示，典型的焊接热循环曲线如图1–15所示。

1. 焊接热循环参数

（1）加热速度（v_H）。加热速度是指热循环曲线上加热段的斜率大小。焊接时的加热速度比热处理时要大得多。随着加热速度提高，相变温度也提高，从而影响接头加热、冷却过程中的组织转变。影响加热速度的因素有焊接方法、工艺参数、焊件成分及工件尺寸等。

（2）最高加热温度（T_m）。最高加热

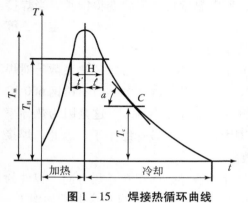

图1–15 焊接热循环曲线

T_C – C 点瞬时温度；T_H – 相变温度

温度是焊接热循环中最重要的参数之一，又称为峰值温度。焊件上各部位最高加热温度不同，可发生再结晶、重结晶、晶粒长大及熔化等一系列的变化，从而影响接头冷却后组织与性能。

（3）相变温度以上停留时间（t_H）。对一般低碳钢、低合金钢来说，在略高于相变温度Ac_3并保温一定时间，有利于奥氏体化过程的充分进行，但温度太高（如1 100 ℃以上）则将发生晶粒长大现象。一般来说，温度越高，晶粒长大所需时间越短；相变温度以上高温区（1 100 ℃）停留时间越长，晶粒长大越严重，接头的组织与性能越差。

焊接时，由于近缝区必然要在相变温度以上的高温停留，热影响区中不可避免地会发生晶粒粗化的现象。在某些条件（如电渣焊或大线能量的埋弧焊）下，晶粒粗化会对焊接质量带来明显影响，需采取必要的辅助措施加以防止。

（4）冷却速度（$t_{8/5}$）。冷却速度是指热循环曲线上冷却阶段的斜率大小。冷却速度不同，冷却后得到的组织与性能也不一样。对于低碳钢和低合金钢来说，一般常用接头从800 ℃～500 ℃所需时间（$t_{8/5}$，此温度范围为相变最激烈的温度范围）来表示冷却速度。因为这个温度区域正好是焊接接头金属的固态相变区，其值大小对接头金属的转变、过热和淬硬倾向都有影响。$t_{8/5}$越小，表示冷却速度越大。

焊缝两侧距焊缝中心远近不同的各点，所经历的热循环是不同的，离焊缝中心越近的点，其加热速度越快，峰值温度越高，冷却速度也越快，但加热速度要比冷却速度快得多。从热循环参数看，焊接热循环的加热峰值温度高，加热和冷却速度大，在相变温度以上要停留一定时间，这些特征对焊接化学冶金过程、结晶过程都有强烈的影响，从而直接影响焊接质量。

2. 影响焊接热循环的因素

（1）焊接热输入。焊接热输入是指焊接时由焊接能源输入给单位长度焊缝上的热能，焊接热输入是综合焊接电流、电弧电压、焊接速度的参数，其计算公式如下：

$$q = \frac{I \cdot U}{v} \times \eta$$

式中　　q——单位长度焊缝的热输入（J/mm）；

　　　　I——焊接电流（A）；

　　　　U——电弧电压（V）；

　　　　v——焊接速度（mm/s）；

　　　　η——热效率（焊条电弧焊时：$\eta = 0.7 \sim 0.8$；埋弧焊时：$\eta = 0.8 \sim 0.95$；TIG时：$\eta = 0.5$）。

由焊接热输入计算公式可知，当焊接电流或电弧电压越大，而焊接速度不变或减小，则焊接热输入越大；当焊接速度越大，而焊接电流或电弧电压不变或减小，则焊接热输入越小。由此可知，焊接热输入越大，在高温停留的时间就越长，焊后的冷却速度也就变慢。焊接热输入变小，在高温停留的时间也变短，焊后的冷却速度将变快。

（2）焊接方法。焊接方法不同，加热速度、高温停留时间、焊后冷却速度及焊接热输入都有所不同。如氧乙炔气焊的加热速度较慢，高温停留的时间较长，冷却速度也较慢；手工钨极氩弧焊焊接时，不仅加热速度快，冷却的速度也快，而且在高温停留的时间也较短。由此可见，焊接方法不同，应用的焊接参数也不同，焊接热输入也就不同。

（3）焊前预热。在焊接热输入相同的情况下，焊前预热可以降低焊后冷却速度，但不会增加在高温停留的时间。所以，焊前预热不会使焊缝组织晶粒粗化加剧，力学性能变差，相反却可以避免焊缝组织淬硬，是比较理想的防止裂纹产生的工艺措施。

（4）层间温度。层间温度是指在多层多道焊缝焊接时，在施焊后续焊道之前，其相临焊道应保持的温度。控制层间温度可降低冷却速度，促使扩散氢的逸出。

（5）其他因素。

①焊件尺寸。当线能量不变和板厚较小时，板宽增大，$t_{8/5}$ 明显下降，但板宽增大到 150 mm 以后，$t_{8/5}$ 变化不大。当板厚较大时，板宽的影响不明显。焊件厚度越大，冷却速度越大，高温停留时间越短。

②接头形式。接头形式不同，则接头的散热面不同，导热情况不同。同样板厚的 X 形坡口对接接头比 V 形坡口对接接头的冷却速度大，角焊缝比对接焊缝的冷却速度大。

③热导率。热导率大的材料，焊接过程中冷却速度快，焊件在高温停留的时间短；热导率小的材料，焊接过程中冷却速度慢，高温停留的时间稍长。

④焊道长度。焊道越短，其冷却速度越大。焊道短于 40 mm 时，冷却速度急剧增大。

3. 焊接热循环的调整

（1）根据被焊金属的成分和性能选择合适的焊接方法。

（2）合理地选用焊接工艺参数。

（3）采用预热或缓冷等措施来降低冷却速度。

（4）调整多层焊的焊道数和层间温度。单道焊时，为了保证焊缝及焊缝尺寸，线能量只能在很窄范围内调整；多道焊时，通过调整焊道数可在较大范围内调整线能量，从而调整焊接热循环。层间温度应等于或略高于预热温度，以保证降低冷却速度。

（5）利用短段多层焊。对于焊件上的某点而言，只有在离此点最近的一层焊缝焊接时，最高加热温度最高，其他层焊接时，最高加热温度较低，相当于起到了缓冷或预热的作用。但可缩短 Ac_3 以上高温的停留时间。因此，短段多层焊可解决高温停留时间和冷却速度难以同时降低的矛盾，改善焊接接头的组织。

1．3　填充金属材料的熔化及熔滴过渡

电弧焊时，在焊条（丝）端部形成的，并向熔池过渡的滴状液态金属称为熔滴。

电弧焊时，焊条（丝）的末端在电弧的高温作用下加热熔化，形成的熔滴通过电弧空间向熔池转移的过程称为熔滴过渡。焊条（丝）形成的熔滴作为填充金属与熔化的母材共同形成焊缝。因此，焊条（丝）的加热熔化及熔滴过渡将对焊接过程和焊缝质量产生直接的影响。

1.3.1 焊丝加热与熔化特性

1. 加热与熔化焊丝的热源

电弧焊时，用于加热、熔化焊丝的热源是电弧热和电阻热。熔化极电弧焊时，焊丝的熔化主要靠阴极区（正接）或阳极区（反接）所产生的热量及焊丝伸出长度上的电阻热，弧柱区产生的热量对焊丝的加热熔化作用较小。非熔化极电弧焊（如钨极氩弧焊或等离子弧焊）的填充焊丝主要靠弧柱区产生的热量熔化。

（1）电弧热。由前面的讨论可知，阴极区和阳极区两个区域的产热功率可表达为：

$$P_k = IU_k - IU_W - IU_T$$
$$P_A = IU_A + IU_W + IU_T$$

电弧焊时，当弧柱温度为6 000 K左右时，U_T小于1V；当电流密度较大时，U_A近似为零，故上两式可简化为：

$$P_k = I(U_k - U_W)$$
$$P_A = IU_W$$

由此可以看出，两电极区的产热功率都与焊接电流成正比。当焊接电流一定时，阴极区的产热功率取决于U_k与U_W的差值；阳极区的产热量取决于U_W。在细丝熔化极气体保护电弧焊、使用含有Ca焊剂的埋弧焊或使用碱性焊条电弧焊等情况下，当采用同样大小的焊接电流焊接同一种材料时，焊丝作为阴极时的产热功率比作为阳极时的产热功率多，在散热条件相同时，焊丝作阴极比作阳极时熔化速度快。

（2）电阻热。焊丝的熔化速度除了受电弧热影响之外，同时还受到电阻热的影响。熔化极电弧焊时，焊丝只在通过导电嘴时才和焊接电源接通。因此，讨论焊丝的加热和熔化，实际上是分析焊丝伸出部分的受热情况，因为焊丝伸出部分有电流流过时所产生的电阻热对焊丝有预热作用。焊丝伸出长度上的温度分布如图1-16所示。

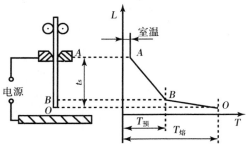

图1-16　焊丝伸出长度上的温度分布示意图

焊丝伸出长度的电阻及其产生的电阻热功率 P_R 为：

$$P_R = I^2 R_s$$

$$R_s = \rho L_s / S$$

式中　　R_s——焊丝伸出长度段的电阻值；

　　　　ρ——焊丝的电阻率；

　　　　L_s——焊丝的伸出长度；

　　　　S——焊丝的横截面积。

熔化焊丝的电阻热取决于焊丝材料及焊丝伸出长度。一般情况下，对于铝、铜等良导体，P_R 与 P_k 或 P_A 相比很小，可忽略不计。而对电阻率高的不锈钢等常用的钢焊丝材料，P_R 作用较大，不可忽略。

2. 焊丝的熔化特性

焊丝在电弧热和电阻热的共同作用下加热熔化。焊丝熔化速度通常以单位时间内焊丝的熔化长度（m/h 或 m/min）或熔化重量（kg/h）表示；熔化系数（或称比熔化速度）则是指每安培焊接电流在单位时间内所熔化的焊丝质量（g/A·h）。焊丝的熔化速度主要取决于单位时间内用于加热和熔化焊丝的总能量。在实际焊接中，用于加热和熔化焊丝的总能量取决于焊接工艺参数和焊接条件，如焊接电流和电压、焊丝的伸出长度、保护介质、焊丝材料的物理性能和表面状态以及电源特性等。

焊丝的熔化特性是指焊丝的熔化速度 v_m 和焊接电流 I 之间的关系，它主要与焊丝材料及直径有关。焊丝材料不同，其物理性能（包括电阻率、熔化系数）不同，在其他条件相同的情况下，焊丝的电阻率和熔化系数越大，焊丝熔化速度越快；反之，熔化速度越慢。对于一定成分和直径的焊丝，其熔化速度也要随焊接电流与焊丝伸出长度的变化而改变。

在采用熔化极电弧焊进行焊接时，必须使焊丝的熔化速度等于送丝速度，才能建立稳定的焊接过程。对于不同成分和直径的焊丝，如果有了现成的熔化特性曲线图，则焊接时只要根据此图就可大致确定焊接电流的大小。

1.3.2　熔滴上的作用力

电弧焊时，在电弧热作用下焊丝或焊条端部受热熔化形成熔滴。熔滴上的作用力是影响熔滴过渡及焊缝成型的主要因素。根据熔滴上的作用力来源不同，可将其分为重力、表面张力、电弧力、熔滴爆破力和电弧气体的吹力。

1. 重力

重力对熔滴过渡的影响依焊接位置的不同而不同。平焊时，熔滴上的重力促使熔滴过渡；而在立焊及仰焊位置则阻碍熔滴过渡，如图 1-17 所

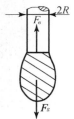

图 1-17　熔滴上的重力和表面张力示意图

示。重力 F_g 可表示为：

$$F_g = mg = (4/3) \pi r^3 \rho g$$

式中 r——熔滴半径；

         ρ——熔滴密度；

         g——重力加速度。

2. 表面张力

表面张力是指焊丝端头上保持熔滴的作用力，用 F_σ 表示，大小为：

$$F_\sigma = 2\pi R \sigma$$

式中 R——焊丝半径；

        σ——表面张力系数。

σ 的数值与材料成分、温度、气体介质等因素有关。

平焊时，表面张力 F_σ 阻碍熔滴过渡（见图 1-17），因此，只要是能使 F_σ 减小的措施都将有利于平焊时的熔滴过渡。由式 $F_\sigma = 2\pi R \sigma$ 可知，使用小直径及表面张力系数小的焊丝就能达到这一目的。除平焊之外的其他位置焊接时，表面张力对熔滴过渡有利。若熔滴上含有少量活化物质（如 O_2、S 等）或熔滴温度升高，都会减小表面张力系数，有利于形成细颗粒熔滴过渡。

3. 电弧力

电弧力指电弧对熔滴和熔池的机械作用力，包括电磁收缩力、等离子流力、斑点力等。电弧力对熔滴过渡的作用不尽相同，需根据不同情况具体分析。电磁收缩力形成的轴向推力以及等离子流力可在熔化极电弧焊中促使熔滴过渡；斑点力总是阻碍熔滴过渡的作用力。但有一点必须指出，电弧力只有在焊接电流较大时才对熔滴过渡起主要作用，焊接电流较小时起主要作用的往往是重力和表面张力。

4. 熔滴爆破力

当熔滴内部因冶金反应面生成气体或含有易蒸发金属时，在电弧高温作用下将使气体积聚、膨胀而产生较大的内压力，致使熔滴爆破，这一内压力称为熔滴爆破力。它在促使熔滴过渡的同时也产生飞溅。

5. 电弧气体的吹力

电弧气体的吹力出现在焊条电弧焊中。焊条电弧焊时，焊条药皮的熔化滞后于焊芯的熔化，这样在焊条的端头形成套筒，如图 1-18 所示。此时药皮中造气剂产生的气体及焊芯中碳元素氧化的 CO 气体在高温作用下急剧膨胀，从套筒中喷出作用于熔滴。不论是何种位置的焊接，电弧气体的吹力总是促进熔滴过渡。

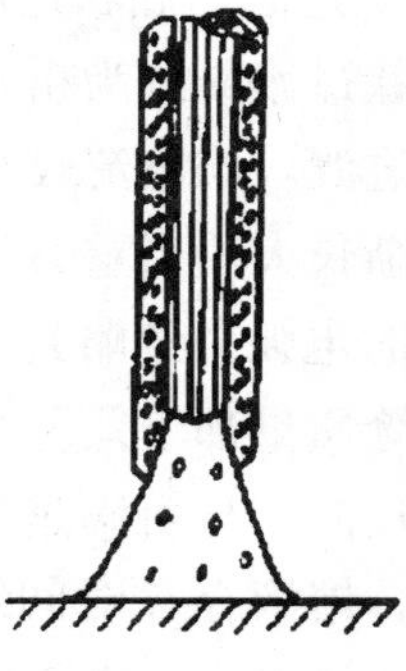

图 1-18 套筒形成示意图

1.3.3 熔滴过渡形式及特点

在电弧热的作用下，焊丝末端加热熔化形成熔滴，并在各种力的作用下脱离焊丝进入熔池，称之为熔滴过渡。熔滴过渡过程不但影响电弧的稳定性，而且对焊缝成型和冶金过程也有很大的影响，熔滴过渡过程十分复杂，主要过渡形式有自由过渡、接触过渡和渣壁过渡三种。各种过渡所对应的熔滴及电弧形状如图1-19所示。

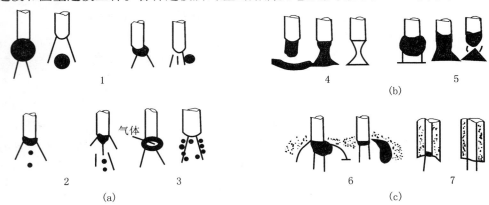

图1-19 熔滴的过渡形式及电弧形状特征示意图
（a）自由过渡；（b）接触过渡；（c）渣壁过渡

1. 自由过渡

自由过渡是指熔滴经电弧空间自由飞行，焊丝端头和熔池之间不发生直接接触的过渡方式。如果过渡的熔滴直径比焊丝直径大时，称为滴状过渡（如图1-19中1所示）；过渡的熔滴直径比焊丝直径小时，则称为喷射过渡（如图1-19中2所示）；在电弧气氛或保护气体中含有CO_2气体时，有时会发生爆炸现象，使部分熔滴金属爆炸成为飞溅，而只有部分金属得以过渡，这种形式称为爆破过渡（如图1-19中3所示）。常用的自由过渡是滴状过渡和喷射过渡。

（1）滴状过渡。滴状过渡时电弧电压较高，根据电流大小、极性和保护气体的种类不同，滴状过渡又分为粗滴过渡和细滴过渡。

①粗滴过渡。当电流较小而电弧电压较高时，弧长较长，熔滴不与熔池短路接触，熔滴尺寸逐渐长大。当重力足以克服熔滴的表面张力时，熔滴便脱离焊丝端部进入熔池（小电流时电弧力忽略）。粗滴过渡时熔滴存在时间长，尺寸大，飞溅也大，电弧的稳定性及焊缝质量都较差。

②细滴过渡。与粗滴过渡相比，细滴过渡电流较大，相应的电磁收缩力增大，表面张力减小，熔滴存在时间缩短，熔滴细化，过渡频率增加。电弧稳定性较高，飞溅较少，焊缝质量提高。细滴过渡广泛应用于生产中。

气体介质不同或焊接材料不同时，细滴过渡特点又有不同。在CO_2气体保护电弧焊和酸性焊条电弧焊中，熔滴呈非轴向过渡；而在铝合金熔化极氩弧焊或较大电流活性气体保护焊焊钢件时，熔滴呈轴向过渡。相比之下，前者比后者飞溅大。

（2）喷射过渡。喷射过渡容易出现在以氩气或富氩气体作保护气体的焊接方法，如熔化极氩弧焊、活性气体保护焊中。喷射过渡时，细小的熔滴从焊丝端部连续不断地以高速度冲向熔池（加速度可达重力加速度的几十倍），过渡频率快，飞溅少，电弧稳定，热量集中，对焊件的穿透力强，可得到焊缝中心部位熔深明显增大的指状焊缝。喷射过渡适合焊接厚度大于 3 mm 的焊件，不适宜焊接薄板。

喷射过渡形成机理如图 1 – 20 所示。

在氩或富氩（氩的质量分数大于80%）保护气体中，当焊接电流较小时，电弧与熔滴的形态如图 1 – 20（a）所示。此时电磁收缩力比较小，所以熔滴在重力作用下呈大颗粒状过渡。随着焊接电流的增加，电弧的电极斑点笼罩面积逐渐扩大，以致达到熔滴的根部，如图 1 – 20（b）所示。这时熔滴与焊丝间形成细颈，全部电流都通过细颈流过，该处电流密度很高，细颈被过热，其表面将

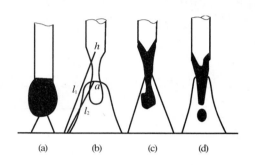

图 1 – 20　喷射过渡形成机理示意图

产生大量金属蒸汽，从而使细颈表面具备了产生电极斑点的有利条件，电弧将从熔滴根部跳至细颈根部，如图1 – 20（c）所示。形成跳弧现象之后，焊丝末端已经存在的熔滴脱离焊丝，电弧随之变成图 1 – 20（d）所示的圆锥形状。这种形态有利于形成较强的等离子流，使焊丝末端的液态金属被削成铅笔尖状。在各种电弧力作用下，铅笔尖状的液态金属以细小颗粒连续不断地冲向熔池。因这种喷射过渡熔滴细小，过渡频率及速度都较高，通常也称为射流过渡。

2. 接触过渡

接触过渡是指焊丝（或焊条）端部的熔滴与熔池表面通过接触而过渡的方式。根据接触之前熔滴的大小不同，该过渡方式又可分为两种形态：小滴时电磁收缩力的作用大于表面张力，通常形成短路过渡（如图 1 – 19 中 4 所示）；大滴时表面张力作用大于电磁收缩力，靠熔滴和熔池表面接触后所产生的表面张力使之过渡，称为搭桥过渡（如图 1 – 19 中 5 所示）。

（1）短路过渡电弧引燃后，随着电弧的燃烧，焊丝（或焊条）端部熔化形成熔滴并逐步长大。当电流较小，电弧电压较低时，弧长较短，熔滴未长成大滴就与熔池接触形成液态金属短路，电弧熄灭，随之金属熔滴过渡到熔池中去。熔滴脱落之后电弧重新引燃，如此交替进行，这种过渡形式称为短路过渡。在熔化极电弧焊中，使用碱性焊条的焊条电弧焊及细丝（直径≤1.6 mm）气体保护电弧焊，熔滴过渡形式主要为短路过渡。

①短路过渡过程。短路过渡由燃弧和熄弧（短路）两个交替的阶段组成，电弧燃烧过程是不连续的。图 1 – 21 所示为短路过程及其电弧电压和焊接电流动态波形图。

电弧引燃后（图 1－21 中 1），焊丝受热的作用端头开始熔化并形成熔滴（图 1－21 中 2）；随着焊丝的熔化，熔滴继续长大（图 1－21 中 3），此时电弧向焊丝传递的热量减少，焊丝的熔化速度减慢，而焊丝仍以一定的速度送进，送丝速度比熔化速度快，使熔滴接触熔池造成短路（图 1－21 中 4）；短路瞬时电弧熄灭，电弧电压急剧下降；随着短路电流的迅速上升，在电磁收缩力和其他电弧力的共同作用下，熔滴与焊丝之间形成缩颈（图 1－21 中 5），并逐渐变细（图 1－21 中 6）；当短路电流上升到一定数值时，缩颈爆断，熔滴过渡到熔池中，电弧电压迅速恢复到空载电压，电弧重新引燃（图 1－21 中 7）；此后重复上述过程。

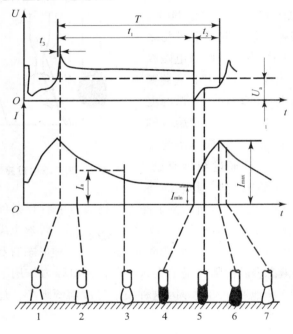

图 1－21　短路过渡过程示意图

T－短路周期；t_1－燃弧时间；t_2－短路时间；t_3－电压恢复时间

I_{min}－最小电流；I_{max}－短路峰值电流；U_a－平均电压；I_a－平均电流

②短路过渡的特点。

a. 短路过渡是燃弧、熄弧交替进行的。燃弧时电弧对焊件加热，熄弧时熔滴形成缩颈过渡到熔池。通过对短路过渡时电弧的燃烧及熄灭时间进行调节，就可调节对焊件的热输入，控制焊缝形状（主要是焊缝厚度）。

b. 短路过渡时，平均焊接电流较小，而短路电流峰值又相当大，这种电流形式既可避免薄板的焊穿，又可保证熔滴过渡的顺利进行，有利于薄板焊接或全位置焊接。

c. 短路过渡时，一般使用小直径的焊丝或焊条，电流密度较大，电弧产热集中，焊丝或焊条熔化速度快，因而焊接速度快。同时，短路过渡的电弧弧长较短，焊件加热区较小，可减小焊接接头热影响区宽度和焊接变形量，提高焊接接头质量。

（2）搭桥过渡。上面讨论的是熔化极电弧焊熔滴过渡情况。实际焊接中，与短路过渡相似的还有一种搭桥过渡，这种过渡出现在非熔化极填丝电弧焊或气焊中。因焊丝一般不通电，因此不称为短路过渡。搭桥过渡时，焊丝在电弧热作用下熔化形成熔滴与熔池接触，在表面张力、重力和电弧力作用下，熔滴进入熔池，如图1－22所示。

3. 渣壁过渡

渣壁过渡是熔滴沿着熔渣的壁面流入熔池的一种过渡形式。这种过渡方式只出现在埋弧焊和焊条电弧焊中。埋弧焊时熔滴沿熔渣壁过渡（如图1－19中6所示）；焊条电弧焊时熔滴沿药皮套筒壁过渡（如图1－19中7所示）。

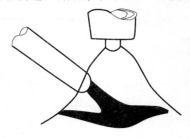

图1－22　搭桥过渡示意图

埋弧焊时，电弧在熔渣形成的空腔内燃烧，熔滴主要通过渣壁流入熔池，只有少量熔滴通过空腔内的电弧空间进入熔池。埋弧焊的熔滴过渡频率及熔滴尺寸与极性、电弧电压和焊接电流有关。直流反接时，若电弧电压较低，则气泡较小，形成的熔滴较细小，沿渣壁以小滴状过渡，频率较高，每秒可以达几十滴；直流正接时，以粗滴状过渡，频率较小，每秒仅十滴左右。熔滴过渡频率随电流的增加而增大，这一特点在直流反接时表现得尤为明显。

焊条电弧焊时，熔滴过渡形式可能有四种：渣壁过渡、粗滴过渡、细滴过渡和短路过渡，过渡形式取决于药皮成分和厚度、焊接参数、电流种类和极性等。当采用厚药皮焊条焊接时，焊芯比药皮熔化快，使焊条端头形成有一定角度的药皮套筒，控制熔滴沿套筒壁落入熔池，形成渣壁过渡。

1.4　母材熔化与焊缝成型

1.4.1　母材熔化与熔池

熔焊时，当焊接热源作用于母材，母材金属瞬时被加热熔化，在焊件上所形成的具有一定几何形状的液态金属部分称为熔池。母材的熔化程度主要由焊接电流决定。

熔池不是在瞬间形成的，其尺寸和质量均是从零增加到某一个极限值，然后进入一个稳定时期，这时熔池的形状、尺寸和液体金属量变化极小。母材的熔化速度等于熔池的结晶速度，熔池随着电弧向前移动做同步运动。

熔池的液体金属量（不加填充材料时，由熔化的母材组成；加填充材料时，由熔化的母材和填充材料组成）随着电弧的功率增加而急剧增大，随着焊接速度的增加而减少。焊条电弧焊熔池的液体金属量在 0.6～16 g 范围内，通常在 5 g 以下。埋弧焊的熔池，即使焊接电流很大，其熔池金属量也不超过 100 g。

1. 熔池的形状与尺寸

熔池的形状如图 1 – 23 所示，其形状接近于不太规则的半个椭球，轮廓为熔点温度的等温面。熔池的主要尺寸是熔池长度 L，最大宽度 B_{max}，最大熔深 H_{max}。熔池存在的时间与熔池长度成正比，与焊接速度成反比。

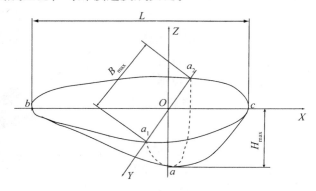

图 1 – 23　熔池示意图

2. 熔池的温度

由于熔池中各部分与电弧热源中心距离及熔池周围散热条件不同等原因，使熔池各区域的温度分布不均匀，如图 1 – 24 所示，熔池的头部（处于电弧正下方）温度比较高，尾部（离电弧稍远部位）温度逐渐降低，到熔池边缘时其温度下降到母材熔化温度。熔池的最高温度位于电弧下面的熔池表面上，图中 T_M 为熔化温度。

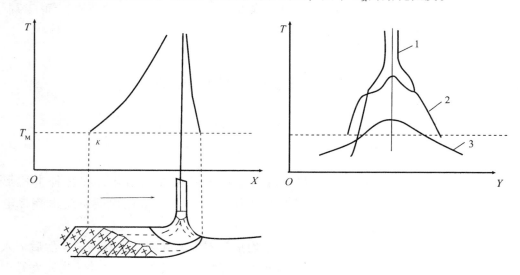

图 1 – 24　熔池的温度分布

1 – 熔池中部；2 – 熔池头部；3 – 熔池尾部

3. 熔池金属的流动

由于熔池金属处于不断的运动状态，其内部金属必然要流动。熔池金属运动如图 1 – 25 所示。引起熔池金属运动的原因为：一是液体金属的密度差所产生的自由对流运动。熔池中温度分布不均，温度高的地方金属密度小，温度低的地方金属密度大，这种密度差将促使液体金属从低温向高温区流动。二是表面张力差所引起的强迫对流运动。温度越高，表面张力越小，反之则越大，因此熔池温度分布不均，必然会引起表面张力不均，这种表面张力差将强迫熔池液体金属发生对流运动。三是电弧的各种机械力所产生的搅拌运动。作用在熔池上的力有熔滴下落的冲击力、电磁收缩力、气流的吹力，熔池金属蒸发产生的反作用力、离子的冲击力等。由于这些力的存在，使熔池中的液体金属存着强烈的搅拌和对流运动，使母材和焊条金属成分能够很好地混合，形成成分均匀的焊缝金属。熔池中液态金属的这种运动有利于有害气体和非金属夹杂物的外逸，提高焊缝质量。

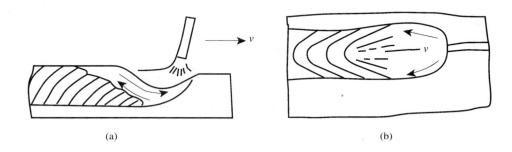

图1-25 熔池中液态金属的运动

（a）纵剖面；（b）横剖面

应该指出，在液体金属与母材交界的区域内，液体金属的运动受到限制，在这个区域内往往形成化学成分的不均匀性，此区域称作熔合区。

4. 母材金属的稀释与稀释率

除了自熔焊接和不加填充材料的焊接外，焊缝均由熔化的母材和填充金属组成。填充金属受母材或先前焊道的熔入而引起化学成分含量的降低称为稀释。通常用母材金属或先前焊道的焊缝金属在焊道中所占的质量比来确定，称为稀释率。

稀释率与焊接方法、焊接工艺参数、接头形状和尺寸、坡口尺寸、焊道数目、母材金属的热物理性质等有关。

因母材金属的稀释，即使用同一种焊接材料，焊缝的化学成分也不相同。在不考虑冶金反应导致的成分变化时，焊缝的成分只取决于稀释率。

1.4.2 焊缝成型及其影响因素

1. 焊缝形成过程

在电弧热的作用下焊条（丝）与母材被熔化，在焊件上形成一个具有一定形状和尺寸的液态熔池。随着电弧的移动熔池前端的焊件不断被熔化进入熔池中，熔池后部则不断冷却结晶形成焊缝，如图1-26所示。熔池的形状不仅决定了焊缝的形状，而且对焊缝的组织、力学性能和焊接质量有重要的影响。

熔池各区域的温度不均匀分布决定了熔池的凝固有先后之分。对于一定的焊件来

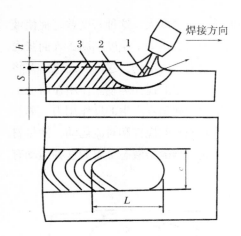

图1-26 熔池形状与焊缝成型示意图
1-电弧；2-熔池金属；3-焊缝金属；
S-熔池深度；c-熔池宽度；
L-熔池长度；h-焊缝余高

说，熔池的体积主要由电弧的热作用确定，而熔池的形状却主要决定于电弧对熔池的作用力（包括电弧的静态和动态电磁压力、熔滴过渡的冲击力、液体金属的重力和表面张力等）。在电弧压力的作用下可在熔池表面形成凹坑，且电流密度越高、电弧动压力越大，则熔池表面的凹坑将越深。熔滴过渡的机械冲击力也会对熔池表面形状产生很大的影响，由于喷射过渡时的冲击力比较大，所以会使熔池形成很深的凹坑。

接头的形式和空间位置不同，则重力和表面张力对熔池的作用也不同；焊接工艺方法和焊接参数不同，则熔池的体积和熔池的长度等都不同。平焊位置时熔池处于最稳定的位置，容易得到成型良好的焊缝。在生产中常采用焊接翻转机或焊接变位机等装置来回转或倾斜焊件，使接头处于水平或船形位置进行焊接。在空间位置焊接时，由于重力的作用有使熔池金属下淌的趋势，因此要限制熔池的尺寸或采取特殊措施控制焊缝的成型。例如采用强迫成型装置来控制焊缝的成型，在气电立焊和电渣焊时皆采用这种措施。

焊缝的结晶过程与熔池的形状有密切的联系，因而对焊缝的组织和质量有重要的影响。焊缝结晶总是从熔池边缘处母材的原始晶粒开始，沿着熔池散热的相反方向进行，直至熔池中心与从不同方向结晶而来的晶粒相遇时为止。因此，所有的结晶晶粒

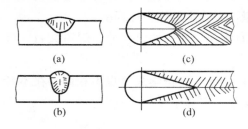

图1-27 熔池形状对焊缝结晶的影响
（a）、（b）横截面；（c）、（d）水平截面

方向都与熔池的池壁相垂直，如图1-27所示。从横截面［图1-27（a）、（b）］上看，当成型系数过小时，焊缝的晶枝会在焊缝中心交叉，易使低熔点杂质聚集在焊缝中心而产生裂纹、气孔和夹渣等缺陷；从水平截面［图1-27（c）、（d）］上看，熔池尾部的形状决定了晶粒的交角，尾部越细长，两侧的晶粒在焊缝中心相交时的夹角越大，焊缝中心的杂质偏析便越严重，且产生纵向裂纹的可能性也越大。这通常发生在焊接速度过快的条件下，而当焊接速度较低，使熔池尾部呈椭圆形时，杂质的偏析程度便要轻微得多，因而产生裂纹的可能性也较小。

2. 焊缝形状及其表征

焊缝的形状即是指焊件熔化区横截面的形状，它可用焊缝有效厚度S、焊缝宽度c

和余高 h 三个参数来描述。图 1－28 所示为对接和角接接头的焊缝形状以及各参数的意义。合理的焊缝形状要求 S、c 和 h 之间有适当的比例，生产中常用焊接成型系数（c/S）和余高系数（h/S）来表征焊缝成型的特点。

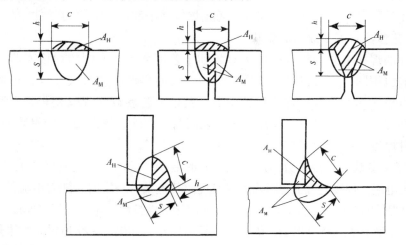

图 1－28　对接和角接接头的焊缝形状及尺寸

焊缝厚度是焊缝质量优劣的主要指标，焊缝宽度和余高则应与焊缝厚度有合理的比例。焊缝成型系数小，表示焊缝深而窄，既可缩小焊缝宽度方向的无效加热范围，又可提高热效率和减小热影响区，因而从热利用的角度来看是十分有利的。若想得到焊缝成型系数小的焊缝就必须有热量集中的热源，获得较高的能量密度。但焊缝成型系数过小，焊缝截面过窄，则不利于气体从熔池中逸出，容易在焊缝中产生气孔，且使结晶条件恶化，增大产生夹渣和裂纹的倾向。因此，实际焊接时，在保证焊透（或达到足够焊缝厚度）的前提下焊缝成型系数大小应根据焊缝产生裂纹和气孔的敏感性来确定。比如，埋弧焊时一般要求焊缝成型系数大于 1.25；而堆焊时，在保证堆焊成分的前提下可使焊缝成型系数为 10。

除了对焊缝成型系数有要求外，理想的焊缝成型其表面应该是与焊件平齐的，即余高为零。因为有余高，焊缝和母材连接处不能平滑过渡，焊接接头承载时在突起处就有应力集中，降低了焊接结构的承载能力。但是理想的无余高又无凹陷的焊缝是不可能在焊后直接获得的，因此为了保证焊缝的强度，对一般焊缝允许具有适当的余高，通常对接接头允许余高为 0～3 mm（或余高系数为 4～8）。对于特别重要的承受动载负荷的结构，在不允许存在余高时，可先焊出带有余高的焊缝，而后用人工磨平。角接接头从承受动载的角度来看，也不希望有余高，最好有呈微凹的平滑过渡的形状。所以对于重要的角接构件，也应焊出余高后再打磨成凹形。

表征焊缝横截面形状特征的另一个重要参数就是焊缝的熔合比。焊缝金属的化学成分一方面与冶金反应时从焊丝和焊剂中过渡的合金含量有关，另一方面也与母材本身的熔化量有关，即与焊缝的熔合比有关。所谓熔合比，即是指单道焊时，在焊缝横截面上母材熔化部分所占的面积与焊缝全部面积之比。熔合比越大，则焊缝的化学成分越接近于母材本身的化学成分。显然焊件的坡口形式、焊接工艺参数都会影响焊缝的熔合比。所以在电弧焊工艺中，特别是焊接中碳钢、合金钢和有色金属时，调整焊缝的熔合比常常是控制焊缝化学成分、防止焊接缺陷和提高焊缝力学性能的重要手段。

3. 工艺参数对焊缝成型的影响

电弧焊的焊接工艺参数包括焊接参数和工艺因数等，不同的焊接工艺参数对焊缝成型的影响也不同。通常将对焊接质量影响较大的焊接工艺参数（焊接电流、焊接速度、电弧电压、热输入等）称为焊接参数。其他工艺参数（焊丝直径、电流种类与极性、电极和焊件倾角、保护气等）称为工艺因数。此外，焊件的结构因数（坡口形状、间隙、焊件厚度等）也会对焊缝成型造成一定的影响。

（1）焊接参数。焊接参数决定焊缝输入的能量，是影响焊缝成型的主要工艺参数。

①焊接电流。焊接电流主要影响焊缝厚度。其他条件一定时，随着电流的增大，电弧力和电弧对焊件的热输入量及焊丝的熔化量（熔化极电弧焊）增大。焊缝厚度和余高增加，而焊缝宽度几乎不变或略有增加，焊缝成型系数减小，如图1-29所示。如果焊接电流过大，有可能出现焊漏或焊瘤缺陷。当焊接电流减小时，焊缝厚度会减小，焊接熔透变差。

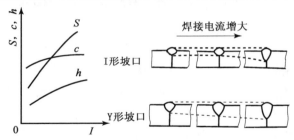

图1-29　焊接电流对焊缝形状的影响

S – 焊缝厚度；c – 焊缝宽度；h – 余高

②电弧电压。电弧电压主要影响焊缝宽度。其他条件一定时，随着电弧电压的增大，焊缝宽度显著增加，而焊缝厚度和余高略有减小，如图1-30所示。

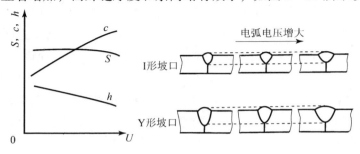

图1-30　电弧电压对焊缝形状的影响

S—焊缝厚度；　c—焊缝宽度；　h—余高

不同的焊接方法对焊缝成型系数有自身的特定要求。因此，为得到合适的焊缝成型，一般在改变焊接电流时对电弧电压也应适当地调整。

③焊接速度。焊接速度的快慢主要影响母材的热输入量。其他条件一定时，提高焊接速度，单位长度焊缝的热输入量及焊丝金属的熔敷量均减小，故焊缝厚度、焊缝宽度和余高都减小，如图1-31所示。

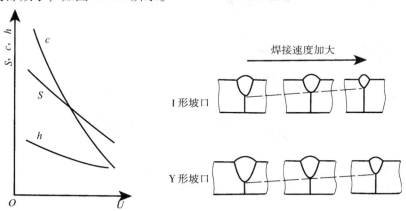

图1-31 焊接速度对焊缝形状的影响
S—焊缝厚度；c—焊缝宽度；h—余高

增大焊接速度是提高焊接生产率的主要途径之一。但为保证一定的焊缝尺寸，必须在提高焊接速度的同时相应地提高焊接电流和电弧电压。

（2）工艺因数。

①电流种类和极性。电流种类和极性对焊缝形状的影响与焊接方法有关。熔化极气体保护焊和埋弧焊采用直流反接时，焊件（阴极）产生热量较多，焊缝厚度、焊缝宽度都比直流正接大。交流焊接时，焊缝厚度、焊缝宽度介于直流正接与直流反接之间。

在钨极氩弧焊或酸性焊条电弧焊中，直流反接焊缝厚度小；直流正接焊缝厚度大；交流焊接介于上述两者之间。

②焊丝直径和伸出长度。焊接电流、电弧电压及焊接速度给定时，焊丝直径越细（钨极氩弧焊时，钨极端部几何尺寸越小），电流密度越大，对焊件加热越集中；同时电磁收缩力增大，焊丝熔化量增多，使得焊缝厚度、余高均增大。

焊丝伸出长度增加，电阻增大，电阻热增加，焊丝熔化速度加快，余高增加，焊缝厚度略有减小。焊丝电阻率越高，直径越细，伸出长度越长，这种影响越大。

③电极倾角。电弧焊时，根据电极倾斜方向和焊接方向的关系，分为电极前倾和电极后倾两种，如图1-32（a）、（b）所示。电极前倾时，焊缝宽度增加，焊缝厚度、余高均减小。前倾角越小，这种现象越突出，如图1-32（c）所示。电极后倾时，情况刚好相反。焊条电弧焊和半自动气体保护焊时，通常采用电极前倾法，倾角在65°~80°较合适。

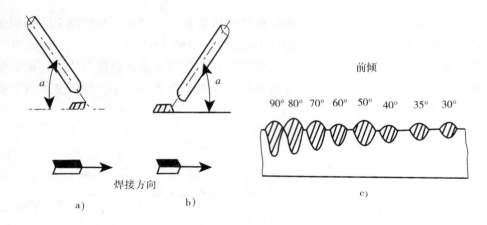

图1-32　电极倾角对焊缝成型的影响

（a）后倾；（b）前倾；（c）前倾时倾角影响

④工件倾角。实际焊接时，有时因焊接结构等条件的限定，工件摆放存在一定的倾斜，重力作用使熔池中的液态金属有向下流动的趋势，在不同的焊接方向产生不同的影响。下坡焊时，重力作用阻止熔池金属流向熔池尾部，电弧下方液态金属变厚，电弧对熔池底部金属的加热作用减弱，焊缝厚度减小，余高和焊缝宽度增大。上坡焊时，熔池金属在重力及电弧力的作用下流向熔池尾部，电弧正下方液体金属层变薄，电弧对熔池底部金属的加热作用增强，因而焊缝厚度和余高均增大，焊缝宽度减小，如图1-33所示。

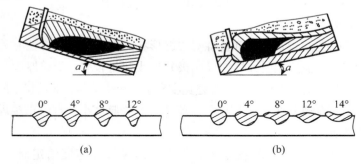

图1-33　工件倾角对焊缝成型的影响

（a）上坡焊；（b）下坡焊

除此之外，影响焊缝成型的工艺因数还有保护气、焊剂、焊条药皮等，这些因素的影响将在具体焊接方法中讨论。

（3）结构因数。焊件的结构因数通常指焊件的材料和厚度、焊件的坡口和间隙等。在一定条件下，焊件的结构因数也会对焊缝成型造成影响。

①焊件材料和厚度。不同的焊件材料，其热物理性能不同。相同条件下，导热性好的材料熔化单位体积金属所需热量多，在热输入量一定时，它的焊缝厚度和焊缝宽度就小。焊件材料的密度或液态黏度越大，则电弧对熔池液态金属的排开越困难，焊

缝厚度越小。其他条件相同时，焊件厚度越大，散热越多，焊缝厚度和焊缝宽度越小。

②坡口和间隙。工件是否要开坡口，是否要留间隙及留多大尺寸，均应视具体情况确定。采用对接形式焊接薄板时不需留间隙，也不需开坡口；板厚较大时，为了焊透焊件需留一定间隙或开坡口，此时余高和熔合比随坡口或间隙尺寸的增大而减小，如图 1-34 所示。因此，焊接时常采用开坡口来控制余高和熔合比。

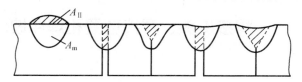

图 1-34　工件的坡口和间隙对焊缝成型的影响

总之，影响焊缝成型的因素很多，要想获得良好的焊缝成型，需根据焊件的材料和厚度、焊缝的空间位置、接头形式、工作条件、对接头性能和焊缝尺寸要求等，选择合适的焊接方法和焊接工艺参数。否则就可能造成焊缝的成型缺陷。

1.4.3　焊缝符号

焊缝是指焊件经焊接后所形成的结合部分。焊缝符号是用在焊接结构的图样上，标注焊缝形式、焊缝尺寸、焊接方法等的工程语言，是进行焊接施工的主要依据。

焊缝符号按 GB/T324—1988 规定，一般由基本符号与指引线组成，必要时还可以加上辅助符号、补充符号和焊缝尺寸符号。

1.4.4　焊缝衬垫

当要求焊缝全焊透且只能从接头的一面进行焊接时，除了采用单面焊双面成型焊接操作技术外，还可以采用焊缝背面加焊接衬垫的方法。使用焊接衬垫的目的是提供条件使第一层金属熔敷在衬垫之上，从而避免该层熔化金属从接头底层漏穿。

常用的衬垫有衬条、打底焊缝、铜衬垫和非金属衬垫四种形式。

1. 衬条

衬条是放在接头背面的金属条。第一条焊道使接头的两边结合在一起并与衬条相接。如果衬条不妨碍接头的使用特性，则可保留在原位置上；否则，衬条应拆除掉。衬条须采用与所使用的母材和焊条在冶金上相配的材料制成。

2. 铜衬垫

有时采用铜衬垫在接头底层支撑焊接熔池，它适用于平直对接焊缝。铜的热导率较高，有助于防止焊缝金属与衬垫熔合。

3. 非金属衬垫

难熔衬垫是一种可伸缩的成型件，用夹具或压敏带贴紧在接头背面，它适用于空间曲面对接焊缝。焊条电弧焊方法有时也使用这种衬垫。使用时应遵循衬垫制造厂推荐的规范。

4. 打底焊缝

打底焊缝是在单面坡口焊接接头根部的第一道或多道焊道。这种焊缝是在坡口正面熔敷第一道焊缝之前在接头背面熔敷的，完成打底焊缝之后，所有的其余焊道均从正面在坡口内完成。

1.5 焊接接头、焊接位置和焊件坡口

1.5.1 焊接接头

焊接接头是由两个或两个以上焊件或零件用焊接方法连接的，一个焊接结构通常由若干个焊接接头所组成。

焊接接头按接头的结构形式主要有对接接头、搭接接头、角接接头、T形（十字）接头、端接接头等，如图 1-35 所示。选择接头形式时，主要根据产品的结构，并综合考虑受力条件、加工成本等因素。

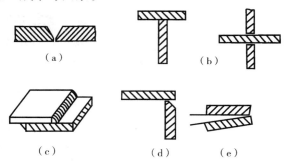

图 1-35 焊接接头基本类型

（a）对接接头；（b）T形（十字）接头；
（c）搭接接头；（d）角接接头；（e）端接接头

1. 对接接头

对接接头是指两件表面构成大于或等于135°，小于或等于180°夹角的接头。这种接头从受力的角度看，受力状况好、应力集中程度小，能承受较大的静载荷和动载荷，焊接材料消耗较少，焊接变形也较小，是比较理想的接头形式，在所有的焊接接头中，对接接头应用最广泛。为了保证焊缝质量，厚板对接焊往往是在接头处开坡口，进行坡口对接焊。与搭接接头相比，具有受力简单均匀、节省金属等优点，但对接接头对下料尺寸和组装要求比较严格。

2. T形（十字）接头

T形接头是指一件之端面与另一件表面构成直角或近似直角的接头，它有焊透和不焊透两种形式，如图 1-36 所示。T形接头通常作为一种联系焊缝，这种接头承受载

荷、特别是动载荷能力较低，但它可承受各种方向的力和力矩。

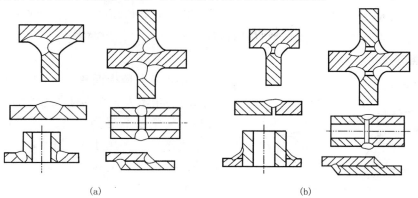

图1-36　焊透和不焊透的接头形式

（a）焊透；（b）不焊透

开坡口的T形（十字）接头是否能焊透，要根据坡口的形状和尺寸而定。从承受动载的能力看，开坡口焊透的T形（十字）接头承受动载能力较强，其强度可按对接接头计算。不焊透的T形（十字）接头承受力和力矩的能力有限，所以，只能应用在不重要的焊接结构中。

3．搭接接头

搭接接头是指将两个焊件部分重叠在一起，加上专门的搭接件，用角焊缝、塞焊缝、槽焊缝或压焊缝连接起来的接头。搭接接头的应力分布不均匀、疲劳强度较低，不是理想的接头形式，但是，由于搭接接头焊前准备及装配工作较简单，所以在焊接结构中应用广泛。对于承受动载荷的焊接接头不宜采用搭接。常见的搭接接头形式如图1-37所示。

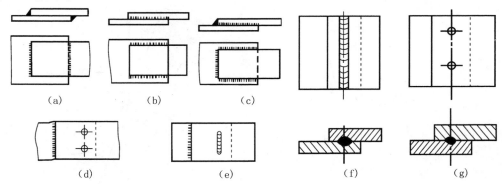

图1-37　常见的搭接接头形式

（a）正面角焊缝；（b）侧面角焊缝；（c）联合焊缝；（d）正面角焊缝+塞焊；

（e）正面角焊缝+槽焊；（f）缝焊；（g）电阻点焊

搭接接头一般用于厚度小于12 mm的钢板，其搭接长度为3~5倍的板厚。

4．角接头

角接接头是指两件端部构成大于30°、小于135°夹角的接头。这种接头的承载能力较差，多用于不重要的结构中（如箱形构件）。

5．端接接头

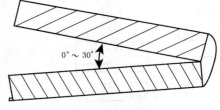

0°~30°

图1-38　端接接头形式

端接接头是指两件重叠放置或两件表面之间的夹角不大于30°构成的端部接头。这种接头不是主要的受力焊缝，只起到焊接结构的连接作用，多用于密封构件上，承载能力较差，不是理想的接头形式。端接接头形式如图1-38所示。

1.5.2　焊接位置

焊接位置，指熔焊时焊件接缝所处的空间位置，可用焊缝倾角和焊缝转角来表示。焊缝倾角，是指焊缝轴线与水平面之间的夹角，如图1-39所示。焊缝转角，是焊缝中心线（焊根和盖面层中心连线）和水平参照面Y轴的夹角，如图1-40所示。

按照焊缝空间位置的不同，焊接位置有平焊、立焊、横焊和仰焊位置四种。如图2-41所示。

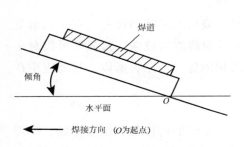

焊道

倾角

水平面　O

← 焊接方向　（O为起点）

图1-39　焊缝倾角

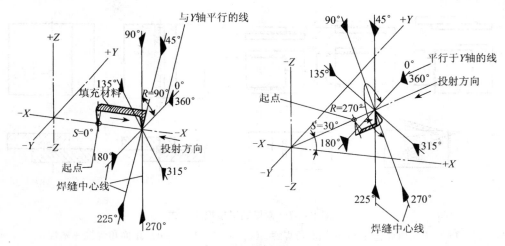

图1-40　焊缝转角

1．平焊位置

焊缝倾角0°~5°，焊缝转角0°~10°的焊接位置称为平焊位置，如图1-41（a）

所示。在平焊位置的焊接称为平焊和平角焊。

2. 横焊位置

对接焊缝时的横焊位置为：焊缝倾角为0°～5°，焊缝转角为70°～90°，如图1-41（b）所示。角焊缝横焊位置为：焊缝倾角为0°～5°，焊缝转角为30°～55°。在横焊位置进行的焊接称为横焊和横角焊，如图1-41（c）所示。

3. 立焊位置

焊缝倾角为80°～90°，焊缝转角为0°～180°的焊接位置称为立焊位置，如图1-41（d）所示。在立焊位置进行的焊接称为立焊和立角焊。

4. 仰焊位置

当进行对接焊缝焊接时，焊缝倾角为0°～15°，焊缝转角为165°～180°的焊接位置，如图1-41（e）所示；当进行角焊缝焊接时，焊缝倾角为0°～15°，焊缝转角为115°～180°的焊接位置，称为仰焊位置，如图1-41（f）所示。在仰焊位置进行的焊

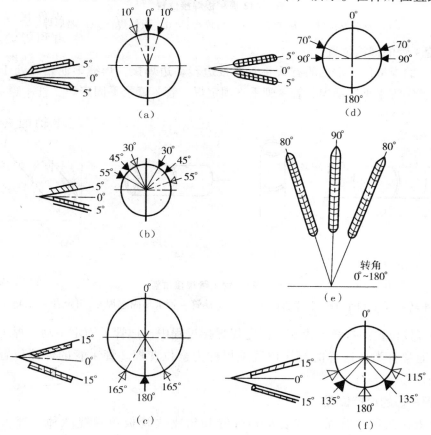

图1-41 常用的焊接位置

（a）平焊位置；（b），（c）横焊位置；（d）立焊位置；（e），（f）仰焊位置

接称为仰焊和仰角焊。

5. 板＋板的焊接位置

板＋板的焊接位置有五种位置，常用的有板平焊、板立焊、板横焊、板仰焊和船形焊，如图 1－42 所示。

T 形、十字形和角接接头处于平焊位置进行的焊接，称为船形焊。这种焊接位置相当于在 90°角 V 形坡口内的水平对接缝。

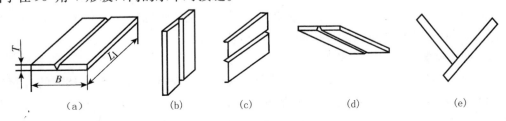

图 1－42 板＋板焊接位置

（a）板平焊；（b）板立焊；（c）板横焊；（d）板仰焊；（e）船形焊

6. 管＋管的焊接位置

管＋管的焊接位置常见的有管＋管对接边转动边焊接，焊缝熔池始终处于平焊位置，称为管＋管水平转动焊、管＋管垂直固定焊、管＋管水平固定焊、管＋管 45°固定

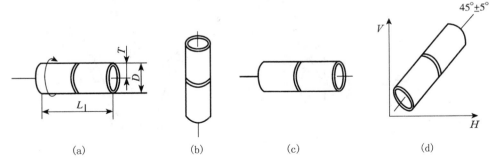

图 1－43 管＋管焊接位置

（a）水平转动焊；（b）管＋管垂直固定焊；（c）管＋管水平固定焊；（d）管＋管 45°固定焊

焊等四种焊接位置。若管＋管水平固定焊焊接过程中，把管子固定不动，焊工变化焊接位置，通常将类似这样的焊接位置施焊称为全位置焊。管＋管的焊接位置，如图 1－43所示。

7. 管＋板的焊接位置

管＋板接头种类有插入式管板角焊缝和骑座式管板角焊缝两种，管＋板角焊缝焊接位置有管＋板垂直俯位、管＋板垂直仰位、管＋板水平固定、管＋板 45°固定等四种焊接位置。管＋板接头种类如图 1－44 所示。管＋板的焊接位置，如图 1－45所示。

在平焊位置施焊时，熔滴可借助重力落入熔池。熔池中气体、熔渣易浮出表面。

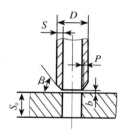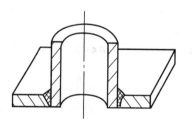

图1-44 管+板接头类型

（a）骑座式管板；（b）插入式管板

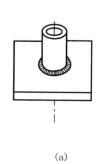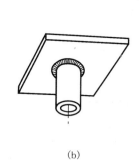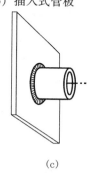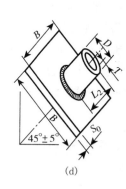

（a） （b） （c） （d）

图1-45 管+板的焊接位置

（a）垂直俯位；（b）垂直仰位；（c）水平固定；（d）45°固定

因此，平焊可以用较大电流焊接，生产率高，焊缝成型好，焊接质量容易保证，劳动条件较好。因此，一般应尽量在平焊位置施焊。当然，在其他位置施焊，也能保证焊接质量，但对焊工操作技术要求较高，劳动条件较差。

　　焊接位置不同，焊缝坡口的形式和坡口角度也不同，以便于焊接操作。例如，同样是板对接焊条电弧焊坡口，如果是平位焊接，采用的坡口形式如图1-46（a）所示；如果是横焊，则采用的坡口形式如图1-46（b）所示。再如，同样是板角焊缝焊条电弧焊坡口，如果是开坡口板水平位置焊接，采用的坡口形式如图1-46（c）所示；如果是开坡口板竖直位置焊接，则采用的坡口形式如图1-46（d）所示。

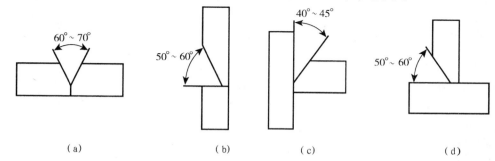

（a） （b） （c） （d）

图1-46 不同焊接位置的坡口形式

（a）平位焊接坡口形式；（b）横焊坡口形式；
（c）开坡口板水平位置坡口形式；（d）开坡口板竖直位置坡口形式

1.5.3 焊件坡口

坡口是根据设计或工艺需要，在焊件的待焊部位加工并装配成一定几何形状的沟槽。利用机械（剪切、刨削或车床）、火焰或电弧（碳弧气刨）等加工坡口的过程称为开坡口。开坡口使电弧能深入坡口底层，保证底层焊透，便于清渣，获得较好的焊缝成型，还能调节焊缝金属中母材和填充金属的比例，从而降低裂纹的敏感性，提高接头的力学性能。

1. 坡口形式

根据焊缝坡口的几何形状不同，焊缝的坡口形式有 I 形、V 形、双 Y 形、U 形、J 形，根据加工面和加工边（带钝边）的不同，又有带钝边单边 V 形、双边 V 形（即 X 形）、带钝边单边 V 形（即 K 形）、带钝边双面双边 U 形、带钝边单边 J 形等。表 1-7 为常用焊缝坡口的基本形状。

表 1-7 常用焊缝坡口的基本形状

坡口名称	对接接头	T 形接头	角接接头
I 形			
带钝边单边 V 形			
Y 形		（K形）	（K形）
双 V 形（X 形）		—	—
带钝边单边 J 形			
带钝边双边 J 形（双面 J 形）			
带钝边单 U 形			
带钝边双 U 形（双面 U 形）		—	—

2. 坡口尺寸

坡口尺寸对焊缝质量影响很大。坡口的几何尺寸包括坡口角度、坡口深度、根部间隙、钝边、圆弧半径，如图 1-47 所示。通常将坡口角度 α、根部间隙 b、钝边 p 称为坡口三要素。

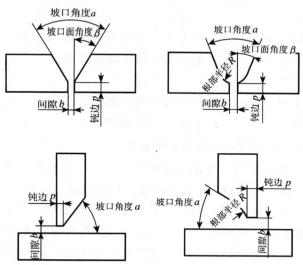

图 1-47　坡口的几何尺寸

①坡口面角度（β）和坡口角度（α）。焊件表面的垂直面与坡口面之间的夹角称为坡口面角度，用字母 β 表示；两坡口面之间的夹角称为坡口角度，用字母 α 表示。开单侧坡口时，坡口角度等于坡口面角度，开双侧坡口时，坡口角度等于两个坡口面角度之和。

②坡口深度（H）。坡口深度是焊件表面至坡口底部的距离，用字母 H 表示。开坡口主要是为保证焊件在厚度方向上全部焊透。坡口深度越大，焊透程度越大，焊缝消耗的焊接材料越多，焊接变形也大。

③根部间隙（b）。焊前，在焊接接头根部之间预留的空隙，用字母 b 表示。这个间隙的作用就是确保焊缝根部焊透，特别是在单面焊接双面成型的操作中，更要注重在焊缝根部留有一定的间隙，使焊接打底层焊道时能把根部焊透。

④钝边（p）。焊件在开坡口时，沿焊件厚度方向未开坡口的端面部分称为钝边，用字母 p 表示。钝边的作用是防止焊缝根部焊漏。钝边的大小，与采用的焊接方法、要求焊透程度、焊件被焊部分厚度等工艺要求有关。

⑤圆弧（根部）半径（R）。对于 U 形和 J 形坡口，坡口底部采用圆弧过渡。圆弧（根部）半径的作用是增大坡口根部的空间，使焊条或焊丝能够伸入到坡口根部，促使根部熔合良好。

3. 坡口的选用

选择坡口时应遵循以下原则。

（1）保证焊透开坡口的目的是为了保证电弧能深入接头根部，使根部焊透，便于清渣，并获得良好的焊缝成型。当对接接头板厚在 1 ~ 6 mm 时，用 I 形坡口采用单面焊或双面焊即能保证焊透；当对接接头板厚大于或等于 3 mm 时，为了保证焊缝的有效厚度或焊透，改善焊缝成型，可将被焊部位加工成 V 形、Y 形、双 V 形及 U 形等各种形状的坡口。

（2）便于焊接施工坡口的选择要充分考虑焊接施工条件。例如，大型厚重结构不易翻转时，应选择单面坡口；必须在容器内焊接时，内侧坡口的钝边应稍大一些，减少焊工在容器内的焊接工作量等。

（3）坡口加工简单。V 形坡口可以用车削、刨削、气割、等离子割等多种方式加工，是最简单的一种坡口形式；U 形坡口只能用切削和碳弧气刨的方式加工，加工困难，效率低。所以，一般情况下尽量选用平面坡口。

（4）尽可能减少填充金属。在保证焊透的前提下，尽量减小坡口的断面面积，一方面减少填充金属，另一方面减少焊接工作量，提高焊接生产率。

（5）便于控制焊接变形。合适的焊接坡口形式有利于控制焊接变形。在常用的坡口形式中，当板厚相同时，双面坡口比单面坡口、U 形坡口比 V 形坡口焊接材料消耗少、焊接变形也小。随着板厚的增大，上述优点更加突出，但 U 形坡口较难加工，坡口的加工费用也大，所以，只用于重要的焊接结构。

复习思考题

1. 什么是电弧？电弧中电场强度的分布有何特点？

2. 电弧中的带电粒子主要是通过哪些方式产生的？

3. 气体电离的种类有哪些？它们各有什么特点？

4. 电子发射的种类有哪些？其中的热发射和场致发射与阴极材料有什么关系？

5. 电弧各区域的导电特性，产热机理有何不同？

6. 电弧的温度分布，能量密度有什么特点？为什么？

7. 在电弧中有哪几种主要作用力？说明各种力对熔池和熔滴过渡的影响。

8. 影响电弧力的因素有哪些？简述各因素的作用。

9. 影响焊接电弧稳定性的因素有哪些？

10. 焊接热过程具有哪些特点？

11. 常用的焊接热源有哪些？

12. 什么是焊接热效率？影响焊接热效率的因素有哪些？

13. 什么是焊接温度场？影响焊接温度场的因素有哪些？

14. 什么是焊接热循环？焊接热循环参数有哪些？影响焊接热循环的因素有哪些？

15. 什么是焊丝的熔化特性？试分析影响焊丝熔化特性的主要因素。

16. 熔滴上的作用力主要有哪些？它们各有什么特点？

17. 试分析熔滴过渡的主要形式及特点。

18. 为什么说熔池的形状不仅决定了焊缝的形状，而且对焊接质量有重要的影响？

19. 如何表示焊缝的形状？焊缝成型系数和余高系数的大小与焊缝成型有什么关系？

20. 影响焊缝成型的因素有哪些？

21. 焊接接头按接头的结构形式可分为哪几类？各有什么特点？

22. 什么是焊接位置？按照焊缝空间位置的不同，焊接位置可分为哪几类？各有什么特点？如何进行正确的操作？

23. 什么是焊缝符号？它由哪几个部分组成？

24. 开坡口的目的是什么？选择坡口形式时要注意哪些方面？

第2章
焊条电弧焊

用手工操作焊条进行焊接的电弧焊方法称为焊条电弧焊，曾被称为手工电弧焊（手弧焊），是各种电弧焊方法中发展最早，目前应用最广泛的一种焊接方法。它使用的设备简单、操作方便灵活，适应在各种条件下的焊接，特别适合于形状复杂的焊接结构的焊接。因此，虽然焊条电弧焊劳动强度大、焊接生产率低，但仍然在国内外焊接生产中占据着重要地位。

2.1 焊条电弧焊概述

2.1.1 焊条电弧焊原理

焊条电弧焊焊接过程中，由弧焊电源（焊机）、焊接电缆、焊钳、焊条、焊件和焊接电弧构成焊接回路。焊接时，将焊条与焊件之间接触短路，强大的短路电流，在焊条端部和焊件局部产生大量电阻热使其迅速熔化甚至部分蒸发。随着焊条被提起2~4 mm时，两电极间（焊条端部与焊件局部）的空气间隙被强烈加热并电离，引燃电弧，电弧的高温将焊条和焊件局部熔化，熔化的焊芯以熔滴的形式在电弧吹力及高温作用下过渡到局部熔化的焊件表面，融合一起形成具有一定形状和体积的熔池。

焊条药皮在熔化过程中产生一定量的气体和液态熔渣，产生的气体包围在焊条、电弧和焊缝熔池周围，使之与空气隔离，避免液态金属被空气氧化。液态熔渣浮在熔池表面上，阻止液态金属与空气接触，起到隔离保护作用。

随着焊接电弧的移动，焊缝熔池前方的焊条和焊件继续被熔化，而后面的焊缝熔池液体金属逐渐冷却结晶形成焊缝，此时，焊缝表面上覆盖的液态熔渣凝固后形成的渣壳仍起保护高温的焊缝金属不被氧化及减慢焊缝金属冷却速度作用。

在整个焊接过程中，焊条药皮为焊接区提供了大量的气体和液态熔渣，致使焊接区域发生液态金属、液态熔渣和电弧气氛三者之间的冶金反应，这些冶金反应在焊接熔池中起到脱氧、去硫、去磷、去氢和渗合金元素的作用，从而使焊缝金属获得合适的化学成分和组织，确保了焊缝金属的力学性能。焊条电弧焊过程如图2-1所示。

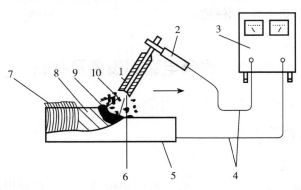

图2-1　焊条电弧焊过程

1-焊条；2-焊钳；3-焊机；4-电缆；5-焊件；
6-熔滴；7-熔渣；8-焊缝；9-熔池；10-保护气体

2.1.2　焊条电弧焊特点

（1）工艺灵活、适应性强。焊条电弧焊适用于碳素钢、合金钢、不锈钢、铸铁、铜及铜合金、铝及铝合金、镍及镍合金等的焊接；适用于全位置焊接；适用于焊接不同的接头形式、不同的焊件厚度；适用于一些不规则焊缝、不易机械化焊接的焊缝、现场设备的抢修以及在不同高度中的焊接；还适用于在复杂的环境中及狭窄工作位置上的焊接。

（2）设备简单、生产成本低。焊条电弧焊所用设备是弧焊机，焊工很容易掌握，技术不复杂，购置焊接设备的投资较少，维护保养方便。

（3）容易控制焊接应力与变形。焊接过程中，焊件受热循环的影响，必然会产生应力和变形，大焊件、长焊缝和复杂结构的焊缝更为突出，用焊条电弧焊的施焊技术，配合合理的焊接工艺、合理的焊接参数能有效改善焊接应力和减少焊接变形量。

（4）劳动条件差、生产效率低。焊条电弧焊依靠焊工的手工操作来完成焊接的全过程，因此，对焊工的技术水平要求较高。在整个焊接过程中，焊工始终处在手、脑、眼并用，精神高度集中的状态，在狭窄的焊接场所，还要受到高温烘烤、有毒气体和焊接烟尘危害，焊工的劳动强度大、劳动条件差。另外，焊接过程中需不断地换新焊条、焊缝清渣等使焊接过程不能连续地进行，生产效率较低。

（5）不适于特殊金属以及薄板的焊接。对于活泼金属（如 Ti、Nb、Zr 等）和难熔金属（如 Ta、Mo 等），由于这些金属对氧的污染非常敏感，焊条的保护作用不足以防止这些金属氧化，保护效果不够好，焊接质量达不到要求，所以不能采用焊条电弧焊；

对于低熔点金属如 Pb、Sn、Zn 及其合金等，由于电弧的温度对其来讲太高，所以也不能采用焊条电弧焊焊接。另外，焊条电弧焊的焊接工件厚度一般在 1.5 mm 以上，1 mm以下的薄板不适于焊条电弧焊。

2.2 焊条电弧焊设备及材料

2.2.1 焊条电弧焊设备

1. 焊条电弧焊电源

（1）对焊条电弧焊电源的要求。焊条电弧焊电源，是一种利用焊接电弧所产生的热量来熔化焊条和焊件的电器设备，焊接过程中，焊接电弧的电阻值随着电弧长度的变化而改变，当电弧长度增加时，电阻增大，反之电阻减小。

焊接过程中，焊条熔化形成的金属熔滴从焊条末端分离时，会发生电弧的短路现象，一般这种短路过渡达 20～70 滴/秒，当这些金属熔滴被分离后，电弧能在 0.05 s内恢复。为满足焊条电弧焊焊接的需要，对焊条电弧焊电源提出下列要求。

①具有陡降的外特性。在稳定的工作状态下，焊接电源输出的焊接电流与输出的电压之间的关系称为弧焊电源的外特性。当这种关系用曲线表示时，该曲线就称为焊接电源的外特性曲线。调节焊接电流，实际上是调节电流外特性曲线。电源的外特性曲线如图 2-2 所示。从图中可以看到，虽然焊接电弧弧长发生了变化，电弧电压也随之产生变化，而从外特性曲线可以看出，外特性曲线越陡，焊接电流的变化越小。由于一台焊机具有无数条外特性曲线，调节焊接电流实际上就是调节电源外特性曲线，所以，在实际焊接过程中，电源外特性曲线是选用陡降的。因为即使焊接电弧弧长有变化，也能保障焊接电弧稳定燃烧和良好的焊缝成型。

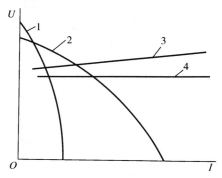

图 2-2　电源的外特性曲线
1-陡降特性；2-缓陡降特性；3-上升特性；4-平特性

②适当的空载电压。焊条电弧焊过程中，在频繁的引弧和熔滴短路时，维持

电弧稳定燃烧的工作电压是 20 ~ 30 V，焊条正常引弧电压是 50 V 以上；而焊条电弧焊焊接电源空载电压一般为 50 ~ 90 V，可以满足焊接过程中不断引弧的要求。

空载电压高，虽然容易引弧，但不是越高越好，因为空载电压过高，容易造成触电事故；另外，尽管空载电压是焊接电源输出端没有焊接电流输出时的电压，也要消耗电能。我国有关标准中规定：弧焊整流器空载电压一般在 90 V 以下，弧焊变压器的空载电压一般在 80 V 以下。

③适当的短路电流。焊条电弧焊过程中，引弧和熔滴过渡等都会造成焊接回路的短路现象。如果短路电流过大，不但会使焊条过热、药皮脱落、焊接飞溅增大，而且还会引起弧焊电源过载而烧坏。如果短路电流过小，则会使焊接引弧和熔滴过渡发生困难，导致焊接过程难以继续进行。所以，陡降外特性电源应具有适当的短路电流，通常规定短路电流等于焊接电流的 1.25 ~ 1.5 倍。

④良好的动特性。焊接过程中，焊机的负荷总是在不断地变化，焊条与焊件之间会频繁地发生短路和重新引弧。如果焊机的输出电流和电压不能迅速地适应电弧焊过程中的这些变化，这时焊接电弧就不能稳定地燃烧，甚至熄灭。这种弧焊电源适应焊接电弧变化的特性称为动特性。动特性用来表示弧焊电源对负载瞬变的快速反应能力。动特性良好的弧焊电源，焊接过程中电弧柔软、平静、富有弹性，容易引弧，焊接过程稳定、飞溅小。

⑤良好的调节特性。焊接过程中，需要选择不同的焊接电流，因此，弧焊电源的焊接电流必须能在较宽的范围内均匀灵活地调节。一般要求焊条电弧焊电源的电流调节范围为弧焊电源额定焊接电流的 0.25 ~ 1.2 倍。

（2）焊条电弧焊电源种类。焊条电弧焊采用的焊接电流既可以是交流也可以是直流，所以焊条电弧焊电源既有交流电源也有直流电源。目前，我国焊条电弧焊用的电源有三大类：弧焊变压器、弧焊整流器和直流弧焊发电机（包括逆变弧焊电源），前一种属于交流电源，后两种属于直流电源。

①弧焊变压器。弧焊变压器是一种具有下降外特性的特殊降压变压器，在焊接行业里又称为交流弧焊电源，获得下降外特性的方法是在焊接回路里增加电抗（在回路里串联电感和增加变压器的自身漏磁）。

②弧焊整流器。

a. 硅弧焊整流器。硅弧焊整流器是一种直流弧焊电源，它由三相变压器和硅整流器系统组成（见图 2-3）。交流电源经过降压和硅二极管的桥式全波整流获得直流电，并且通过电抗器（交流电抗器或磁饱和电抗器）调节焊接电流，获得陡降的外特性。

b. 晶闸管式弧焊整流器。晶闸管式弧焊整流器用晶闸管作为整流元件，其组成如图 2-4 所示。由于晶闸管具有良好的可控性，因此，焊接电源外特性、焊接参数的调节，都可以通过改变晶闸管的导通角来实现，它的性能优于硅弧焊整流器。

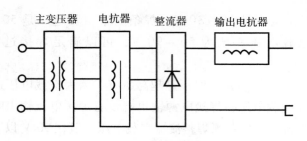

图 2 - 3　硅弧焊整流器的组成

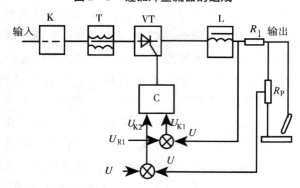

图 2 - 4　晶闸管式弧焊整流器的组成

③直流弧焊发电机。直流弧焊发电机是由一台电动机和一台弧焊发电机组成的机组，由电动机带动弧焊发电机发出直流焊接电流。直流弧焊发电机因焊接过程噪声大，耗能大，焊机重量大，已被原国家经济委员会，原机电工业部等部委自 1992 起宣布为淘汰产品，1993 年 6 月停止生产。被淘汰的弧焊发电机有 AX - 320、AX1 - 500、AX3 - 300、AX4 - 400、AX9 - 500 等型号。对于原有产品仍可继续使用，可用于缺乏电源的野外作业，但不再生产新的。另一种是柴油（汽油）机和特种直流发电机的组合体，用以产生适用于焊条电弧焊的直流电，多用于野外没有电源的地方进行焊接施工。

④弧焊逆变器。弧焊逆变器是一种新型、高效、节能直流焊接电源，该焊机具有极高的综合指标，它作为直流焊接电源的更新换代产品，已被焊机普遍采用。晶闸管式弧焊逆变器的原理方框图如图 2 - 5 所示。单相或三相 50 Hz 的交流网路电压先经过整流器整流和滤波器变为直流电。再经过大功率开关电子元件的交替开关作用，变成几千赫或几万赫的中频交流电；若再用输出整流器整流并经电抗器滤波，则可输出适于焊接的直流电，此逆变器便是直流电源。这种弧焊逆变器的优点如下。

a. 高效节能，效率可达 80% ~ 90%，功率因数可提高到 0.99，空载损耗小，因此是一种节能效果极为显著的弧焊电源；

b. 重量轻、体积小，整机重量仅为传统弧焊电源的 1/10 ~ 1/5，体积也只有传统弧焊电源的 1/3 左右；

c. 具有良好的动特性和焊接工艺性能。

（3）焊条电弧焊机。

①焊机型号。焊机是将电能转换为焊接能量的焊接设备。焊机型号表示方法如图2-6所示。

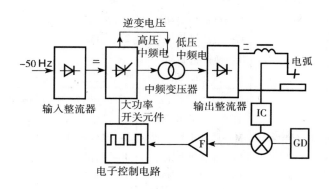

图2-5　晶闸管式弧焊逆变器原理图

部分焊机型号与代表符号见表2-1。焊机附加特征名称及其代表符号见表2-2。焊机特殊环境名称及其代表符号见表2-3。

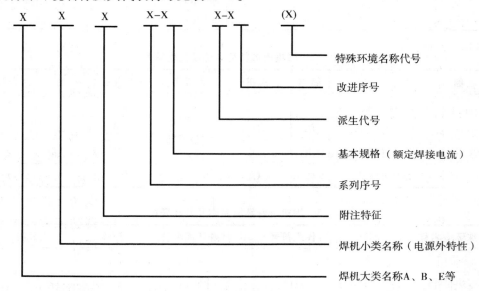

图2-6　焊机型号表示方法

表 2-1 部分焊机型号与代表符号

第一字位	第二字位	第三字位	第四字位	第五字位
A—弧焊发电机	X—下降特性 P—平特性 D—多特性	省略—电动机驱动 D—单纯弧焊发电机 Q—汽油机驱动 C—柴油机驱动 T—拖拉机驱动 H—汽车驱动	省略—直流 1—交流发电机整流 2—交流	额定焊接电流/A
Z—弧焊整流器	X—下降特性 P—平特性 D—多特性	省略——一般电源 M—脉冲电源 L—高空载电压 E—交直流两用电源	省略—磁放大器或饱和电抗器式 1—动铁芯式 3—动线圈式 4—晶体管式 5—晶闸管式 6—交换抽头式 7—变频式	额定焊接电流/A
B—弧焊变压器	X—下降特性 P—平特性	L—高空载电压	省略—磁放大器或饱和电抗器式 1—动铁芯式 2—串联电抗器式 3—动线圈式 5—晶闸管式 6—交换抽头式	额定焊接电流/A

表 2-2 焊机附加特征名称及代表符号

大类名称	附加特征名称	简称	代表符号	大类名称	附加特征名称	简称	代表符号
弧焊发电机	同轴电动发电机组	—	—	弧焊整流器	硒整流器	硒	X
	单一发电机	单	D		硅整流器	硅	G
	汽油机拖动	汽	Q		锗整流器	锗	Z
	柴油机拖动	柴	C	弧焊变压器	铝绕组	铝	L

表 2-3 焊机特殊环境名称及其代表符号

特殊环境名称	简称	代表符号	特殊环境名称	简称	代表符号
热带用	热	T	高原用	高原	G
湿热带用	湿热	TH	水下用	水下	S
干热带用	干热	TA	—	—	—

②焊机主要技术参数。每台弧焊机出厂时，在焊机的明显位置上都钉有焊机的铭

牌，铭牌的内容主要有焊机的名称、型号、主要技术参数、绝缘等级、焊机制造厂、生产日期和焊机出厂编号等。其中，焊机铭牌中的主要技术参数是焊接生产中选用焊机的主要依据。焊机铭牌主要技术参数有以下几个。

a. 额定焊接电流。额定焊接电流是焊条电弧焊电源在额定负载持续率条件下允许使用的最大焊接电流。负载持续率越大，表明在规定的工作周期内，焊接工作时间延长了，焊机的温升就要升高。为了不使焊机绝缘破坏，就要减小焊接电流。当负载持续率变小时，表明在规定的工作周期内，焊接工作的时间减少了，此时，可以短时提高焊接电流。当实际负载持续率与额定负载持续率不同时，焊条弧焊机的许用电流就会变化，可按下式计算：

$$许用焊接电流 = 额定焊接电流 \times \sqrt{\frac{额定负载持续率}{实际负载持续率}}$$

焊机铭牌上列出了几种不同负载持续率所允许的焊接电流。弧焊变压器类和弧焊整流器类电源都是以额定焊接电流表示其基本规格。

b. 负载持续率。负载持续率是指弧焊电源负载的时间占选定工作时间周期的百分率。可按下式表示：

$$负载持续率 = \frac{在选定工作时间周期中弧焊电源有负功的时间}{选定工作时间周期} \times 100\%$$

用负载持续率这一参数表示焊接电源的工作状态，因为电弧焊电源的温升既与焊接电流的大小有关，也和电弧焊电源的工作状态有关，连续焊接和断续焊接时，电弧焊电源的温升是不一样的。我国标准规定，对于容量500 A 以下的焊条电弧焊电源，它的工作周期为 5 min，即 5 min 内有 2 min 用于换焊条、清渣，而焊机的负载时间是 3 min，则该焊机的负载持续率为 60%。

对于一台弧焊电源，随着实际焊接时间的增长，间歇的时间减少，负载持续率就会增高，弧焊电源就容易发热升温。甚至烧损，所以，焊工开始焊接工作前，要看好焊机的铭牌，按负载持续率使用焊机。如：BX3 – 400 交流弧焊变压器在负载持续率为 60% 时，其额定焊接电流为 400 A。

一次电压、一次电流、相数、功率这些参数说明该弧焊电源对电网的要求，弧焊电源在接入电网时，一次电压、一次电流、相数、功率等都必须与弧焊电源相符，只有这样才能保证弧焊电源安全正常工作。

（4）焊条电弧焊电源的选用。焊条电弧焊电源的选用，应遵循以下原则。

①根据焊条药皮分类及电流种类选用。当选用酸性焊条焊接低碳钢时，首先应该考虑选用交流弧焊变压器，如 BXl – 160、BXl – 400、BX2 – 125、BX2 – 400、BX3 – 400、BX6 – 160、BX6 – 400 等。

当选用低氢钠型焊条时，只能选用直流弧焊机反接法才能进行焊接，可以选用硅整流式弧焊整流器，如 ZXG – 160、ZXG – 400 等：三相动圈式弧焊整流器，如 ZX3 – 160、ZX3 – 400 等；晶闸管式弧焊整流器，如 ZX5 – 250、ZX5 – 400 等。

②根据焊接现场有无外接电源选用。当焊接现场用电方便时，可以根据焊件的材质、焊件的重要程度选用交流弧焊变压器或各类弧焊整流器。

当焊接为野外作业用电不方便时，应选用柴油机驱动直流弧焊发电机，如 AXC - 160、AXC - 400 等；或选用越野汽车焊接工程车，如 AXH - 200、AXH - 400 等。这两种焊机在野外作业很方便，焊机随车行走，特别适合野外长距离架设管道的焊接。

③根据额定负载持续率下的额定焊接电流选用。弧焊电源铭牌上所给出的额定焊接电流，是指在额定负载持续率下允许使用的最大焊接电流。弧焊电源的负荷能力受电气元器件允许的极限温升所制约，而温升既取决于焊接电流的大小，又与焊机负荷状态有关。例如 BX2 - 125 焊机，在额定负载持续率为 60% 时，额定焊接电流为 125 A；在焊接过程中如果需要 125 A 焊接电流，则可选用 BX2 - 160 焊机，其焊接效率将比用 BX2 - 125 焊机提高近 1 倍，因为 BX2 - 160 在焊接电流为 125 A 时，负载持续率可达 100%。

④根据自有资金选用。在相同负载持续率和相同焊接电流值条件下，弧焊变压器的价格最便宜；其次是弧焊整流器，其价格是弧焊变压器的 2 倍；越野汽车焊接工程车是弧焊变压器价格的 14 倍；AXD 直流弧焊发电机价格是弧焊变压器价格的 1~3 倍。

⑤根据焊机的主要功能选用。目前市场上的焊机品种很多，同一类焊接电源在功能上也各有所长，所以，在选用焊接设备时，要注意该焊机的功能及特点。如长期用酸性焊条焊接焊件，则应首选弧焊变压器；如使用低氢钠型焊条焊接焊件时，就应准备弧焊发电机或弧焊整流器供焊接生产使用；当日常焊接生产中焊件既需用酸性焊条，又需用低氢钠型焊条焊接时，可以配备 ZXE1 系列交、直流两用硅整流式弧焊整流器；当需要重量轻、节能型焊机时，应该首选 ZX7 系列焊机。

（5）焊条电弧焊电源的调节及使用。

①弧焊变压器。

a. 动铁芯式弧焊变压器（BX1 型）。其代表产品为 BX1 - 330，该变压器具有三个铁芯柱，其中两个为固定的主铁芯，中间为可动铁芯。变压器的一次线圈为筒形，绕在一个主铁芯柱上，二次线圈一部分绕在一次线圈外面，另一个兼做电抗线圈，绕在另一个主铁芯上；弧焊变压器两侧装有接线板，供接网路用，另一侧为二次接线板，供焊机回路用。焊机变压器的陡降外特性是靠动铁芯的漏磁作用获得的。

这类弧焊变压器的结构简单，容易制造和修理，但是，由于有两个空气气隙，漏感和损耗较大，所以，弧焊变压器适宜制作成中小容量。BX1 - 330 型弧焊变压器结构如图 2 - 7 所示。

BX1 - 330 型交流弧焊变压器电流的调节分为粗调节和细调节两部分。

电流粗调节：改变弧焊变压器二次接线板上的接线来改变焊接电流大小。接法一，焊接电流的调节范围为 50~180 A，空载电压为 70 V；接法二，焊接电流调节范围为 160~450 A，空载电压为 60 V。电流粗调节时，为防止触电，应在切断电源的情况下进行。调节前，各连接螺栓要拧紧，防止接触电阻过大而引起发热、烧损连接螺栓和

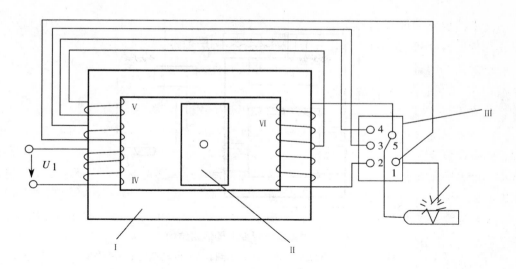

图 2 – 7　动铁芯式 BX1 – 330 型交流弧焊变压器结构
Ⅰ – 定铁芯；Ⅱ – 动铁芯；Ⅲ – 二次接线板；
Ⅳ – 一次线圈（固定）；Ⅴ，Ⅵ – 二次线圈（可调）

连接板。

电流细调节：电流细调节是通过弧焊变压器侧面的旋转手柄来改变活动铁芯的位置进行的。当手柄逆时针旋转时，活动铁芯向外移动，漏磁减少，焊接电流增加；当手柄顺时针旋转时，活动铁芯向内移动，漏磁加大，焊接电流减小。

b. 同体式弧焊变压器（BX2 型）。此类弧焊变压器是由一台具有平特性的降压变压器和一个电抗器组成，铁芯形状像一个 "H" 字形，并在上部装有活动铁芯。改变它与固定铁芯间隙大小，就可改变漏磁的大小，达到调节电流的目的。

当弧焊变压器短路时，电抗线圈通过很大的短路电流，产生很大的电压降，使二次线圈的电压接近于零，从而限制了短路电流。

当弧焊变压器空载时，由于没有焊接电流通过，电抗线圈不产生电压降，因此，空载电压基本上等于二次电压，此时便于引弧。

当弧焊变压器焊接时，由于有焊接电流通过，电抗线圈产生电压降，从而获得陡降的外特性。

这类焊机多用于大功率电源，如 BX2 – 1000 用于埋弧焊电源。焊接电流的调节只有一种方法，即改变移动铁芯和固定铁芯的间隙。

当顺时针方向转动手柄时，铁芯的间隙增大，焊接电流增加；当逆时针方向转动手柄时，铁芯的间隙变小，焊接电流则减小。同体式弧焊变压器线路结构如图 2 – 8 所示。

c. 动圈式弧焊变压器（BX3 型）。动圈式弧焊变压器，是一种应用广泛的交流弧焊电源。变压器的一次和二次线圈匝数相等，绕在高而窄的口字形铁芯上。一次线圈固定于窄铁芯底部，二次线圈可用丝杠带动上下移动，在一次和二次线圈间形成漏磁

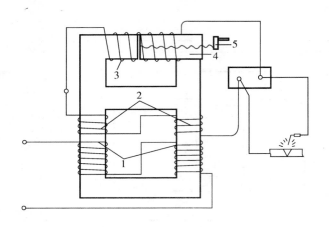

图2-8 同体式弧焊变压器线路结构

1-一次线圈；2-二次线圈；3-电抗线圈；4-可动铁芯；5-手柄

磁路。这种焊机的优点是没有活动铁芯，不会出现由于铁芯的振动而造成小电流焊接时电弧不稳的现象，焊机的缺点是焊接电流调节下限将受到铁芯高度的限制，所以只能制成中等容量的焊机；焊机消耗的电工材料较多，经济性较差；焊机较重，机动性差；该焊机适用于不经常移动的固定地点焊接施工。焊接电流的调节方法有粗调和细调两种，如BX3-400型动圈式弧焊变压器。

电流粗调节：通过更换电源转换开关和二次接线板上连接的位置，来改变一次、二次线圈的匝数，即串联（接法一）或是并联（接法二）。BX3—300型弧焊变压器电流粗调节如图2-9所示。接法一为串联，焊接电流调节范围为40~150 A；接法二为并联，焊接电流调节范围为120~380 A。

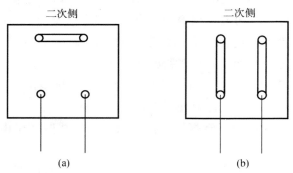

图2-9 BX3-300型弧焊变压器电流粗调节

（a）接法一；（b）接法二

电流细调节：当转动手柄使一、二次线圈间的距离加大时，漏磁增大，漏抗也增大，焊机焊接电流就减小；当转动手柄使一、二次线圈间距离减小时，漏磁和漏抗也减小，此时焊接电流增大。

常用的弧焊变压器技术数据见表2-4。

表2-4　常用的交流弧焊变压器技术数据

主要技术数据	动铁芯式			动圈式			
	BX1-160	BX1-250	BX1-400	BX3-250	BX3-300	BX3-400	BX3-500
额定焊接电流/A	160	250	400	250	300	400	500
电流调节范围/A	32~160	50~250	80~400	36~360	40~400	50~500	60~612
一次电压/V	380	380	380	380	380	380	380
额定空载电压/V	80	78	77	78/70	75/60	75/70	73/66
额定工作电压/V	21.6~27.8	22.5~32	24~39.2	30	22~36	36	40
额定一次电流/A	—	—	—	48.5	72	78	101.4
额定输入容量/kVA	13.5	20.5	31.4	18.4	20.5	29.1	38.6
额定空载持续率/%	60	60	60	60	60	60	60
质量/kg	93	116	114	150	190	200	225
外形尺寸（长/mm×宽/mm×高/mm)	587×325×680	600×380×750	640×390×780	630×480×810	580×600×800	695×530×905	610×666×970

注：BX1-160适用于1~8 mm厚低碳钢板的焊接。焊条电弧焊电源；BX1-250适用于中等厚度低碳钢板的焊接。焊条电弧焊电源；BX1-400适用于中等厚度低碳钢板的焊接。焊条电弧焊电源；BX3-250适用于3 mm厚度以下的低碳钢板的焊接。BX3-300适于用做焊条电弧焊电源和电弧切割电源；BX3-400适于用做焊条电弧焊电源；BX3-500适于用做手工钨极氩弧焊、焊条电弧焊、电弧切割电源。

②弧焊整流器。

a. 硅弧焊整流器。硅弧焊整流器是弧焊整流器的基本形式之一，这种焊接电源一般由降压变压器、硅整流器、输出电抗器和外特性调节机构等部分组成，如图2-10所示。焊机型号如ZXG-400。

硅整流弧焊电源是以硅元件作为整流元件，通过增大降压变压器的漏磁或通过磁饱和放大器来获得下降的外特性及调节空载电压和焊接电流。

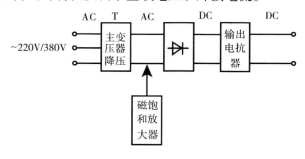

图2-10　硅整流弧焊电源基本原理图

输出电抗器是串联在直流回路中的一个带铁芯并有气隙的电磁线圈，起改善焊机动特性的作用。

硅整流弧焊整流器的优点主要是：电弧稳定、耗电少、噪声小、制造简单、维护方便、防潮、抗震、耐候力强。其缺点主要是：由于没有采用电子电路进行控制和调节，焊接过程中可调的焊接参数少，不够精确，受电网电压波动的影响较大。用于要求一般质量的焊接产品的焊接。

b. 晶闸管式弧焊整流器。用晶闸管代替二极管整流，可以获得可调的外特性，并且电流和电压控制范围也大。该弧焊整流器主要由降压变压器、晶闸管整流器和控制电路、输出电抗器等组成，如图 2 – 11 所示。由于它的电磁惯性小容易控制，因此，可以用很小的触发功率来控制整流器的输出，又因为它完全可以用不同的反馈方式获得各种形状的外特性，所以焊接电流、电弧电压可以在很宽的范围内均匀、精确、快速的调节，不仅达到焊接电流无级调节，还容易实现电网电压补偿，它是目前应用很广泛的一种直流焊接电源。

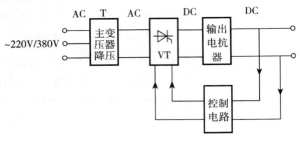

图 2 – 11　晶闸管弧焊整流弧焊电源基本原理图

晶闸管弧焊整流器都带有电弧推力调节装置，使焊接过程中电弧吹力大，而且电弧吹力强度还可以调节，通过调节和改变电弧推力来改变焊接电弧穿透力，确保焊接过程中引弧容易，促进熔滴过渡，焊接飞溅小。

晶闸管弧焊整流器还具有连弧焊和断弧焊操作选择装置，以调节电弧长度。当选择断弧焊时，配以适当的推力电流，可以保证焊条一碰焊件就能引燃电弧，电弧拉到一定长度就熄灭，当焊条与焊件短路时，"防粘"功能可以迅速将焊接电流减小而使焊条端部脱离焊件，进行再引弧。当选择连弧焊操作装置时，可以保证焊接电弧拉得很长仍不熄灭。

晶闸管弧焊整流器的电源控制板全部采用集成电路元件，一旦控制板出现故障，只需要换备用电路板，电源就能正常使用，维修很方便。

常用的弧焊整流器技术数据见表 2 – 5。

③逆变式弧焊整流器。逆变式弧焊整流器是一种新型的弧焊电源，至今已有 20 多年的历史，经历了由晶闸管（可控硅）→晶体管→场效应管（MOS – FET）→绝缘门极晶体管（IGBT）逆变四代发展。

表2-5 常用的弧焊整流器技术数据

主要技术数据		动铁芯式			晶闸管式		
		ZXE1-160	ZXE1-300	ZXE1-500	ZX5-800	ZX5-250	ZX5-400
输出	额定焊接电流/A	160	300	500	800	250	400
	电流调节范围/A	交流：80~100 直流：7~150	500~300	交流：100~500 直流：90~450	100~800	50~250	40~400
	额定工作电压/V	27	32	交流：24~40 直流：24~38	—	30	36
	空载电压/V	80	60~70	80	73	55	60
	额定负载持续率/V	35	35	60	60	60	60
	额定输出功率/kW	—	—	—	—	—	—
输入	电压/V	380	380	380	380	380	380
	额定输入电流/A	40	59	—	—	23	37
	相数	1	1	1	3	3	3
	频率/Hz	50	50	50	50	50	50
	额定输入容量/kVA	15.2	22.4	41	—	15	24
功率因数		—	—	—	0.75	0.7	0.75
效率/%		—	—	—	75	70	75
质量/kg		150	200	250	300	160	200
用途		焊条电弧焊；交、直流钨极氩弧焊			焊条电弧焊、钨极氩弧焊、碳弧切割电源	焊条电弧焊电源	焊条电弧焊电源，特别适用于低氢型焊条焊接低碳钢、中碳钢以及低合金结构钢

逆变的含义是指从直流电变为交流电（特别是中频或高频交流电）的过程。逆变电源的基本原理如图2-12所示。弧焊逆变器采用了复杂的变流顺序，即：工频交流

→直流→中频交流→降压→交流或直流。逆变的主要思路是：将工频交流电变为中频（几千赫至几十千赫）交流电之后再降至适于焊接的电压。

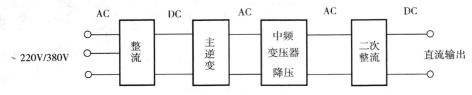

图 2-12　逆变电源基本原理图

逆变式弧焊电源有如下特点。

a. 焊机主变压器小。由于变压器的工作频率提高了，使得主变压器的体积大大降低，为同样额定电流的整流式焊机的 1/6～1/10。效率可达 80%－95%，焊机轻便灵活、适应性好，特别适宜移动焊接。

b. 节电效果明显。逆变焊机功率因素达 0.95 以上，空载时电耗只有 30～50W，比传统焊机节电 25%～60%。

c. 具有理想的电弧特性。由于逆变式弧焊电源全部采用电子控制，在焊接过程中能够提供最好的电弧指向性、电弧稳定性和动、静特性。从开始通电到设定的焊接电流值时间约为 0.2 ms，达到瞬间起弧。电子控制的另一优点是容易实现遥控和计算机控制，适合作为机械化焊接、自动化及弧焊机器人的配套电源使用。

逆变焊机输出外特性曲线具有外拖的陡降横流特性，如图 2-13 所示。

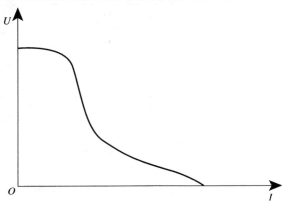

图 2-13　逆变弧焊整流器的外特性曲线

具有外拖特性曲线的弧焊电源，焊工容易操作。因为焊接过程中，由于某种原因焊接电弧突然缩短，电弧电压降至某一数值，外特性曲线出现外拖，此时，输出电流值加大，加速熔滴向熔池过渡，焊接电弧仍能稳定燃烧，不会发生焊条与焊件粘着现象。

d. 装有数字显示的电流调节系统和很强的电网波动补偿系统，使焊接电流稳定性高。

　　e. 逆变弧焊电源采用模块化设计，每个模块单元均可方便地拆装下来进行检修，方便维修。常用逆变式弧焊整流器技术数据见表2－6。

表2－6　常用逆变式弧焊整流器技术数据

技术数据	晶闸管		场效应管		IGBT 管		
	ZX7－300S/ST	ZX7－630S/ST	ZX7－315	ZX7－400	ZX7－160	ZX7－315	ZX7－630
电源	三相、380 V、50 Hz		三相、380 V、50 Hz		三相、380 V、50 Hz		
额定输入功率/kVA	—	—	11.1	16	4.9	12	32.4
额定输入电流/A	—	—	17	22	7.5	18.2	49.2
额定焊接电流/A	300	630	315	400	160	315	630
额定负载持续率/%	60	60	60	60	60	60	60
最高空载电压/V	70~80	70~80	65	65	75	75	75
焊接电流调节范围/A	Ⅰ档：30~70 Ⅱ档：90~300	Ⅰ档：60~210 Ⅱ档：180~630	50~315	60~400	16~160	30~315	60~630
效率/%	83	83	90	90	≥90	≥90	≥90
外形尺寸/mm ×mm×mm (长×宽×高)	640×355×470	720×400×560	450×200 ×300	560×240 ×255	500×290 ×390		550×320 ×390
用途	"S"为焊条电弧焊电源 "ST"为焊条电弧焊、氩弧焊两用电源		具有电流响应速度快，静、动特性好，功率因数高、空载电流小、效率高等特点。适用于各种低碳钢、低合金钢及不同类型结构钢的焊接		采用脉冲宽度调节制（PWM），20 kHz绝缘门极双极型晶体管（IGBT）模块逆变技术。具有引弧迅速可靠、电弧稳定、飞溅小、体积小、高效节能、焊缝成型好、并可"防粘"等特点。用于焊条电弧焊、碳弧气刨电源		

2. 焊条电弧焊常用工具和辅具

　　（1）焊钳。焊钳（又称焊把，如图2－14所示）在焊接过程中起夹持焊条、传导电流的作用，按焊钳允许使用电流值分类，有 300 A、500 A 两种。焊接过程中，对焊钳的选用原则如下。

①焊钳必须有良好的绝缘性，焊接过程中不易发热烫手。

②焊钳钳口材料要有高的导电性和一定的力学性能，故用纯铜制造。焊钳能夹住焊条，焊条在焊钳夹持端，能根据焊接的需要变换多种角度；焊钳的质量要轻，便于操作。

③焊钳与焊接电缆的连接应简便可靠，接触电阻小。

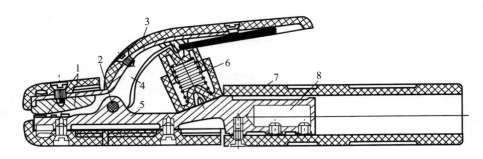

图 2 – 14　焊钳的构造

1 – 钳口；2 – 固定销；3 – 弯臂罩壳；4 – 弯臂；5 – 直柄；6 – 弹簧；

7 – 胶木手柄；8 – 电缆固定处

常用焊钳的技术指标见表 2 – 7。

表 2 – 7　常用焊钳的技术指标

焊钳型号	160 A		300 A		500 A	
额定焊接电流/A	160		300		500	
负载持续率/%	60	35	60	35	60	35
焊接电流/A	160	220	300	400	500	560
适用焊条直径/mm	1.6 ~ 4		2 ~ 5		3.2 ~ 8	
焊接电缆截面积/mm²	25 ~ 35		35 ~ 50		70 ~ 95	
手柄温度/℃	≤40		≤40		≤40	
外形尺寸：长×宽×高/mm×mm×mm	220×70×30		235×80×36		258×86×38	
质量/kg	0.24		0.34		0.40	

（2）焊接电缆。焊接电缆的作用是传导焊接电流，选用焊接电缆应遵循以下原则。

①焊接电缆内导体用多股细铜丝制成，其截面积应根据焊接电流和导线长度来选。

②焊接电缆外皮必须完好、柔软、绝缘性好，如发现外皮损坏，必须及时修好或更换。

③焊接电缆线长度一般不宜超过 20 ~ 30 m，确实需要加长时，可将焊接电缆线分为两

节导线，连接焊钳的一节用细电缆，减轻焊工的手臂负重劳动强度，另一节按长度及使用的焊接电流选择粗一点的电缆，两节用电缆快速接头连接。焊接电缆型号有 YHH 型电焊橡胶套电缆和 YHHR 型电焊橡胶特软电缆两种，各种焊接电缆技术数据见表 2 - 8。

表 2 - 8　焊接电缆技术数据

电缆型号	截面/mm²	线芯直径/mm	电缆外径/mm	电缆重量/(kg·km⁻¹)	额定电流/A
YHH 型焊接用橡胶电缆	16	6.23	11.5	282	120
	25	7.50	12.6	397	150
	35	9.23	15.5	557	200
	50	10.50	17.0	737	300
	70	12.95	20.6	990	450
	95	14.70	22.8	1 339	600
	120	17.15	25.6	—	—
	150	18.90	27.3	—	—
YHHR 型焊接用橡胶软电缆	6	3.96	8.5	—	35
	10	34.89	9.0	—	60
	16	6.15	10.8	282	100
	25	8.00	13.0	397	150
	35	9.00	14.5	557	200
	50	10.60	16.5	737	300
	70	12.95	20	990	450
	95	14.70	22	1 339	600

（3）焊接防护面罩及玻璃护目镜片。焊接面罩有头盔式（戴在头顶上工作）和手持式两种形式，如图 2 - 15 所示。面罩是防止焊接过程中焊接飞溅、弧光和辐射线对焊工面部和颈部损伤的遮蔽工具。在面罩的前上部开观察口，在焊接过程中，在护目镜片的保护下观察焊接熔池及焊条熔化情况。

护目玻璃有各种色泽，目前以墨绿色的为多，为改善防护效果，受光面可以镀铬。护目玻璃的颜色有深浅之分，应根据焊接电流大小、焊工年龄和视力情况来确定，护目玻璃色号、规格选用见表 2 - 9。护目玻璃外侧应加一块同尺寸的一般玻璃，以防止金属飞溅的污染。

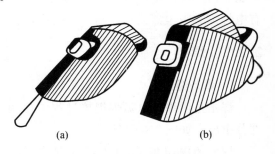

(a)　　　　　　　　　(b)

图 2 - 15　焊接面罩的形式

（a）手持式；（b）头盔式

表2-9　护目玻璃镜片选用表

护目玻璃色号	颜色深浅	适用焊接电流/A	规格尺寸/mm×mm×mm
7~8	较浅	≤100	2×50×107
9~10	中等	100~350	2×50×107
11~12	较深	≥350	2×50×107

近年来，以现代微电子技术和现代光控技术两大高科技体系为主体，研制而成的GSZ光控焊接防护面罩已经走向市场，它以全新面貌受到焊工欢迎并逐渐取代老式面罩。该面罩的主要功能是：可有效防止电光性眼炎；瞬时自动调光、遮光，防红外线，防紫外线；彻底解决盲焊，省时省力，节能高效。该面罩的特点是：焊接没引弧时，光电控制系统处于控制状态，光阀护目镜呈亮态，能清晰地看清焊件表面，具有最大透光度；引弧时，光敏件接受光强的变化，触发控制光阀在瞬间由亮态自动完成调光、遮光，光阀护目镜呈暗态，并保持最佳视觉条件。当焊接结束后，弧光熄灭光阀护目镜又自动返回待控状态，光阀护目镜又呈亮态，可以清晰地观察焊接效果，从而能有效地控制电光性眼炎的发病率，彻底解决了盲焊，大大提高了焊接质量和工作效率，减少了焊机空载耗电时间，能节电30%左右。

（4）焊条保温筒。焊条保温筒是焊工焊接操作现场必备的辅具，携带方便。将已烘干的焊条放在保温筒内供现场使用，起到防粘泥土、防潮、防雨淋等作用，能够避免焊接过程中焊条药皮的含水率上升。

（5）防护服。为了防止焊接时触电及被弧光和金属飞溅物灼伤，焊工焊接时，必须戴皮革手套、工作帽，穿好白帆布工作服、脚盖、绝缘鞋等。焊工在敲渣时，应戴有平光眼镜。

（6）焊缝接头尺寸检测器。焊缝接头尺寸检测器用以测量坡口角度、间隙、错边以及余高、焊缝宽度、角焊缝厚度等尺寸。由直尺、探尺和角度规组成。其外形和应用如图2-16所示。

（7）其他辅具。焊接中的清理工作很重要，必须清除掉工件和前层熔敷的焊缝金属表面上的油垢、熔渣和对焊接有害的其他杂质。为此，焊工应备有角向磨光机、铜丝刷、清渣锤、扁铲和锉刀等辅具。另外，在排烟情况不好的场所焊接作业时，应配有电焊烟雾吸尘器或排风扇等辅助器具。

2.2.2　焊条

1. 焊条组成

焊条是供焊条电弧焊焊接过程中使用的涂有药皮的熔化电极，它由焊芯和药皮两部分组成，如图2-17所示。

焊条药皮与焊芯的质量比被称为药皮质量系数，焊条的药皮质量系数一般为25%~40%。

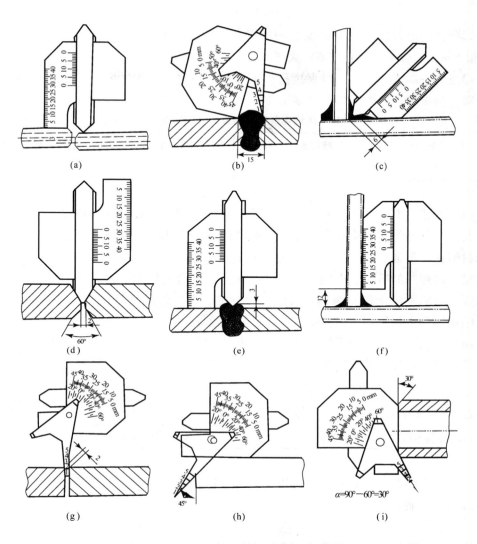

(a)　　　　　　　　(b)　　　　　　　　(c)

(d)　　　　　　　　(e)　　　　　　　　(f)

(g)　　　　　　　　(h)　　　　　　　　(i)

图 2 - 16　焊缝接头尺寸检测器及其应用示意图

（a）测量错边；（b）测量焊缝宽度 ；（c）测量角焊缝厚度；（d）测量 X 型坡口角度

（e）测量焊缝余高 ；（f）测量角焊缝焊角尺寸；（g）测量焊缝间隙

（h）测量坡口角度；（i）测量管道坡口角度

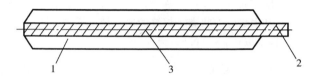

图 2 - 17　焊条的组成

1 - 药皮；2 - 夹持端；3 - 焊芯

焊条药皮沿焊芯直径方向偏心的程度，称为偏心度。国家标准规定，直径为 3.2 mm 和 4 mm 的焊条，偏心度不得大于 5%。

焊条的一端未涂药皮以供焊接过程中焊钳夹持之用的焊芯部分，称为焊条的夹持端。常见的碳钢焊条夹持端长度参见表 2-10。

表 2-10　碳钢焊条夹持端长度（GB/T5117—1995）

焊条直径/mm	夹持端长度/mm	焊条直径/mm	夹持端长度/mm
≤4.0	10 ~ 30	≥5.0	15 ~ 35

（1）焊芯。焊条中被药皮所包覆的金属芯称为焊芯。焊芯在焊接过程中有两个作用。其一是传导焊接电流并产生电弧，把电能转换为热能，既熔化焊条本身，又使被焊母材熔化而形成焊缝。其二是作为填充金属，调整焊缝中合金元素成分。为保证焊缝质量，对焊芯的质量要求很高，焊芯金属对各合金元素的含量都有一定的限制，以确保焊缝性能不低于母材金属。按照国家标准，制造焊芯的钢丝可分为碳素结构钢、合金结构钢和不锈钢钢丝以及铸铁、有色金属丝等。

通常所说的焊条直径实际是指焊芯直径，即焊条的规格以焊芯的直径来表示。焊芯的直径越大，焊芯的基本长度也相应长些。表 2-11 为碳钢焊条焊芯基本尺寸。

表 2-11　碳钢焊条焊芯尺寸　　　　　　　　　　　　　　　　　　　　　　mm

焊芯直径（基本尺寸）	1.6	2.0	2.5	3.2	4.0	5.0	5.6	6.0	6.4	8.0
焊芯长度（基本尺寸）	200 ~ 250	250 ~ 350			350 ~ 450			450 ~ 700		

焊芯中主要合金元素的含量对焊接质量有很大影响，表 2-12 所列为主要合金元素对焊接的影响。

表 2-12　焊芯中主要合金元素对焊接的影响

合金元素	对焊接的影响
碳	碳是钢中的主要合金元素。当钢中的含碳量增加时，钢的强度和硬度明显增加，而塑性会降低，与此同时，钢的焊接性则会恶化，焊接过程中会产生较大的飞溅和气孔，焊接裂纹敏感性也会增加。所以，低碳钢焊芯中碳含量应小于 0.1%。
锰	当焊缝中的含锰量增加时，焊缝的屈服强度和抗拉强度会提高，当锰含量为 1.5% 时焊态和消除应力状态下焊缝的冲击韧度最佳，同时，锰还有很好的脱氧作用。锰含量通常以 0.3% ~ 0.5% 为宜。
硅	硅在焊接过程中极易被氧化成 SiO_2，如果处理不当，会增加焊缝中的夹渣，严重时会引起热裂纹。焊条焊芯含硅量越少越好。
硫、磷	硫、磷在焊缝中都是有害元素，会引起裂纹和气孔，硫、磷的含量应严格控制。

焊芯的牌号用字母"H"做字首,后面的数字表示碳的质量分数,其他的合金元素含量表示方法与钢号表示方法大致相同。焊芯质量不同时,在牌号最后标注特定的符号以示区别。如常用的碳素结构钢焊芯牌号有H08A、H08MnA等,常用的合金结构钢焊芯牌号有 H10Mn2、H08Mn2Si、H08Mn2SiA 等,常用的不锈钢焊芯牌号有H1Crl9Ni9(奥氏体型)、H1Crl7(铁素体型)、HlCrl3(马氏体型)等。

"A"为高级优质焊丝,硫、磷含量较低(其质量分数不大于0.030%);"E"或"C"为特级焊丝,硫、磷含量更低。其中"E"级硫、磷质量分数不大于0.020%,"C"级硫、磷质量分数不大于0.015%。

(2)药皮。焊条药皮组成物,按其在焊接过程中所起的作用,可分为稳弧剂、造渣剂、造气剂、合金剂、稀渣剂、黏结剂和增塑剂等,如表2-13所示。

在焊接过程中,焊条中的药皮具有以下作用。

①稳弧作用焊条药皮中含有稳弧物质,如碳酸钾、碳酸钠、钛白粉和长石等,在焊接过程中可保证焊接电弧容易引燃和稳定燃烧。

②保护作用焊条药皮中含造气剂,如大理石、白云石、木屑、纤维素等,当焊条药皮熔化后,可产生大量的气体笼罩电弧区和焊接熔池,把熔化金属与空气隔绝开,保护熔融金属不被氧化、氮化。当焊条药皮熔渣冷却后,在高温的焊缝表面上形成渣壳,既可以减缓焊缝的冷却速度,又可以保护焊缝表面的高温金属不被氧化,改善焊缝成型。

表2-13 焊条药皮组成物及其作用

名 称	组成物	作 用
稳弧剂	碱金属或碱土金属,如碳酸钾、碳酸钠、长白粉、长石等	改善焊条引弧性能,提高焊接电弧稳定性
造渣剂	氟石、大理石、长石、菱苦土、钛白粉、钛铁矿等	熔渣覆盖焊缝熔池表面,熔渣与熔池金属之间进行冶金反应,使焊缝金属脱氧、脱硫、脱磷,保护焊缝熔化金属不被空气氧化、氮化;减慢焊缝冷却速度,改善焊缝成型
造气剂	大理石、白云石、木屑、纤维素等	主要是产生保护性气体,形成保护性气氛、隔离空气,保护焊接电弧、熔滴及熔池金属,防止氧化和氮化
脱氧剂	锰铁、硅铁、钛铁和铝粉等	降低药皮或熔渣的氧化性,去除熔池中的氧
合金剂	锰铁、钛铁、硅铁、钴铁、钒铁和铬铁等	向焊缝金属中渗入必要的合金元素,补偿被烧损和蒸发的合金元素,补加特殊性能要求的合金元素
黏结剂	钠水玻璃、钾水玻璃	使药皮与焊芯牢固地粘在一起,并使其具有一定的强度
稀渣剂	氟石、长石、金红石、钛铁矿、锰矿等	降低焊接熔渣的黏度,增加熔渣的流动性
增塑剂	白泥、云母、糊精、钛白粉、固态水玻璃及木粉	改善药皮涂料的塑性、弹性及流动性,便于制造焊条时挤压成型,并使焊条药皮表面光滑不开裂

③冶金作用焊条药皮中加有脱氧剂和合金剂，如锰铁、钛铁、硅铁、钼铁、钒铁和铬铁等，通过熔渣与熔化金属的化学反应，减少氧、硫等有害物质对焊缝金属的危害，使焊缝金属达到所要求的性能。通过在焊条药皮中加入铁合金或纯合金元素，使之随焊条药皮熔化而过渡到焊缝金属中去，以补充被烧损或蒸发的合金元素，从而提高焊缝金属的力学性能。

④改善焊接工艺性焊条药皮在焊接时形成的套筒，能保证焊条熔滴过渡正常进行，保证电弧稳定燃烧。通过调整焊条药皮成分，可以改变药皮的熔点和凝固温度，使焊条末端形成套筒，产生定向气流，从而在保证熔滴的正常过渡的同时，又使焊接电弧热量集中，提高焊缝金属熔敷效率，方便进行全位置焊接。

2. 焊条分类

（1）按熔渣的碱度分类。焊接过程中，焊条药皮熔化后，按所形成熔渣呈现酸性或碱性，把焊条分为碱性焊条（熔渣碱度≥1.5）和酸性焊条（熔渣碱度≤1.5）两大类。

①酸性焊条。焊条引弧容易，电弧燃烧稳定，可用交、直流电源焊接；焊接过程中，对铁锈、油污和水分敏感性不大，抗气孔能力强；焊接过程飞溅小，脱渣性好；焊接时产生的烟尘较少；焊条使用前需在 75 ℃ ~ 150 ℃ 温度下烘干 1 ~ 2 h，烘干后允许在大气中放置的时间不超过 6 ~ 8 h，否则必须重新烘干；焊缝常温、低温的冲击性能一般；焊接过程中合金元素烧损较多。

酸性焊条脱硫效果差，抗热裂纹性能差。由于焊条药皮中的氧化性较强，所以不适宜焊接合金元素较多的材料；厚药皮酸性焊条焊接过程中电弧燃烧稳定并集中在焊芯中心，因为药皮的熔点高，导热慢，所以焊条端部熔化时，药皮套筒长，由于套筒的冷却作用，会压缩电弧，使电弧更加集中在焊芯中心，此时焊芯中心熔化快，焊芯边缘熔化慢，使焊条端部熔化面呈现内凹型，如图 2 - 18 （a）所示。

②碱性焊条。焊条药皮中由于含有氟化物而影响气体电离，所以焊接电弧燃烧的稳定性差，只能使用直流焊机焊接；焊接过程中对水、铁锈等产生气孔缺陷敏感；焊接过程中飞溅较大、脱渣性较差、烟尘较多。由于药皮中含有氟石，焊接过程会析出氟化氢有毒气体，为此注意加强通风保护；焊接熔渣流动性好，冷却过程中黏度增加很快，焊接过程宜采用短弧连弧焊手法焊接；焊条使用前应经 250 ℃ ~ 400 ℃ 烘干 1 ~ 2 h，烘干后的焊条应放在 100 ℃ ~ 150 ℃ 的保温箱（筒）内随用随取；低氢型焊条在常温下放置不能超过 3 ~ 4 h，否则必须重新烘干；焊缝常温、低温冲击性能好；焊接过程中合金元素过渡效果好，焊缝塑性好；碱性焊条脱氧、脱硫能力强，焊缝含氢、氧、硫低，抗裂性好，常用于重要结构的焊接；碱性焊条端部熔化面呈凸型，如图 2 - 18 （b）所示。

（2）按药皮的主要成分分类。焊条药皮由多种原料组成，按照药皮的主要成分可以确定焊条的药皮类型。药皮中以钛铁矿为主的称为钛铁矿型；当药皮中含有 30% 以上的二氧化钛及 20% 以下的钙、镁的碳酸盐时，就称为钛钙型。唯有低氢型例外，虽

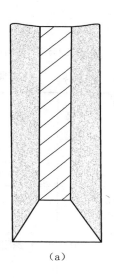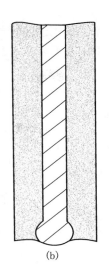

（a）　　　　　　　　　　（b）

图 2-18　焊条端部熔化表面

（a）酸性焊条；（b）碱性焊条

然它的药皮中主要组成为钙、镁的碳酸盐和萤石，但却以焊缝中含氢量最低作为其主要特征而予以命名。对于有些药皮类型，由于使用的黏结剂分别为钾水玻璃（或以钾为主的钾钠水玻璃）或钠水玻璃，因此，同一药皮类型又可进一步划分为钾型和钠型，而后者只能使用直流电源。

　　焊条药皮类型见表 2-14。由于药皮配方组分不同，致使各种药皮类型焊条的焊接工艺性能、焊接熔渣的特性以及焊缝金属力学性能均有很大差别，因此在选用焊条时，要充分考虑各类焊条药皮类型的特点。

表 2-14　焊条药皮类型

药皮类型	药皮主要成分	焊接电源	药皮类型	药皮主要成分	焊接电源
钛型	氧化钛大于等于35%	直流或交流	纤维素型	有机物15%以上，氧化钛30%左右	直流
钛钙型	氧化钛大于等于30%，钙、镁的碳酸盐小于等于20%	直流或交流	低氢型	钙、镁的碳酸盐和萤石	直流
钛铁矿型	钛铁矿大于等于30%	直流或交流	石墨型	多量石墨	直流或交流
氧化铁型	多量氧化铁及较多的锰铁脱氧剂	直流或交流	盐基型	氯化物和氟化物	直流

　　此外，药皮中含有多量铁粉的焊条，又称为铁粉焊条。按照相应焊条药皮的主要成分，还可分为铁粉钛型、铁粉钛铁矿型、铁粉钛钙型、铁粉氧化铁型及铁粉低氢型等，构成了铁粉焊条系列。

　　（3）按用途分类。我国现行的焊条分类方法，主要是根据焊条国家标准和机械工业部编制的《焊接材料产品样本》按用途进行分类。

通常，焊条按用途可分为十大类，表2-15列出了焊条类别的划分。

表2-15 焊条类别划分

序号	焊条类别	代 号		序号	焊条类别	代 号	
		拼音	汉字			拼音	汉字
1	结构钢焊条	J	结	6	铸铁焊条	Z	铸
2	钼及铬钼耐热钢焊条	R	热	7	镍及镍合金焊条	Ni	镍
3	铬不锈钢焊条	G	铬	8	铜及铜合金焊条	T	铜
	铬镍不锈钢焊条	A	奥	9	铝及铝合金焊条	L	铝
4	堆焊焊条	D	堆	10	特殊用途焊条	TS	特
5	低温钢焊条	W	温				

（4）按焊条性能分类。按性能分类的焊条，都是根据其特殊使用性能而制造的专用焊条，有超低氢焊条、低尘低毒焊条、立向下焊条、底层焊条、铁粉高效焊条、抗潮焊条、水下焊条、重力焊条和躺焊焊条等。

3. 焊条的型号和牌号

焊条型号指的是国家规定的各类标准焊条。焊条型号以焊条国家标准为依据，反映焊条主要特性的一种表示方法。型号应包括以下含义。焊条、焊条类别、焊条特点（如熔敷金属抗拉强度、使用温度、焊芯金属类型、熔敷金属化学组成类型等）、药皮类型及焊接电源。不同类型的焊条，型号表示方法不同，具体的表示方法请查阅对应的国家标准。

焊条牌号是焊条产品的具体命名，一般由焊条制造厂根据焊条的主要用途及性能特点来命名。从1968年起焊条行业开始采用统一牌号，凡属于同一药皮类型，符合相同焊条型号，性能相似的产品统一命名为一个牌号。目前，除焊条生产厂研制的新焊条可自取牌号外，焊条牌号绝大部分已在全国统一。不管是焊条厂自定的牌号，还是全国焊接材料行业统一的牌号，都必须在产品样本或标签上注明该产品是"符合国标""相当国标"或不加标注（即与国标不符），以便用户结合产品性能要求，对照标准去选用。

每种焊条产品只有一个牌号，但多种牌号的焊条可以同时对应于一种型号。焊条牌号一般用一个汉语拼音字母或汉字与三位数字来表示，拼音字母或汉字表示焊条各大类，后面的三位数字中，前两位数字表示各大类中的若干小类，第三位数字表示各种焊条牌号的药皮类型及焊接电源种类。

（1）焊条的牌号编制。焊条牌号是根据焊条的主要用途及性能特点来命名的，目前命名了十大类。各大类焊条按主要性能不同再分成若干小类。各类电焊条牌号分类编制方法如下。

①结构钢焊条（包括碳钢、高强度钢和低合金耐蚀钢焊条）。牌号前加"J"（或"结"字）表示结构钢焊条。牌号前两位数表示焊缝金属抗拉强度等级（见表2-16）。

表2-16 结构钢焊条焊缝金属抗拉强度等级

焊条牌号	焊缝金属抗拉强度等级/MPa	焊条牌号	焊缝金属抗拉强度等级/MPa	焊条牌号	焊缝金属抗拉强度等级/MPa
J42×	420	J70×	690	J90×	880
J50×	490	J75×	740	J10×	980
J55×	540	J80×	780		
J60×	590	J85×	830		

牌号第三位数字表示药皮类型和焊接电源种类（见表2-17）。

当熔敷金属含有某些主要元素时，也可以在焊条牌号后面加注元素符号；药皮中含有铁粉且焊条效率大于105%时，在牌号末尾加注"Fe"字；当熔敷效率在125%以上时，在"Fe"后还要加注两位数字（以熔敷效率的1/10表示），如J506Fe13等；对某些具有特殊性能的焊条，可在焊条牌号的后面加注起主要作用的化学元素符号或主要用途的拼音字母，如"D"表示底层焊条，"DF"表示低尘焊条，"G"表示管道焊条，"GM"表示盖面焊条，"H"表示超低氢焊条，"LMA"表示低吸潮焊条，"R"表示高韧性焊条，"RH"表示高韧性超低氢焊条，"SL"表示渗铝钢焊条，"X"表示向下立焊条，"Z"表示重力焊条。

表2-17 焊条牌号中第三位数字的含义

焊条牌号	药皮类型	焊接电源种类	焊条牌号	药皮类型	焊接电源种类
□××0	不属已规定的类型	不规定	□××5	纤维素型	直流或交流
□××1	钛型	直流或交流	□××6	低氢钾型	直流或交流
□××2	钛钙型	直流或交流	□××7	低氢钠型	直流
□××3	钛铁矿型	直流或交流	□××8	石墨型	直流或交流
□××4	氧化铁型	直流或交流	□××9	盐基型	直流
注：表中"□"表示焊条牌号的拼音字母或汉字，"××"表示牌号中的前两位数字。					

结构钢焊条的牌号举例如图2-19所示。

②钼及铬钼耐热钢焊条。牌号前加"R"（或"热"字），表示钼及铬钼耐热钢焊条。牌号第一位数字表示熔敷金属主要化学成分组成等级（见表2-18）。牌号第二位数字，表示同一熔敷金属主要化学成分组成等级中的不同牌号，对于同一组成等级的焊条，可有十个牌号，按0，1，2，…，9顺序编排，以区别铬钼之外的其他成分的不同。牌号第三位数字，表示药皮类型和焊接电源种类（见表2-17）。

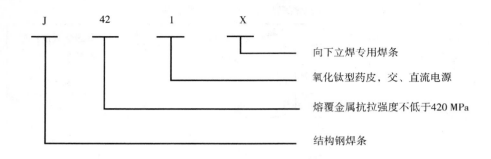

J　42　1　X

向下立焊专用焊条

氧化钛型药皮，交、直流电源

熔覆金属抗拉强度不低于420 MPa

结构钢焊条

图 2-19　结构钢焊条牌号举例

表 2-18　耐热钢焊条熔敷金属主要化学成分组成等级

焊条牌号	熔敷金属主要化学成分组成等级	焊条牌号	熔敷金属主要化学成分组成等级
R1××	含 Mo 约 0.5%	R5××	含 Cr 约 5%，含 Mo 约 0.5%
R2××	含 Cr 约 0.5%，含 Mo 约 0.5%	R6××	含 Cr 约 7%，含 Mo 约 1%
R3××	含 Cr 1%~2%，含 Mo 0.5%~1%	R7××	含 Cr 约 9%，含 Mo 约 1%
R4××	含 Cr 约 2.5%，含 Mo 约 1%	R8××	含 Cr 约 11%，含 Mo 约 1%

钼及铬钼耐热钢焊条的牌号举例如图 2-20 所示。

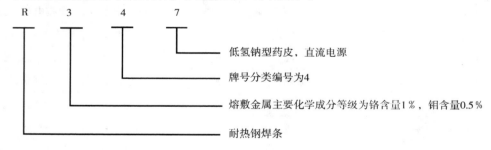

R　3　4　7

低氢钠型药皮，直流电源

牌号分类编号为4

熔敷金属主要化学成分等级为铬含量1%，钼含量0.5%

耐热钢焊条

图 2-20　钼及铬钼耐热钢焊条牌号举例

③低温钢焊条。牌号前加"W"（或"温"），表示低温钢焊条。牌号前两位数字，表示低温钢焊条工作温度等级（见表 2-19）。牌号第三位数字，表示药皮类型和焊接电源种类（见表 2-17）。

表 2-19　低温钢焊条工作温度等级

焊条牌号	工作温度等级/℃	焊条牌号	工作温度等级/℃	焊条牌号	工作温度等级/℃
W60×	-60	W90×	-90	W19×	-196
W70×	-70	W10×	-100	W25×	-253

低温钢焊条的牌号举例如图 2-21 所示。

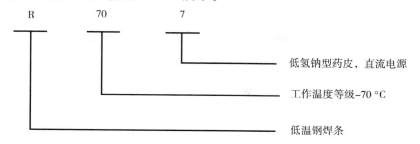

低氢钠型药皮，直流电源

工作温度等级-70 ℃

低温钢焊条

图 2-21 低温钢焊条牌号举例

④不锈钢焊条。牌号前加"G"（或"铬"字）或"A"（或"奥"字），分别表示铬不锈钢焊条或奥氏体铬镍不锈钢焊条。牌号第一位数字，表示熔敷金属主要化学成分组成等级（见表 2-20）。牌号第二位数表示同一熔敷金属主要化学成分组成等级中的不同牌号。对同一组成等级焊条，可有 10 个牌号，按 0，1，2，…，9 顺序排列，以区别镍铬之外的其他成分的不同。牌号第三位数字，表示药皮类型和焊接电源种类（见表 2-17）。

表 2-20 不锈钢焊条熔敷金属主要化学成分组成等级

焊条牌号	熔敷金属主要化学成分组成等级	焊条牌号	熔敷金属主要化学成分组成等级
G2××	含 Cr 约 13%	A4××	含 Cr 约 26%，含 Ni 约 21%
G3××	含 Cr 约 17%	A5××	含 Cr 约 16%，含 Ni 约 25%
A0××	含 Cr 不大于 0.04%（超低碳）	A6××	含 Cr 约 16%，含 Ni 约 35%
A1××	含 Cr 约 19%，含 Ni 约 10%	A7××	铬锰氮不锈钢
A2××	含 Cr 约 18%，含 Ni 约 12%	A8××	含 Cr 约 18%，含 Ni 约 18%
A3××	含 Cr 约 23%，含 Ni 约 13%	A9××	含 Cr 约 20%，含 Ni 约 34%

不锈钢焊条的牌号举例如图 2-22 所示。

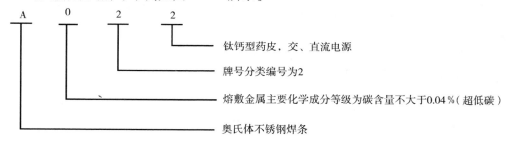

钛钙型药皮，交、直流电源

牌号分类编号为2

熔敷金属主要化学成分等级为碳含量不大于0.04%（超低碳）

奥氏体不锈钢焊条

图 2-22 不锈钢焊条牌号举例

⑤堆焊焊条。牌号前加"D"（或"堆"字）表示堆焊焊条。牌号的前两位数字表示堆焊焊条的用途或熔敷金属的主要成分类型等（见表 2-21）。牌号第三位数字表示药皮类型和焊接电源种类（见表 2-17）。

表 2 - 21　堆焊焊条牌号的前两位数字含义

焊条牌号	主要用途或主要成分类型	焊条牌号	主要用途或主要成分类型	焊条牌号	主要用途或主要成分类型
D00×～09×	不规定	D30×～49×	刀具工具用堆焊	D70×～79×	碳化钨堆焊焊条
D10×～24×	常温堆焊焊条	D50×～59×	阀门堆焊焊条	D80×～89×	钴基合金堆焊焊条
D25×～29×	常温高锰钢堆焊	D60×～69×	合金铸铁堆焊焊条	D90×～99×	待发展的堆焊焊条

堆焊焊条的牌号举例如图 2 - 23 所示。

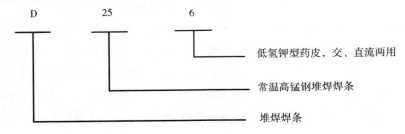

　　D　　　　25　　　　　6

低氢钾型药皮，交、直流两用

常温高锰钢堆焊焊条

堆焊焊条

图 2 - 23　堆焊焊条牌号举例

⑥铸铁焊条。牌号前加"Z"（或"铸"字）表示铸铁焊条。牌号第一位数字，表示熔敷金属主要化学成分组成类型（见表 2 - 22）。

表 2 - 22　铸铁焊条牌号第一位数字含义

焊条牌号	熔敷金属主要化学成分组成类型	焊条牌号	熔敷金属主要化学成分组成类型
Z1××	碳钢或高钒钢	Z5××	镍铜合金
Z2××	铸铁（包括球墨铸铁）	Z6××	铜铁合金
Z3××	纯镍	Z7××	待发展
Z4××	镍铁合金		

　　牌号第二位数字，表示同一熔敷金属主要化学成分组成类型中的不同牌号，对同一成分组成类型的焊条，可有十个牌号，按 0，1，2，…，9 顺序排列。牌号第三位数字，表示药皮类型和焊接电源种类（表 2 - 17）。

铸铁焊条的牌号举例如图 2 - 24 所示。

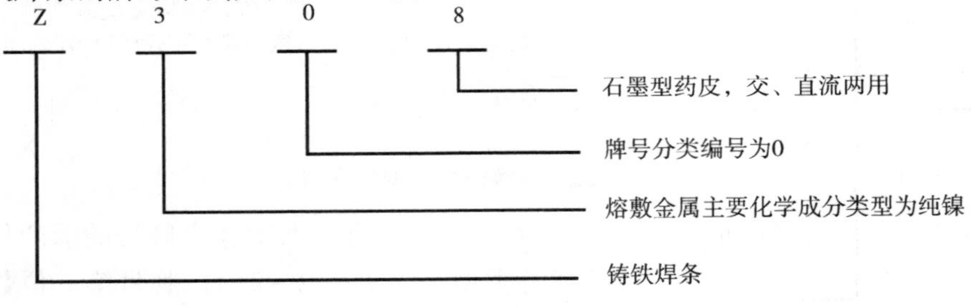

　　Z　　　　3　　　　　0　　　　　8

石墨型药皮，交、直流两用

牌号分类编号为0

熔敷金属主要化学成分类型为纯镍

铸铁焊条

图 2 - 24　铸铁焊条牌号举例

⑦有色金属焊条。牌号前加"Ni"（或"镍"字）、"T"（或"铜"字）、"L"（或"铝"字），分别表示镍及镍合金焊条、铜及铜合金焊条、铝及铝合金焊条。牌号第一位数字，表示熔敷金属化学成分组成类型，其含义见表2-23。牌号第二位数字，表示同一熔敷金属化学成分组成类型中的不同牌号，对于同一成分组成类型焊条，可有十个牌号，按0，1，2，…，9顺序排列。牌号第三位数字，表示药皮类型和焊接电源种类（见表2-17）。

表2-23 有色金属焊条牌号第一位数字的含义

焊条牌号		熔敷金属化学成分组成	焊条牌号		熔敷金属化学成分组成
镍及镍合金焊条	Ni1××	纯镍	铜及铜合金焊条	T3××	白铜合金
	Ni2××	镍铜合金		T4××	待发展
	Ni3××	因康镍合金	铝及铝合金焊条	L1××	纯铝
	Ni4××	待发展		L2××	铝硅合金
铜及铜合金焊条	T1××	纯铜		L3××	铝锰合金
	T2××	青铜合金		L4××	待发展

铜及铜合金焊条的牌号举例如图2-25所示。

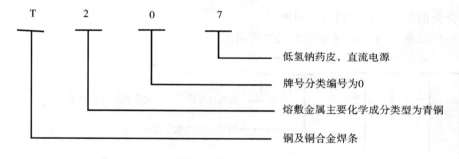

T 2 0 7

低氢钠药皮，直流电源

牌号分类编号为0

熔敷金属主要化学成分类型为青铜

铜及铜合金焊条

图2-25 铜及铜合金焊条牌号举例

（2）焊条型号的编制。

①碳钢焊条（GB/T5117—1995）。碳钢焊条的型号编制如图2-26所示。

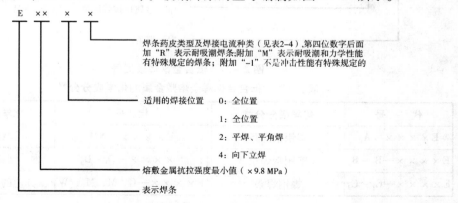

E ×× × ×

焊条药皮类型及焊接电流种类（见表2-4），第四位数字后面加"R"表示耐吸潮焊条；附加"M"表示耐吸潮和力学性能有特殊规定的焊条；附加"-1"不是冲击性能有特殊规定的

适用的焊接位置 0：全位置

1：全位置

2：平焊、平角焊

4：向下立焊

熔敷金属抗拉强度最小值（×9.8MPa）

表示焊条

图2-26 碳钢焊条型号编制

表2－24　焊条药皮类型及焊接电流种类

数字	药皮类型	焊接电流种类及极性	焊接位置	数字	药皮类型	焊接电流种类及极性	焊接位置
00	特殊型	AC、DC		16	低氢钾型	AC、DC 反接	全位置
01	钛铁矿型	AC、DC		18	铁粉低氢型	AC、DC 反接	
03	钛钙型	AC、DC		20	氧化铁型	AC、DC 反接	平角焊
08	石墨型	AC、DC		22	氧化铁型	AC、DC 反接	平焊
10	高纤维素钠型	DC 反接		23	铁粉钛钙型	AC、DC	平焊
11	高纤维素钾型	AC、DC 正接	全位置	24	铁粉钛型	AC、DC	平焊平角焊
12	高钛钠型	AC、DC 正接		27	铁粉氧化铁型	AC、DC 正接	
13	高钛钾型	AC、DC		28	铁粉低氢型	AC、DC 反接	
14	铁粉钛型	AC、DC		48	铁粉低氢型	AC、DC 反接	平、立、仰、向下
15	低氢钠型	DC 反接					

②低合金钢焊条（GB/T5118—1995）。

低合金钢焊条的型号编制如图2－27所示。

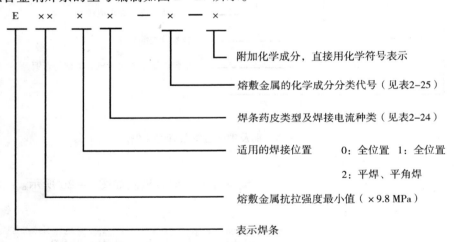

图2－27　低合金钢焊条型号

表2－25　低合金钢焊条熔敷金属的化学成分分类

代　号	化学成分分类	代　号	化学成分分类
E××××—A_1	碳钼钢焊条	E××××—NM	镍钼钢焊条
E××××—B_1－B_5	铬钼钢焊条	E××××—D_1－D_3	锰钼钢焊条
E××××—C_1－C_3	镍钢焊条	E××××—G、M、M_1、W	其他的合金钢焊条

③不锈钢焊条（GB/T983—1995）。不锈钢焊条的型号编制如图2-28、图2-29所示。

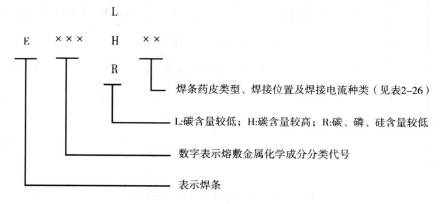

图2-28 不锈钢焊条型号编制（1）

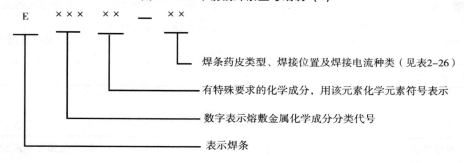

图2-29 不锈钢焊条型号编制（2）

表2-26 焊接电流种类及焊接位置

焊条型号	焊接电流种类	焊接位置	焊条型号	焊接电流种类	焊接位置
E×××（×）—15	直流反接	全位置	E×××（×）—16	交流或直流反接	全位置
E×××（×）—25		平焊、横焊	E×××（×）—17		
			E×××（×）—26		平焊、横焊

④堆焊焊条（GB/T984—2001）。堆焊焊条的型号编制如图2-30所示。碳化钨管状焊条型号编制如图2-31所示。

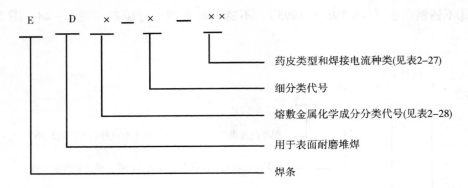

图 2-30　堆焊焊条型号编制

表 2-27　药皮类型和焊接电流种类

型　号	药皮类型	焊接电流种类	型　号	药皮类型	焊接电流种类
ED××-00	特殊型	交流或直流	ED××-16	低氢钾型	交流或直流
ED××-03	钛钙型		ED××-08	石墨型	
ED××-15	低氢钠型	直流			

表 2-28　焊条熔敷金属化学成分分类代号

型号分类	熔敷金属化学成分分类	型号分类	熔敷金属化学成分分类
EDP××-××	普通低、中合金钢	EDZ××-××	合金铸铁
EDR××-××	热强合金钢	EDZCr××-××	高铬铸铁
EDCr××-××	高铬钢	EDCoCr××-××	钴基合金
EDMn××-××	高锰钢	EDW××-××	碳化钨
EDCrMn××-××	高铬锰钢	EDT××-××	特殊型
EDCrNi××-××	高铬镍钢	EDNi××-××	镍基合金
EDD××-××	高速钢	—	—

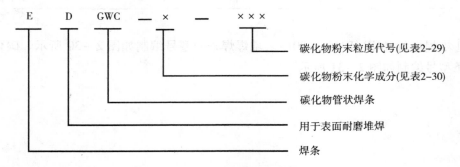

图 2-31　碳化钨管状焊条型号编制

表2-29 碳化钨粉的粒度

型 号	粒度分布	型 号	粒度分布
EDGWC×-12/30	1.70 mm~600 μm（-12目+30目）	EDCWC×-40	<425 μm（-40目）
EDGWC×-20/30	850~600 μm（-12目+30目）	EDGWC×-40/120	425~125 μm（-40目+120目）
EDGWC×-30/40	600~425 μm（-30目+40目）		

注：① "×"代表"1"或"2"或"3"；
② 允许通过（"—"）筛网的筛上物不大于5%，部分通过（"—"）筛网的筛下物不大于20%

表2-30 碳化钨粉的化学成分（质量分数,%）

型 号	C	Si	Ni	Mo	Co	W	Fe	Tn
EIDGWC1-××	3.6~4.2	≤0.3	≤0.3	≤0.6	≤0.3	≤94.0	≤1.0	≤0.01
EDGWC2-××	6.0~6.2					≤91.5	≤0.5	
EDGWC3-××	由供需双方商定							

⑤铸铁焊条（GB/T10044—1998）。堆焊焊条的型号表示如图2-32所示。

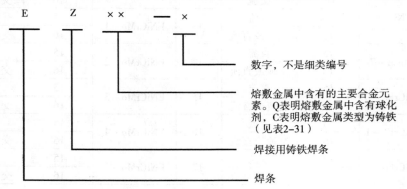

图2-32 铸铁焊条型号编制

表2-31 熔敷金属主要化学元素符号或金属类型

类 别		焊条名称	型 号	类 别	焊条名称	型 号
铁基焊条		灰铸铁焊条	EZC	镍基焊条	纯镍铸铁焊条	EZNi
		球墨铸铁焊条	EZCQ		镍铜铸铁焊条	EZNiCu
其他焊条		纯铁及碳钢焊条	EZFe		镍铁铸铁焊条	EZNiFe
		高钒焊条	EZV		镍铁铜铸铁焊条	EZNiFeCu

⑥镍及镍合金焊条（GB/T13814—1992）。镍及镍合金焊条的型号表示如图2-33所示。

⑦铜及铜合金焊条（GB/T3670—1995）。铜及铜合金焊条的型号表示如图2-34所示。

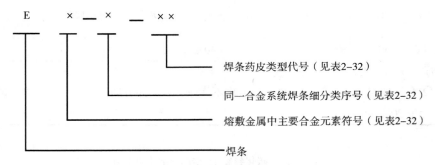

图 2-33　镍及镍合金焊条型号编制

表 2-32　镍及镍合金焊条熔敷金属中主要元素符号及焊条药皮类型代号

序号	型　号	药皮类型	电流种类	序号	型　号	药皮类型	电流种类
1	ENi-0	03	交流	11	ENiMn-7	15	直流
		15	直流			16	交流或直流
		16	交流或直流	12	ENiCrMo-0	15	直流
2	ENi-1	03	交流			16	交流或直流
		15	直流	13	ENiCrMo-1	15	直流
		16	交流或直流			16	交流或直流
3	ENiCu-7	15	直流	14	ENiCrMo-2	15	直流
		16	交流或直流			16	交流或直流
4	ENiCrFe-0	15	直流	15	ENiCrMo-3	15	直流
		16	交流或直流			16	交流或直流
5	ENiCrFe-1	15	直流	16	ENiCrMo-4	15	直流
		16	交流或直流			16	交流或直流
6	ENiCrFe-2	15	直流	17	ENiCrMo-5	15	直流
		16	交流或直流			16	交流或直流
7	ENiCrFe-3	15	直流	18	ENiCrMo-6	15	直流
		16	交流或直流			16	交流或直流
8	ENiCrFe-4	15	直流	19	ENiCrMo-7	15	直流
		16	交流或直流			16	交流或直流
9	ENiMo-1	15	直流	20	ENiCrMo-8	15	直流
		16	交流或直流			16	交流或直流
10	ENiMo-3	15	直流	21	ENiCrMo-9	15	直流
		16	交流或直流			16	交流或直流

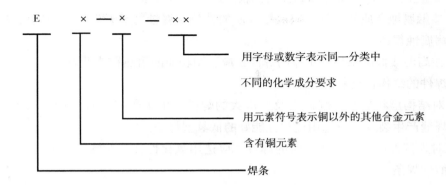

图2-34 铜及铜合金焊条型号编制

⑧铝及铝合金焊条（GB/T3669—2001）。铝及铝合金焊条的型号表示如图2-35所示。

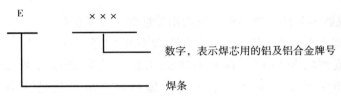

图2-35 铝及铝合金焊条型号编制

4．焊条的使用与管理

（1）焊条的选用原则。在实际工作中，应综合考虑焊条的成分、性能及用途，焊件的状况，施工条件及焊接工艺等因素来选择焊条。选用焊条一般应考虑以下原则。

①焊接材料的力学性能和化学成分。

a．对于普通结构钢，通常要求焊缝金属与母材等强度，应选用抗拉强度等于或稍高于母材的焊条。

b．对于合金结构钢，通常要求焊缝金属的主要合金成分与母材金属相同或相近。

c．在被焊结构刚性大、接头应力高、焊缝容易产生裂纹的情况下，可以考虑选用比母材强度低一级的焊条。

d．当母材中C及S、P等元素含量偏高时，焊缝容易产生裂纹，应选用抗裂性能好的低氢型焊条。

②焊件的使用性能和工作条件。

a. 对承受动载荷和冲击载荷的焊件，除满足强度要求外，还要保证焊缝具有较高的韧性和塑性，应选用塑性和韧性指标较高的低氢型焊条。

b. 接触腐蚀介质的焊件，应根据介质的性质及腐蚀特征，选用相应的不锈钢焊条或其他耐腐蚀焊条。

c. 在高温或低温条件下工作的焊件，应选用相应的耐热钢或低温钢焊条。

③焊件的结构特点和受力状态。

a. 对结构形状复杂、刚性大及厚度大的焊件，由于焊接过程中产生很大的应力，容易使焊缝产生裂纹，应选用抗裂性能好的低氢型焊条。

b. 对焊接部位难以清理干净的焊件，应选用氧化性强，对铁锈、氧化皮、油污不敏感的酸性焊条。

c. 对受条件限制不能翻转的焊件，有些焊缝处于非平焊位置，应选用全位置焊接的焊条。

④施工条件及设备。

a. 在没有直流电源，而焊接结构又要求必须使用低氢型焊条的场合，应选用交、直流两用低氢型焊条。

b. 在狭小或通风条件差的场所，应选用酸性焊条或低尘焊条。

⑤改善操作工艺性能。在满足产品性能要求的条件下，尽量选用电弧稳定、飞溅少、焊缝成型均匀整齐、容易脱渣的工艺性能好的酸性焊条。焊条工艺性能要满足施焊操作需要。如在非水平位置施焊时，应选用适于各种位置焊接的焊条。如在向下立焊、管道焊接、底层焊接、盖面焊、重力焊时，可选用相应的专用焊条。

⑥合理的经济效益。在满足使用性能和操作工艺性的条件下，尽量选用成本低、效率高的焊条。对于焊接工作量大的结构，应尽量采用高效率焊条，如铁粉焊条、高效率不锈铜焊条及重力焊条等，以提高焊接生产率。

（2）焊条的烘干。焊条的再烘干温度主要是根据药皮类型来确定。再烘干后的焊条，一般应随烘随用，最好立即放在焊条保温筒内，以免再次吸潮。在露天大气中存放的时间，对于普通低氢型焊条，一般不应超过 4~8 h，对于抗拉强度在 590 MPa 以上的低氢型高强度钢焊条应在 1.5 h 以内。

为了改善焊接工艺性能，必要时可对酸性焊条进行再烘干。酸性焊条的烘干温度各国略有不同，日本为 70 ℃ ~100 ℃，美国为 120 ℃ ~150 ℃，我国为 100 ℃ ~150 ℃，保温时间多为 1 h 左右，但不得少于 30 min。

碱性焊条药皮中的水分是焊缝中氢的主要来源，为了改善抗裂性能，一般使用前均需再烘干。各类焊条的再烘干规范见表 2－33。

表 2-33　各类焊条再烘干规范

适用材质	焊条类型		再烘干的吸湿度/%	烘干温度/℃	保温时间/min
低碳钢	钛型，J421		≥3	150~200	30~60
	钛钙型，J422		≥2	150~200	30~60
	钛铁矿型，J423		≥3	150~200	30~60
	纤维素型，J425		≥6	70~120	30~60
	低氢型，J426、J427			300~350	30~60
高强度钢耐热钢低温钢	高强度钢用 J507、J557 等低氢型焊条		≥0.5	300~350	30~60
	高强度钢用 J607~J107 等超低氢和低氢型焊条		—	350~430	60
	耐热钢用低氢型焊条		≥0.5	350~400	60
	低温钢用低氢型焊条		≥0.5	350~400	60
不锈钢	铬不锈钢用	低氢型	≥1	300~350	30~60
		钛钙型	≥1	200~250	30~60
	奥氏体不锈钢用	低氢型	≥1	200~300	30~60
		钛钙型	≥1	150~250	30~60
		钛酸型	≥0.7	280~350	60
堆焊	钛钙型		≥2	150~250	30~60
	低氢型（低碳钢芯）		≥0.5	300~350	30~60
	低氢型（合金钢芯）		≥1	150~250	30~60
	石墨型		≥1.5	70~100	30~60
铸铁	石墨型，Z208、Z308 等		≥1.5	70~120	30~60
	低氢型，Z116 等		≥0.5	300~350	30~60
铜、镍及其合金	低氢型		≥1	300~350	30~60
	钛钙型		≥1	200~250	30~60
	石墨型		≥1	120~150	30
铝及其合金	盐基型		—	150	60

2.3 焊条电弧焊工艺

2.3.1 焊条电弧焊工艺参数

焊条电弧焊的焊接工艺参数通常包括：焊接电源种类与极性、焊条直径、焊接电流、电弧电压、焊接层数、焊接速度等。焊接工艺参数选择的正确与否，直接影响焊缝形状、尺寸、焊接质量和生产率，因此选择合适的焊接工艺参数是焊接生产中不可忽视的重要问题。

1. 焊接电源种类及极性

选用哪种焊接电源进行焊接，首先要看该焊接电源在焊接过程中能否保证电弧稳定燃烧，所以，在选用焊接电源时，要满足以下基本要求：适当的空载电压、陡降的外特性、焊接电流大小可以灵活调节、良好的动特性等。

用交流电源焊接时，电弧稳定性差。采用直流电源焊接时，电弧稳定、柔顺、飞溅少，但电弧磁偏吹较严重。

焊条电弧焊焊接电源有两个输出的电极，在焊接过程中分别接到焊钳和焊件上，形成一个完整的焊接回路。直流弧焊电源的两输出电极，一个为正极、一个为负极，焊件接电源正极、焊钳接电源负极的接线法叫做直流正接；焊件接电源负极、焊钳接电源正极的接线法叫做直流反接，如图2-36所示。

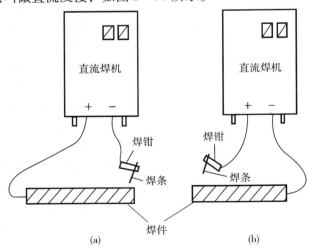

图2-36 直流焊接电源的正接与反接
（a）正接；（b）反接

不同类型的焊条要求不同的接法，一般在焊条说明书上都有规定。用交流弧焊电源焊接时，极性在不断变化，所以不用考虑极性接法。

除此之外，还要根据焊条药皮类型决定焊接电源的种类。除低氢钠型焊条必须采用直流反接电源外，低氢钾型焊条可以采用直流反接或交流电源焊接。酸性焊条可以用交流焊接电源焊接，也可以用直流焊接电源焊接：用直流电源焊接厚板时，采用直流正接法为好（焊件接焊接电源正极、焊钳接负极），焊接薄板时，则采用直流反接法为好（焊件接焊接电源负极、焊钳接正极），因为薄板焊接时，需要焊接电流小，电弧不稳。为此，无论选用碱性焊条还是酸性焊条，在薄板焊接时，为了防止烧穿，必须选用直流焊接电源反接法。

2. 焊条直径

焊条直径可以根据焊件的厚度、焊缝所在的空间位置，焊件坡口形式等进行选择。

（1）焊件厚度。焊条直径的选择，主要应考虑焊件的厚度：当焊件的厚度较大时，为了减少焊接层次，提高焊接生产效率，选用直径较大的焊条；当焊件厚度较薄时，为了防止焊缝烧穿，宜采用小直径焊条焊接。焊条直径与焊件厚度之间的关系见表2-34。

表2-34　焊条直径与焊件厚度之间的关系　　　　　　　　　　mm

焊条直径	1.5	2	2.5~3.2	3.2	3.2~4	3.2~5
焊件厚度	≤1.5	2	3	4~5	6~12	>13

（2）焊接位置。为了在焊接过程中获得较大的熔池，减小熔化金属下淌，在焊件厚度相同的条件下，平焊位置焊接用的焊条直径比其他焊接位置要大一些；立焊位置所用的焊条直径最大不超过5 mm；横焊及仰焊时，所用的焊条直径不应超过4 mm。

（3）焊接层次。多层多道焊缝进行焊接时，如果第一层焊道选用的焊条直径过大，焊接坡口角度、根部间隙过小，焊条不能深入坡口根部，导致产生未焊透缺陷。所以，多层焊道的第一层焊道应采用的焊条直径为2.5~3.2 mm，以后各层焊道可根据焊件厚度选用较大直径焊条焊接。

3. 焊接电流

焊接电流是焊接过程中流经焊接回路的电流，它是焊条电弧焊最重要的焊接参数。焊接时，焊接电流越大，焊缝熔深越大，焊条熔化越快，焊接效率也越高。但是如焊接电流过大，焊接飞溅和焊接烟尘会加大，焊条药皮因过热而发红和脱落，焊缝容易出现咬边、烧穿、焊瘤、焊缝表面成型不良等缺陷。此外，因为焊接电流过大，焊接热输入也大，造成焊缝接头的热影响区晶粒粗大，焊接接头力学性能下降；如焊接电流过小，则焊接过程中频繁的引弧会出现困难，电弧不稳定，焊缝熔池温度低，焊缝宽度变窄而余高增大，焊缝熔合不好，容易出现夹渣及未焊透等缺陷，焊接生产率低。焊接打底层焊道时，焊接电流要比填充层焊道电流小。而定位焊时焊接电流应比正式焊接时高10%~15%。

焊接过程中,焊接电流是主要调节参数。焊接电流的选择,要考虑的因素主要有焊条直径、焊接位置、焊道层数等。此外,焊接电缆在使用时,不要盘成圈状,以防产生感抗影响焊接电流。

(1)焊条直径。焊条直径越大,焊条熔化所需要的热量越大,焊接电流越大。焊条直径与焊接电流的关系见表2-35。

表2-35 焊条直径与焊接电流的关系

焊条直径/mm	焊接电流/A	焊条直径/mm	焊接电流/A
1.6	25 ~ 40	4.0	150 ~ 200
2.0	40 ~ 70	5.0	180 ~ 260
2.5	50 ~ 80	5.8	220 ~ 300
3.2	80 ~ 120	—	—

(2)焊接位置。在焊件板厚、结构形式、焊条直径等都相同的条件下,平焊位置焊接时,可选择偏大些的焊接电流;在非平焊位置焊接时,焊接电流应比平焊时的焊接电流小,立焊、横焊的焊接电流比平焊焊接电流小10% ~ 15%;仰焊焊接电流比平焊焊接电流小15% ~ 20%。角焊缝的焊接电流比平焊焊接电流稍大;而不锈钢焊接时,为减小晶间腐蚀倾向,焊接电流应选择允许值的下限。

(3)焊道。在焊缝的打底层焊道焊接时,为了保证打底层既能焊透,又不会出现根部烧穿缺陷,所以,焊接电流应偏小些,这样有利于保证打底层焊缝质量。填充层焊道焊接时,为了提高焊接生产效率,保证填充层焊缝各层各道熔合良好,通常都使用较大的焊接电流。盖面层焊缝焊接时,为了防止焊缝咬边及使焊缝表面成型美观,使用的焊接电流可稍小些。此外,定位焊时,对焊缝焊接质量的要求与打底层焊缝相同。

4. 电弧电压

焊条电弧焊的电弧电压是指焊接电弧两端(两电极)之间的电压,其值大小取决于电弧的长度,电弧长,则电弧电压高,电弧短,电弧电压低。焊接过程中,在保证焊缝焊接质量和力学性能的前提下,电弧长度应适中,如果电弧长度过长,将会出现以下两个问题。

(1)焊接电弧不稳定,易摆动,焊缝容易出现咬边缺陷,电弧长度增加时,电弧的热能分散,熔滴飞溅大。

(2)焊接熔池保护作用差,因为电弧长度增加时,与空气的接触面积加大,空气中的有害气体氧气、氮气容易侵入焊接熔池中,使焊缝产生气孔缺陷。

由于焊条电弧焊是手工操作,所以焊接弧长在焊接过程中很难保持不变化,为此,焊接弧长允许在1 ~6 mm之间变化,而弧长变化的前提是焊工能保证电弧稳定燃烧,焊出的焊缝不仅具有优良的外观成型,而且焊缝内在质量也符合技术要求。焊接过程中的电弧电压大小，完全由焊工通过控制焊接电弧的长度来保证。

5. 焊接层数

中厚板焊接，为了保证焊透，需要在焊前开坡口进行多层焊或多层多道焊，如图2-37所示。中厚板焊接采用多层焊或多层多道焊，有利于提高焊接接头的塑性和韧性。在进行多层多道焊接时，前一层焊道对后一层焊道起预热作用，而后一层焊道对前一层焊道起热处理作用，能细化焊缝晶粒，提高焊缝金属的塑性和韧性。每层的焊道厚度不应大于4~5 mm，如果每层的焊缝太厚，会使焊缝金属组织晶粒变粗，力学性能降低。

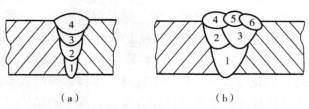

图2-37 多层焊和多层多道焊示意图
(a) 多层焊；(b) 多层多道焊

焊接层数主要根据焊件厚度、焊条直径、坡口形式和装配间隙等来确定，可作如下近似计算：

$$n = \frac{\delta}{d}$$

式中　　n——焊接层数；

　　　　δ——焊件厚度（mm）；

　　　　d——焊条直径（mm）。

6. 焊接速度与热输入

焊接速度是指焊接过程中焊条沿焊接方向移动的速度，即单位时间内完成的焊缝长度。焊接过程中，焊接速度应该均匀适当，既要保证焊透又要保证不焊穿，同时还要使焊缝宽度和余高符合设计要求。如果焊接速度过快，熔化温度不够，易造成未熔合、焊缝成型不良等缺陷；如果焊接速度过慢，使高温停留时间增长，热影响区宽度增加，焊接接头的晶粒变粗，力学性降低，同时使焊件变形量增大。特别值得一提的是，当焊接较薄焊件时，焊接速度太慢易形成焊件烧穿。

焊接速度直接影响焊接生产率，所以应该在保证焊缝质量的基础上采用较大的焊条直径和焊接电流，同时根据具体情况适当加快焊接速度，以提高焊接生产率。

焊接速度还直接决定着热输入量的大小，一般根据钢材的淬硬倾向来选择。热输入对低碳钢焊接接头性能影响不大。因此，对低碳钢的焊条电弧焊，一般不规定热输入。对于低合金钢和不锈钢而言，热输入太大时，焊接接头的性能将受到影响；热输入太小时，有的钢种在焊接过程中会出现裂纹缺陷，因此，对这些钢种焊接工艺应规定热输入量。

7. 坡口的形式和尺寸

焊条电弧焊过程中，由于焊接结构的形式不同，焊件厚度不同，焊接质量要求不同等，其接头的形式和坡口的形式也不同，常用的接头形式有对接、搭接、角接、T形接和端接。按照焊件的厚度，焊件技术要求、焊接方法、焊接材料的不同，坡口可分为 I 形坡口、Y 形坡口、双 V 形坡口、U 形坡口和双 U 形坡口等基本形式。

8. 预热

预热是焊接开始前对被焊工件的全部或局部进行适当加热的工艺措施。预热可以减小接头焊后冷却速度，避免产生淬硬组织，减小焊接应力和变形。预热是防止产生裂纹的有效措施。对于刚性不大的低碳钢和强度级别较低的低合金高强钢的一般结构，一般不必预热。但对刚性大的或焊接性差的容易产生裂纹的结构，焊前需要预热。

预热温度根据母材的化学成分、焊件的性能、厚度、焊接接头的拘束程度和施焊环境温度以及有关产品的技术标准等条件综合考虑，重要的结构要经过裂纹试验确定不产生裂纹的量低预热温度。预热温度选得越高，防止裂纹产生的效果越好；但超过必需的预热温度，会使熔合区附近的金属晶粒粗化，降低焊接接头质量，劳动条件也将会更加细化。整体预热通常用各种炉子加热。局部预热一般采用气体火焰加热或红外线加热。

应当指出，焊前预热焊接增加了能源消耗，恶化了焊接条件，只要可能，都应该采用不预热或低温预热焊接。

预热温度在钢材板厚方向的均匀性和在焊缝区域的均匀性，对降低焊接应力有着重要的影响。局部预热的宽度，应根据被焊工件的拘束度情况而定，一般应为焊缝区周围各 3 倍壁厚，且不得少于 150～200 mm。预热时，应采用表面温度计在待焊接区域两侧 30～50 mm 范围内测量温度。常用低合金结构钢的焊前预热温度见表 2－36。

表 2－36　常用低合金结构钢的焊前预热温度

屈服点 σ_s/MPa（kgf·mm^{-2}）	钢　号	预热温度
295（30）	Q295（09Mn2）、09Mn2Si、Q295（09MnV）	不预热（一般板厚 $\delta \leqslant 16$ mm）
345（35）	Q345（16Mn、14MnNb）	板厚 $\delta \geqslant 30$ mm，预热 100 ℃～150 ℃
390（40）	Q390（15MnV、15MnTi、16MnNb）	板厚 $\delta \geqslant 28$ mm，预热 100 ℃～150 ℃
420（45）	Q420（15MnVN、15MnVTiRE）	板厚 $\delta \geqslant 25$ mm，预热 100 ℃～150 ℃
490（50）	14MnMoV、18MnMoNb	预热 150 ℃～200 ℃

9. 后热与焊后热处理

焊后立即对焊件的全部（或局部）进行加热或保温，使其缓冷的工艺措施称为后热。后热的目的是避免形成硬脆组织，以及使扩散氢逸出焊缝表面，从而防止产生裂纹。

焊后为改善焊接接头的显微组织和性能或消除焊接残余应力而进行的热处理称为焊后热处理。焊后热处理的主要作用是消除焊件的焊接残余应力，降低焊接区的硬度，促使扩散氢逸出，稳定组织及改善力学性能、高温性能等。选择热处理温度时要根据钢材的性能、显微组织、接头的工作温度、结构形式、热处理目的来综合考虑，并通过金相和硬度试验来确定。

对于易产生脆断和延迟裂纹的重要结构，尺寸稳定性要求高的结构，以及有应力腐蚀的结构，应考虑进行消除应力退火；对于锅炉、压力容器，则有专门的规程规定，厚度超过一定限度后要进行消除应力退火。消除应力退火的温度按有关规程或资料根据结构材质确定，必要时要经过试验确定。铬钼珠光体耐热钢焊后常常需要高温回火，以改善接头组织，消除焊接残余应力。

2．3．2 焊条电弧焊操作技术

焊条电弧焊的基本操作技术主要包括引弧、运条、接头和收弧。焊接操作过程中，运用好这四种操作技术，才能保证焊缝的施焊质量。

1．基本操作技术

（1）引弧方式。焊条电弧焊时，引燃电弧的过程叫做引弧。引弧是焊条电弧焊操作中最基本的动作，如果引弧方法不当会产生气孔、夹渣等焊接缺陷。焊条电弧焊的引弧方法有直击法、划擦法和辅助法三种，如图2－38所示。

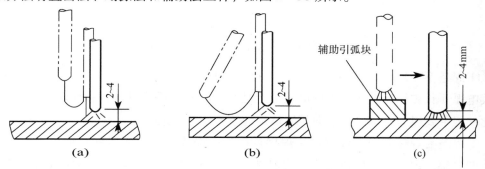

图2－38　电弧引燃方式

（a）直击法引弧；（b）划擦法引弧；（c）辅助法引弧

①直击法引弧。焊条电弧焊开始前，先将焊条末端与焊件表面垂直轻轻一碰，便迅速提起焊条，并保持一定的距离（2～4 mm），电弧随之引燃。直击法引弧的优点是：不会使焊件表面造成电弧划伤缺陷，又不受焊件表面大小及焊件形状的限制；不足之处是：引弧成功率低，焊条与焊件往往要碰击几次才能使电弧引燃和稳定燃烧，操作不容易掌握。

②划擦法引弧。将焊条末端对准引弧处，然后将手腕扭动一下，像划火柴一样，使焊条在引弧处轻微划擦一下，划动长度一般为20 mm左右，电弧引燃后，立即使弧长保持在2～4 mm。这种引弧方法的优点是：电弧容易引燃，操作简单，引弧效率高；

缺点是：容易损害焊件表面，有电弧划伤痕迹，在焊接正式产品时应该少用。

对初学者来说，划擦法容易引燃电弧。但如果操作不当，容易使焊件表面被电弧划伤，特别是在狭窄的焊接工作场地或焊件表面不允许被电弧划伤时，就应该采用直击法引弧。

酸性焊条引弧时，可以使用直击法引弧或划擦法引弧；碱性焊条引弧时，多采用划擦法引弧，因直击法引弧容易在焊缝中产生气孔。

（2）运条方式。焊接过程中，焊条相对焊缝所做的各种动作的总称叫做运条。为了保证焊接电弧稳定燃烧和焊缝的表面成型，电弧引燃后运条时，焊条末端有3个基本动作要互相配合，即焊条沿着轴线向熔池送进、焊条沿着焊接方向移动、焊条做横向摆动，这3个动作组成焊条有规则的运动，见图2-39。

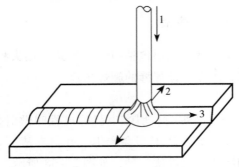

图2-39　运条的基本动作
1-焊条送进；2-焊条摆动；3-沿焊缝运动

①焊条不断地向焊缝熔池送进。焊接过程中，随着焊条连续不断地被电弧熔化，焊接电弧弧长被拉长。而为了使电弧稳定燃烧，确保焊缝质量，就必须保持一定弧长。因此，焊条要以焊条熔化速度向焊缝熔池连续不断地送进。

②焊条沿焊接方向向前移动。焊接过程中，焊条向前移动速度要适当。焊条移动的速度过快，焊缝熔池变浅变窄，容易造成焊缝未焊透或未熔合，焊缝内部容易出现气孔、夹渣缺陷。焊条移动速度过慢，焊缝余高大，焊缝宽度过宽，焊缝容易烧穿和出现焊瘤等缺陷，同时，焊接接头晶粒粗大，力学性能变差。

③焊条横向摆动。焊条电弧焊过程中，焊条横向摆动的目的是增加焊缝宽度，保证焊缝表面成型，延缓焊缝熔池凝固时间，有利于气孔和夹渣的逸出，以提高焊缝内部质量。正常焊缝宽度一般不超过焊条直径的2~5倍。

另外，焊条移动时，应与前进方向成70°~80°夹角，把已熔化的金属和熔渣推向后方，否则，熔渣流向电弧前方，则会造成夹渣缺陷。

在实际操作时，均应根据熔池形状与大小的变化，灵活地调整运条动作，使三者很好协调，将熔池控制在所需要的形状与大小范围内。

运条的方法有很多，焊工可以根据焊接接头形式、装配间隙、焊缝的空间位置、焊条直径与性能、焊接电流及操作熟练程度等因素合理地选择各种运条方法。常用的运条方法如图2-40所示。

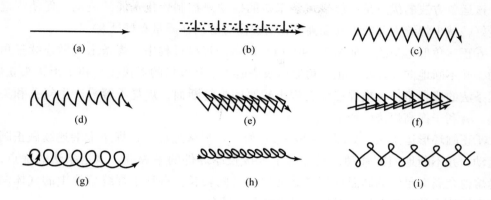

图2-40 焊条运条方法

（a）直线形运条条法；（b）直线往复形运条法；（c）锯形运条法；（d）月牙形运条法；
（e）斜三角形运条法；（f）正三角形运条法；（g）正圆环形运条法；
（h）斜圆环形运条法；（i）8字形运条法

①直线形运条方法。如图2-40（a）所示。焊接过程中，焊条末端不做横向摆动，仅沿着焊接方向做直线运动，电弧燃烧稳定，能获取较大的熔深，但焊缝的宽度较窄，一般不超过焊条直径的1.5倍。适用于板厚3~5 mm的I形坡口对接平焊，多层焊的第一层焊道或多层多道焊第一焊道的焊接。

②直线往复形运条法。如图2-40（b）所示。焊接过程中，焊条末端沿焊缝的纵向做往复直线摆动，这种运条特点是焊接速度快，散热快，焊缝浅而窄、焊缝不易烧穿，适用于3 mm以下薄板和间隙较大的多层焊的第一层焊道焊接。

③锯齿形运条法。如图2-40（c）所示。焊接过程中，焊条末端在向前移动的同时，连续沿横向做锯齿形摆动，焊条末端摆动到焊缝两侧应稍停片刻，防止焊缝出现咬边缺陷。焊条横向摆动的目的，主要是控制焊接熔化金属的流动和得到必要的焊缝宽度，以获得较好的焊缝成型，这种方法容易操作，焊接生产中应用较多。适用于厚板对接接头的平焊、立焊和仰焊及T形接头的立角焊。

④月牙形运条法。如图2-40（d）所示。焊接过程中，焊条末端沿着焊接方向做月牙形横向摆动，摆动的速度要根据焊缝的位置、接头形式、焊缝宽度和焊接电流的大小来决定。焊条末端摆动到坡口两边时稍停片刻，这样既能使焊缝边缘有足够的熔深，又能防止产生咬边现象。月牙形运条法适用于厚板对接接头的平焊、立焊和仰焊及T形接头的立角焊。采用月牙形运条法时，金属熔化良好，高温停留时间长，焊缝熔池内的气体有充足时间逸出，熔池内的熔渣也能上浮，对防止焊缝内部产生气孔和夹渣，提高焊缝质量有好处。

⑤斜三角形运条法。如图2-40（e）所示。焊接过程中，焊条末端做连续斜三角形运动，并不断地向前移动，适用于平焊、仰焊位置的T形接头焊缝和有坡口的横焊缝。该运条方法的优点是：能借焊条末端的摆动来控制熔化金属的流动，促使焊缝成型良好，减少焊缝内部的气孔和夹渣，对提高焊缝内在质量有好处。

⑥正三角形运条法。如图2-40（f）所示。焊接过程中，焊条末端做连续三角形运动，并不断地向前移动。正三角形运条法适用于开坡口的对接接头和T形接头立焊。该运条法的优点是：一次焊接就能焊出较厚的焊缝断面，焊缝不容易产生气孔和夹渣缺陷，有利于提高焊接生产率。

⑦正圆环形运条法。如图2-40（g）所示。焊接过程中，焊条末端连续做正圆环形运动，并不断地向前移动，只适用于焊接较厚焊件的平焊缝。该运条法的优点是：焊缝熔池金属有足够的高温使焊缝熔池存在时间较长，有利于焊缝熔池中的气体向外逸出和熔池内的熔渣上浮，对提高焊缝内在质量有利。

⑧斜圆环形运条法。如图2-40（h）所示。焊接过程中，焊条末端在向前移动的过程中，连续不断地做斜圆环运动，适用于平、仰位置的T形焊缝和对接接头的横焊缝焊接。该运条法的优点是：在斜圆环运条时，能够有利于控制熔化金属受重力影响而产生的下淌现象，有助于焊缝成型，同时，斜圆环形运条能够减慢焊缝熔池冷却速度，使熔池的气体有时间向外逸出，熔渣有时间上浮，对提高焊缝内在质量有利。

⑨8字形运条法。如图2-40（i）所示。焊接过程中，焊条末端做8字形运动，并不断向前移动。这种运条法的优点是：能保证焊缝边缘得到充分加热，使之熔化均匀，保证焊透，焊缝增宽、波纹美观。适用于厚板平焊的盖面层焊接以及表面堆焊。

（3）焊缝的起焊。焊缝起头时，由于母材温度尚低，容易出现熔深浅、焊缝窄而高，甚至出现未焊透等缺陷。克服这些缺陷的工艺措施如下。

①将电弧有意提高，对工件预热，等工件预热到一定温度后再压低电弧，进入正常焊接状态。

②对于重要工件、重要焊缝，在条件允许的情况下尽量采用引弧板，将不合要求的焊缝部分引到焊件之外，焊后去除。

（4）焊道的连接。长焊道焊接时，受焊条长度的限制，一根焊条不能焊完整条焊道，为了保证焊道的连续性，要求每根焊条所焊的焊道相连接。这个连接处称为焊道的接头。熟练的焊工焊出的焊道接头无明显接头痕迹，就像一根焊条焊出的焊道一样平整、均匀。在保证焊缝连续性同时，还要使长焊道焊接变形最小。常用的焊道接头连接方法如图2-41所示。

①直通焊法。如图2-41（a）所示焊接引弧点在前一焊缝的收弧前10～15 mm处，引燃电弧后，拉长电弧回到前一焊缝的收弧处预热弧坑片刻，然后，调整焊条位置和角度，将电弧缩短到适当长度继续施焊。采用这种连接法，必须注意后移量（即起弧点在前一焊缝收弧点后移量），如果电弧后移量太多，则可能使焊缝接头部分太高，不仅焊缝不美观，而且还容易产生应力集中，如果电弧后移量太少，容易形成前

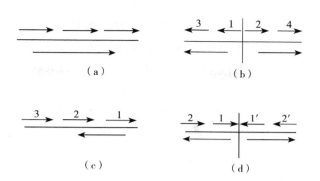

图2-41 常用焊道接头连接方法

（a）直通焊法；（b）由中间向焊缝两端对称焊法；

（c）分段退焊法；（d）由中间向两端退焊法

一焊道与后一焊道脱节，在接头处明显凹下，形成焊缝弧坑未填满的缺陷，不仅焊缝不美观，而且是焊缝受力的薄弱处。此方法多用于单层焊缝及多层焊的盖面焊。直通焊法焊缝变形大，焊缝接头不明显。

直通焊法焊接多层焊的根部或焊接单层焊的根部焊缝，要求单面焊接双面成型时，前一焊缝在收弧时，电弧向焊缝的背面下移，形成熔孔，用新换的焊条重新引弧时，焊条的起弧点在熔孔后面10~15 mm处，引弧后电弧移至熔孔处下移，听到"噗噗"的两声电弧穿透声后，立即抬起电弧向前以焊接速度运行。接头成功与否，关键在于引弧前熔孔是否做好，如果熔孔做得过大，引弧后焊缝背面余高过高，甚至烧穿；如果熔孔过小，引弧后背面焊缝可能焊不透。焊缝熔孔如图2-42所示。

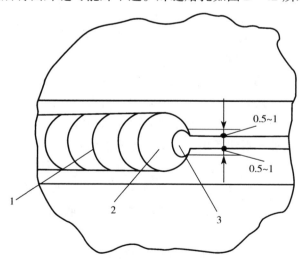

图2-42 焊缝熔孔

②由中间向焊缝两端对称焊法。如图2-41（b）所示。由中间向焊缝两端对称焊是由两个焊工采用同样的焊接参数，由中间向两端同时焊接，则每条焊缝所引起的变

形可以相互抵消，焊后变形大为减少。这种焊接方法需要两名焊工、两台焊机，焊工实际操作技术水平相近，可以焊出焊缝外形既美观，焊接变形又小的焊缝；该种焊法也可以由一个焊工、一台焊机来完成长焊缝的焊接工作。这种要求焊工将长焊缝由中间分为两段，左边为1、3、5……顺序排列焊缝，右边以2、4、6……顺序排列焊缝。焊工在左边焊完第一段焊缝后，转到右边焊缝焊第二段焊缝，如此循环，即左边焊一根焊条长焊缝、右边焊一根焊条长焊缝，焊接时，用同一台焊机、同一焊接参数，也能起到良好效果。由中间向两边施焊法适用于长焊缝（＞1 000 mm）焊接。

③分段退焊法。如图2－41（c）所示。焊条在距焊缝起点处相当于一根焊条焊接的长度上引弧，向焊缝起点焊接，第二根焊条由在距第一根焊条起点处一根焊条焊接的长度处引弧，向第一根焊条的起点处焊接。即第二根焊条的收尾处，是第一根焊条的起弧处，焊缝呈分段退焊，焊接热量分散，焊接应力与焊接变形比直通法焊接小，但由于焊接接头处温度较低，接头不平滑，整条焊缝外形不如直通法焊缝美观。同时，要求焊工接头技术水平高。

④由中间向两端退焊法。如图2－41（d）所示。把整条焊缝由中间分为两段，第一条焊缝又分为若干个小段，小段焊缝的长度是一根焊条最大的焊接长度，两个焊缝、两台焊机、用同一个焊接参数，在距焊缝长度的中心点一根焊条所能焊到的长度上引弧，向中心点方向焊接。然后，按分段退焊法焊接，即第二根焊条焊接的焊缝收尾处，是第一根焊条的起弧处，焊接中心两侧的焊缝都采用同样的焊法，焊缝全长温度应力较小，引起的焊接变形也较小。该焊法还可以由一个焊工、一台焊机，由中间向两端退焊，也可以把全长焊缝分为若干段，分段退焊完成。该焊接方法适用于大于1 000 mm以上的焊缝焊接。

（5）焊道的收弧。焊道的收弧，是指一条焊缝结束时采用的收弧方法。如果焊缝收弧采用立即拉断电弧收弧，则会形成低于焊件表面的弧坑，从而使熄弧处焊缝强度降低，极易形成弧坑裂纹和产生应力集中。过快拉断电弧，液体金属中的气体来不及逸出，还容易产生气孔等缺陷。为克服弧坑缺陷，可采用下述方法收弧。

①划圈收弧法。焊接电弧移至焊缝的终端时，焊条端部做圆圈运动，直至焊缝弧坑被填满后再断弧。此种收弧法适用于厚板焊接时的焊缝收弧。划圈收弧法如图2－43（a）所示。

②回焊收弧法。焊接电弧移至焊缝收尾处稍停，然后改变焊条与焊件角度，回焊一小段填满弧坑后断弧，此收弧法适用于碱性焊条焊缝收弧。回焊收弧法如图2－43（b）所示。

③反复熄弧、引弧法。焊接电弧在焊缝的终端多次熄弧和引弧，直至焊缝弧坑被填满为止。此收弧法适用于大电流厚板焊接或薄板焊接焊缝收弧。碱性焊条收弧时不宜采用反复熄弧、引弧法，因为用这种方法收弧，收弧点容易产生气孔。反复熄弧、引弧法如图2－43（c）所示。

④转移收弧法。焊条移至焊缝终点时，在弧坑处稍作停留，将电弧慢慢抬高，引

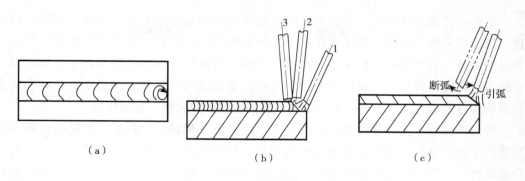

图 2 - 43 焊条收弧方法

（a）划圈收弧法；（b）回焊收弧法；（c）反复熄弧、引弧法

到焊缝边缘的母材坡口内，这时熔池会逐渐缩小，凝固后一般不出现缺陷。适用于换焊条或临时停弧时的收弧。

2. 酸性和碱性焊条的操作技术

酸性和碱性焊条由于药皮类型不同，从而决定了两者操作特点也不相同，其差别如下。

（1）电源种类的不同。酸性焊条可采用交流或直流焊接电源，当采用交流焊机时，操作时易产生断弧现象；碱性焊条多用直流焊机，操作时易发生电弧偏吹现象。

（2）工艺性能差别。酸性焊条工艺性能较好，熔渣流动性和覆盖性好，脱渣容易，电弧稳定，飞溅小，焊缝外形美观，焊波细密、平滑；碱性焊条工艺性能一般，熔渣流动性好而覆盖性较差，脱渣性较差，只有采用直流电源电弧才能稳定燃烧，电弧吹力较大，易产生咬边缺陷，焊缝易凸起，焊波粗糙。

（3）使用焊接电流的差别。在同等条件下，碱性焊条的焊接电流比酸性焊条小10% ~ 15%。

（4）引弧、运条和收弧方法的差别。酸性焊条引弧时可采用划擦法或撞击法，而碱性焊条宜用划擦法引弧。

一般情况下，酸性焊条正常弧长约为焊条直径大小，而碱性焊条的正常弧长约为焊条直径的一半，属于短弧操作。

酸性焊条收弧时可采用反复断弧法、划圈收弧法或者回焊收弧法，而碱性焊条不能采用反复断弧法，常用回焊收弧法。

（5）熔池状态的差别及控制。平焊时，酸性焊条焊接的熔渣高出熔池表面2 ~ 3 mm，熔渣反应激烈，呈黑白两色不断翻腾。熔池的铁水呈亮白色且不断波动，铁水波动是因为氧化还原反应产生的气体排出所致。

平焊时，碱性焊条焊接时熔渣高出熔池约 1 mm 左右，熔清反应不激烈，呈黑红色且不太翻腾。熔池的铁水呈亮白色且平稳不太波动，如熔池铁水波动起泡，则说明焊件除锈不彻底或焊条未烘干等，焊缝很可能产生气孔缺陷。

3. 单面焊双面成型操作技术

当焊件要求焊接接头完全焊透，但因构件尺寸和形状的限制，只能在一侧进行焊接，这时应采用单面焊双面成型技术。焊条电弧焊单面焊双面成型操作技术就是采用普通的焊条，以特殊的操作方法，在坡口背面没有任何辅助措施的条件下，在坡口的正面进行焊接，焊后保证坡口的正、反两面都能得到均匀整齐、成型良好、符合质量要求的焊缝的焊接操作方法。它是焊条电弧焊中难度较大的一种操作技术。

焊条电弧焊单面焊双面成型焊接方法一般用于 V 形坡口对接焊，按接头位置不同可进行平焊、立焊、横焊和仰焊等位置焊接。操作方法有两种：一种是连弧法，另一种是断弧法。断弧法是通过电弧的不断引燃和熄灭来控制熔池温度和熔池形状，达到单面焊接双面成型的目的；连弧法则是在一底层焊条焊接过程中不存在人为地熄弧，通过选择适当的焊接工艺参数、运条方法、焊条角度来控制熔池温度及熔池形状，达到单面焊接双面成型的目的。

（1）连弧焊单面焊接双面成型的机理。连弧法背面焊缝成型机理可分为渗透成型和穿透成型两种。渗透成型是在坡口无间隙或间隙很小时，采用压低电弧直线形运条法。虽然背面成型均匀，但由于坡口两侧靠电弧和熔池的热传导熔合在一起，背面缺少气渣保护，焊缝在高温下易氧化烧损，渗透过程中局部出现半熔化状态易造成假熔合，降低了焊缝质量，如图 2-44（a）所示。当使用专用的打底焊条时，可以克服上述缺点，否则不宜采用这种方法施焊。穿透成型是在坡口、间隙和钝边合适的情况下，采用锯齿形或月牙形短弧运条法，使焊道前方始终保持一个穿透的熔孔，使坡口两侧母材金属和填充金属共同熔化后均匀地搅拌成熔池，焊道两面可同时处在气渣保护之下，既达到单面焊接双面成型的目的，又保证了焊接质量，如图 2-44（b）所示，是广泛应用的一种操作方法。焊工在操作过程中要想保证单面焊接双面成型的质量，就必须控制住熔孔的尺寸，常用的控制方法有改变焊接电流的大小、调整焊接电弧的长度、改变运条方法和在运条过程中随时调整焊条的倾斜角度。其中最好的控制方法是在运条过程中随着熔孔直径的变化，随时调整焊条的倾斜角度，通过焊条倾斜角度的变化控制熔池上的温度和作用力，使熔孔始终保持同样的尺寸，保证焊缝背面形成均匀美观的焊道，达到单面焊接双面成型的目的。

（2）灭弧焊的操作要领。先在焊件始焊端前方 10~15 mm 处的坡口面上引燃电弧，然后将电弧移至始焊处稍加横向摆动时对焊件预热 1~2 s，当坡口根部两侧钝边产生"汗珠"时，立即压低电弧，约 1~2 s 后，可听到电弧穿透坡口发出的"噗喇"声响，此时已打开熔孔，快速灭弧。如图 2-45 所示，当熔池金属尚未完全凝固处于半熔化状态时，再次将焊条对准熔池 II 区，使之自然引弧，电弧引燃后，对熔池 I 区和熔池前沿根部预热 1~2 s，压低电弧，击穿焊件根部，当听到"噗喇"一声响后，应快速使电弧带着熔滴透过熔孔，此时快速抬起灭弧，稍有迟缓，可能造成烧穿缺陷。依上述方法连续施焊，即可实现单向焊双面成型焊接。

灭弧焊过程中，灭弧位置不能在熔池前方，而应将电弧抬起回焊 10~15mm 熄弧，动作要干净利索，每次熔池形状保持一致，从而保证打底焊道背面宽度和高度一致，

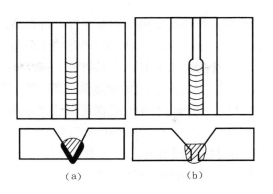

图2-44 单面焊双面成型机理

（a）渗透成型；（b）穿透成型

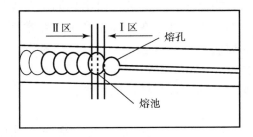

图2-45 灭弧焊

灭弧焊的频率应根据坡口的钝边、间隙来确定，一般为 60~80 次/min。各种位置灭弧焊的焊条倾角如图 2-46 所示。

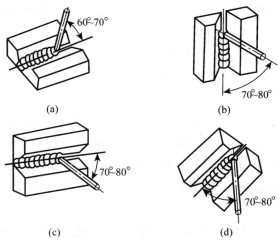

图2-46 各种位置灭弧焊时的焊条倾角

（a）平焊；（b）立焊；（c）横焊；（d）仰焊

（3）连弧焊的操作要领。先在焊件始焊端前方约 10~15 mm 处的坡口面上引燃电弧，然后拉回至始焊处，压低电弧，做小幅横向摆动对焊件进行加热，当坡口根部产生"汗珠"时，向根部送入焊条，当听到"噗喇"声响，迅速将电弧拉到任一坡口面，在两坡口面间做小幅横向摆动 1~2 s，熔化两侧坡口根部金属 1~1.5 mm。然后提起焊条 1~2 mm，以小幅横向摆动，边熔化熔孔前沿，边向前运条施焊。依上述方法连续施焊即可实现连弧焊单面焊双面成型操作。施焊过程中，要保证熔孔尺寸均匀。熔孔直径过大，易产生背面焊道过高、焊瘤；熔孔直径过小，易产生未焊透、未熔合缺陷。

连弧焊时，焊工可利用遥控器调节电流。一手焊接操作，一手调整电流，根据熔池的大小和钝边的熔化情况，可随时调节焊接电流。

连弧焊的运条角度基本与灭弧焊相似。

4. 不同焊接位置的焊条电弧焊操作

（1）平焊位置的焊接。平焊时熔滴金属靠重力落入熔池，熔池中的渣和铁水不易流失，因此，操作容易而且能保证焊缝质量。相比其他位置焊缝，可采用较大直径的焊条和焊接电流，使生产率大大提高。在实际生产中，经常将焊缝安排在平焊位置施焊，尽量避免其他位置的焊接。

①平焊位置的焊接特点。

a. 焊条熔滴金属主要依靠重力向焊接熔池过渡。

b. 焊接熔池形状和熔池金属容易保持。

c. 焊接同样板厚的焊件，平焊位置上的焊接电流要比其他位置大，焊接生产效率高。

d. 熔池金属和熔渣容易混在一起，特别是角焊缝焊接时，熔渣容易往熔池前部流动造成焊缝夹渣缺陷。

e. 焊接参数和操作不正确时，可能产生未焊透、咬边或焊瘤等缺陷。

f. 平板对接焊接时，若焊接参数或焊接顺序选择不当，容易产生焊接变形。

②平焊位置的焊条角度。平焊位置按焊接接头的形式可分为对接平焊、搭接接头平角焊、T形接头平角焊、船形焊、角接接头平焊等。平焊位置时的焊条角度如图 2-47所示。

③平焊位置的焊接要点。将焊件置于平焊位置，焊工手持焊钳，焊钳上夹持焊条，面部用面罩保护，在焊件上引弧，利用电弧的高温（6 000~8 000 K）熔化焊条金属和母材金属，熔化后的两部分金属熔合在一起成为熔池。焊条移开后，焊接熔池冷却形成焊缝，通过焊缝将两块分离的母材牢固地结合在一起，实现平焊位置焊接。平焊位置焊接要点如下。

a. 由于焊缝处于水平位置，熔滴主要靠重力过渡，所以，根据板厚可以选用直径较粗的焊条，用较大的焊接电流焊接。在同样板厚条件下，平焊位置的焊接电流，比立焊位置、横焊位置和仰焊位置的焊接电流大。

b. 最好采用短弧焊接，短弧焊接可减少电弧高温热损失，提高熔池熔深；防止电弧周围有害气体侵入熔池，减少焊缝金属元素的氧化；减少焊缝产生气孔的可能性。

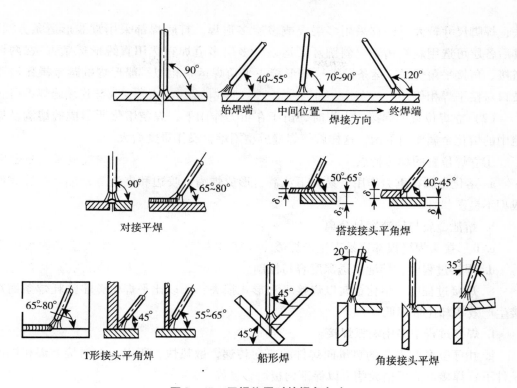

图 2 - 47　平焊位置时的焊条角度

c. 焊接时，焊条与焊件成 40°～90°的夹角，控制好电弧长度和运条速度，使熔渣与液态金属分离，防止熔渣向前流动。焊条与焊件夹角大，焊接熔池深度也大；焊条与焊件夹角小，焊接熔池深度也浅。

d. 板厚在 5 mm 以下，焊接时一般开 I 形坡口，可以用直径 3.2 mm 或 4 mm 焊条，采用短弧法焊接。背面封底焊前，可以不用铲除焊根（重要构件除外）。

e. 焊接水平倾斜焊缝时，应采用上坡焊，防止熔渣向熔池前方流动，避免焊缝产生夹渣缺陷。

f. 采用多层多道焊时，注意选好焊道数及焊道焊接顺序。

g. T 形、角接、搭接接头平角焊时，若两板厚度不同，应调整焊条角度，将焊接电弧偏向厚板，使两板受热均匀。T 形接头平角焊焊接，是比较容易焊接的位置。

h. 采用正确的运条方法　板厚在 5 mm 以下，I 形坡口的对接平焊，采用双面焊时，正面焊缝采用直线形运条方法，焊缝熔深应大于板厚的 2/3；背面焊缝也采用直线形运条法，但焊接电流应比焊正面焊缝时稍大些，运条速度要快；板厚在 5 mm 以上时，根据设计需要，开 I 形坡口以外的其他形式坡口（V 形、双 V 形、Y 形、U 形等）对接平焊，可采用多层焊或多层多道焊，打底焊宜用小直径焊条、小焊接电流、直线形运条法焊接。多层焊缝的填充层及盖面层焊缝，根据具体情况分别选用直线形、月牙形、锯齿形运条。多层多道焊时，宜采用直线形运条。

T 形接头焊脚尺寸较小时，可选用单层焊接，用直线形、斜圆环形或锯齿形运条方法；焊脚尺寸较大时，宜采用多层焊或多层多道焊，打底焊都采用直线形运条方法，其后各层可选用斜锯齿形、斜圆环形运条，多层多道焊宜选用直线形运条方法焊接；搭接、角接平角焊时，运条操作与 T 形接头平角焊运条相似；船形焊的运条操作与开坡口对接平焊相似。

（2）立焊位置的焊接。立焊时，由于在重力作用下，焊条熔化所形成的熔滴及熔池中的熔化金属要向下淌，这样就使焊缝成型困难，操作难度增大。

①立焊位置的焊接特点。

a. 熔化金属在重力作用下易向下流淌，形成焊瘤、咬边和夹渣等缺陷。焊缝表面成型不良。

b. 熔池金属与熔渣容易分离。

c. T 形接头焊缝根部容易产生未焊透。

d. 焊接过程中，熔池熔透深度容易控制。

e. 焊接过程中，熔化金属以焊接飞溅形式损失，所以比平焊位置多消耗焊条而焊接生产效率却比平焊低。

f. 焊接过程中多用短弧焊接。

g. 由于立角焊电弧的热量向焊件的三向传递，散热快，所以，在对接立焊相同的条件下，焊接电流可稍大些，以保证两板熔合良好。

②立焊位置的焊条角度。

立焊位置焊接按焊件厚度区分有薄板对接立焊和厚板对接立焊；按接头的形式可分为 I 形坡口对接立焊 T 形接头立角焊；按焊接操作技术分向上立焊和向下立焊。立焊位置时的焊条角度如图 2-48 所示。

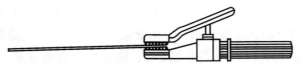

图 2-48　焊钳夹持焊条的形式

③立焊位置的焊接要点。

a. 立焊时，焊钳夹持焊条后，焊钳与焊条应成一直线，如图 2-49 所示。焊工的身体不要正对着焊缝，要略偏向左侧或右侧（左撇子）以便于握焊钳的右手或左手（左撇子）操作。

b. 焊接过程中，保持焊条角度，减少熔化金属下淌。

c. 选用较小的焊条直径（小于 4 mm）和较小的焊接电流（平焊位置焊接电流的80%~85%），用短弧焊接。

d. 采用正确的运条方式。I 形坡口对接向上立焊时，可选用直线形、锯齿形、月牙形运条或挑弧法焊接；其他形式坡口对接立焊时，第一层焊缝常选用挑弧法或摆幅不大的月牙形、三角形运条焊接，其后可采用月牙形或锯齿形运条方法；T 形接头立焊时，运条操作与其他形式坡口对接立焊相似，为防止焊缝两侧产生咬边、根部未焊透，

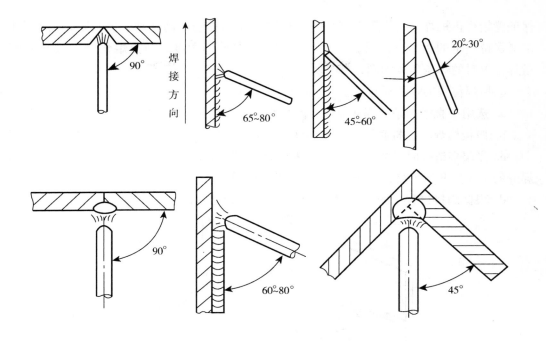

图2-49　立焊位置时的焊条角度

电弧应在焊缝两侧及顶角有适当的停留时间；焊接盖面层时，应根据对焊缝表面的要求选用运条方法，焊缝表面要求稍高的可采用月牙形运条，如果只要求焊缝表面平整可采用锯齿形运条方法。

（3）横焊位置的焊接。

①横焊位置的焊接特点。

a. 熔化金属和熔渣受重力作用而下流至下坡口面上，容易形成未熔合和层间夹渣，并且在坡口上边缘容易形成熔化金属下坠（泪滴形焊缝，如图2-50）或未焊透。

b. 其他形式坡口对接横焊，常选用多层多道施焊法，防止熔化金属下淌。

c. 焊接电流较平焊电流小些。

②横焊位置的焊条角度横焊时，焊工的操作姿势最好是站位（焊工垂直站着焊接），若条件许

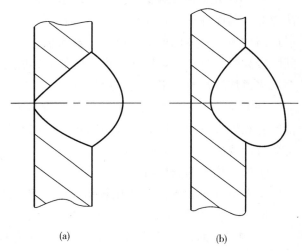

图2-50 泪滴形焊缝
（a）正常横焊位；（b）泪滴形横焊位

可，焊工持面罩的手或胳膊最有依托，以保持焊工在站位焊接时身体稳定。引弧点的位置应是焊工正视部位。焊接时，每焊完一根焊条，焊工就需要移动一下站位置。为

保证能始终正视焊缝，焊工上部分身体应随电弧的移动向前移动，但眼睛仍需与焊接电弧保持一定的距离；同时，注意保持焊条与焊件的角度，防止熔化金属过分下淌。横焊位置时的焊条角度如图2-51所示。

③横焊位置的焊接要点。

a. 选用小直径焊条，焊接电流比平焊小、短弧操作，能较好控制熔化金属下淌。

b. 厚板横焊时，打底层以外的焊缝，宜采用多层多道焊法施焊。

c. 多层多道焊时，要特别注意焊道与焊道间的重叠距离，每道叠焊，应在前一道焊缝的1/3处开始焊接，以防止焊缝产生凹凸不平。

d. 根据焊接过程中的实际情况，保持适当的焊条角度。

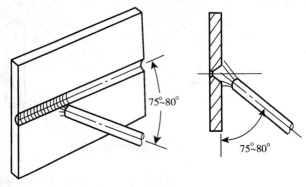

图2-51 横焊位置时的焊条角度

e. 采用正确的运条方法。开 I 形坡口对接横焊时，正面焊缝采用往复直线运条方法较好，稍厚件选用直线形或小斜圆环形运条，背面焊缝选用直线运条、焊接电流可以适当加大；开其他形式坡口对接多层横焊，间隙较小时，可采用直线形运条；根部间隙较大时，打底层选用往复直线运条；其后各层焊道焊接时，可采用斜圆环形运条；多层多道焊缝焊时宜采用直线形运条。

（4）仰焊位置的焊接。仰焊是几种焊接方式中最困难的一种。这是由于仰焊时熔池倒悬在焊件下面，使焊缝成型困难。同时在施焊中，常发生熔渣超前现象，所以在运条方面要比平焊、立焊更困难。

①仰焊位置的焊接特点。

a. 熔化金属因重力的作用容易下坠，熔滴过渡，焊缝成型较困难。

b. 焊缝熔池金属温度较高，熔池尺寸大。

c. 焊缝正面，因熔池温度高、熔化金属容易下淌而形成焊瘤，背面焊缝会出现内凹过大的缺陷。

d. 流淌的熔化金属以飞溅扩散，若防护不当，容易造成烫伤事故。

e. 仰焊位置焊接，比其他空间位置焊接生产效率低。

②仰焊位置的焊条角度。根据焊件距焊工的距离，焊工可采取站位、蹲位或坐位，个别情况还可采取躺位，即焊工仰面躺在地上，手举焊钳仰焊（这种焊位焊工劳动强

度大，焊接质量不稳定通常用于焊接事故的抢修，不适用于大批量的制造业生产。可把待焊部位翻转为平焊位或横焊位焊接）。施焊时，胳膊应离开身体，小臂竖起，大臂与小臂自然形成角支撑，重心在大胳膊的根关节上或胳膊肘上，焊条的摆动应靠腕部的作用来完成，大臂要随着焊条的熔化向焊缝方向逐渐地上升和向前方移动，眼睛要随着弧的移动观察施焊情况，头部与上身也应随着焊条向前移动而稍倾斜。仰焊前，焊工一定要穿戴仰焊工所必备的劳动保护服，纽扣紧，颈部围紧毛巾，头戴披肩帽，脚穿防烫鞋，以防铁液下落和仰焊位置时的焊条角度如图2-52所示。

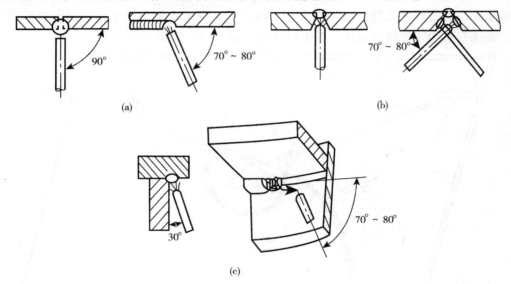

(a)　　　　　　　　　　　　　　　　　　(b)

(c)

图2-52　仰焊位置时的焊条角度

（a）I形坡口对接仰焊；（b）其他坡口对接仰焊；（c）T形接头仰角焊

③仰焊位置的焊接要点。

a. 为便于熔滴过渡，减少焊接时熔化金属下淌和飞溅，焊接过程中应采用最短的弧长旋焊。

b. 打底层焊缝，应采用小直径焊条和小焊接电流施焊，以免焊缝两侧产生凹陷和夹渣。

c. 采用正确的运条方法。开I形坡口对接仰焊时，直线形运条方法适用于小间隙焊接，往复直线形运条方法适用于大间隙焊接；开其他形式坡口对接多层仰焊时，打底层焊接的运条方法，应根据坡口间隙的大小，选定使用直线形运条或往复直线形运条方法。其后各层可选用锯齿形或月牙形运条方法；多层多道焊宜采用直线形运条方法，无论采用哪种运条方法，每一次向熔池过渡的熔化金属不宜过多；T形接头仰焊时，焊脚尺寸如果较小，可采用直线形或往复直线形运条方法，由单层焊接完成；焊脚尺寸如果较大时，可采用多层焊或多层多道焊施焊，第一层打底焊宜采用直线形运条，其后各层可选用斜三角形或斜圆环形运条方法焊接。

2.4 焊条电弧焊的特殊方法

2.4.1 重力焊

重力焊是高效铁粉焊条和重力焊机架相结合的一种半机械化焊接方法。将重力焊条的引弧端对准焊件接缝，另一端夹持在可滑动夹具上，引燃电弧后，随着电弧的燃烧，焊条靠重力下降进行焊接。重力焊机架见图2-53所示。

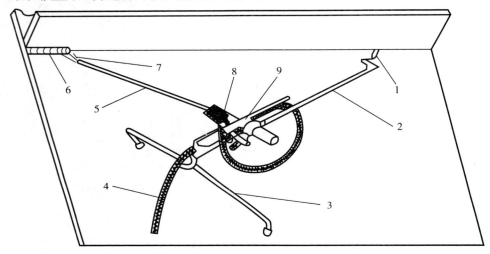

图2-53　重力焊机架示意图
1-定位棒；2-滑轨；3-支架；4-电缆；5-焊条；
6-焊缝；7-电弧；8-焊条夹钳；9-滑块

重力焊机架可模仿手工焊动作，保证焊条熔化时沿焊接方向自动送焊条。用重力焊机架进行半机械化焊接，具有设备简单、生产效率高、操作方便、减轻劳动强度等优点。重力焊适用于焊接低碳钢、低合金铜金属构件，或船体中小合拢中长度大于500 mm的连续水平角焊缝，最适合焊接焊脚为4.5~8.0 mm的单道水平角焊缝，也可以用于平对接焊。

重力焊一般以倾斜角小于10°的上坡焊为宜。重力焊接头的装配间隙必须在0~2 mm范围内。装配时采用直径3.2~4.0 mm低氢型焊条焊接定位焊缝，焊脚不大于4 mm。每段定位焊缝长80 mm，间距300~500 mm，除两端需双面焊外，一般部位单面焊即可。焊接拘束度较大或扁钢等纵桁类零件，需两面进行定位焊，间距为500 mm，必要时还可加防挠措施，防止构件倾斜变形。焊接时，将焊条装在可沿滑轨向下滑动的焊条夹钳上，并使焊条头抵在始焊处，接通焊接电源后，利用焊条头上涂有的专门引弧剂自动引弧，随着焊条的熔化，焊条夹钳在重力作用下沿着滑轨以固定的角度沿着焊接方向下滑形成焊缝。当焊条快用完时，焊条夹钳已滑到滑轨下端弧形弯头处，靠重力作用，翻转焊条夹钳，自动熄弧。

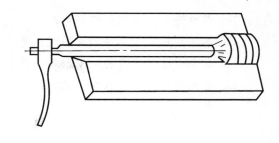

图 2 - 54　躺焊示意图

重力焊需采用重力焊条。目前我国生产的重力焊条的直径有 5.6 mm、6.0 mm、6.4 mm、8.0 mm 四种，长度为 700 mm。国外生产的重力焊条直径可达 9 mm，长 700 ~ 900 mm，有的可长达 1 000 ~ 1 200 mm。

2.4.2　躺焊

躺焊是一种将焊条躺置在接缝上，从一端引弧而焊条自动连续熔化进行焊接的一种电弧焊方法，如图 2 - 54 所示。用这种方法施焊得到的焊缝宽度比焊条直径稍大，焊缝表面光滑均匀。

躺焊时必须用厚药皮焊条，每侧药皮厚度为 1.6 ~ 2.2 mm。施焊时，最好使用粗焊条，直径 $\phi 5 \sim 12$ mm，焊条长度为 400 ~ 1 200 mm。为了准确固定焊条的位置，改善电弧燃烧状况，可用钢

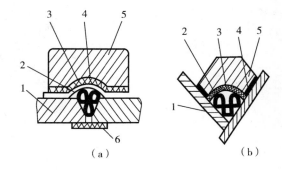

图 2 - 55　躺焊固定焊条的方法
（a）对接接头；（b）角接接头
1 - 工件；2 - 焊条；3、4 - 衬垫；5 - 夹板；6 - 垫板

或钢夹板将焊条压紧在工件上，焊条与夹板间用纸条衬垫，如图 2 - 55 所示。躺焊可用于狭窄不便于施焊处及小截面短焊缝处，一名焊工可同时管 2 ~ 3 个焊缝，且不需要高度熟练的技术。

复习思考题

1. 什么是焊条电弧焊？其原理和特点是什么？

2. 焊条电弧焊安全技术包含哪些内容？

3. 焊条电弧焊电源分为哪几类？各有什么特点？

4. 如何选用焊条电弧焊电源？

5. 解释下列弧焊电源型号表示的意义：BX3 - 300、ZX5 - 400、ZX7 - 400。

6. 焊条电弧焊常用工具和辅具有哪些？

7. 焊条药皮可分成哪几种类型？焊条药皮的作用有哪些？

8. 酸、碱性焊条各有何特点？它们主要应用在什么场合？

9. 焊条电弧焊工艺参数有哪些？如何选择？

10. 怎样进行焊条电弧焊堆焊？

11. 各种引燃电弧方法的适用范围怎样？

12. 运条方法有哪几种？它们各有什么特点？

13. 在采用各种焊缝连接方式时，应注意哪些问题？

第3章
气焊气割与碳弧气刨

气焊是利用可燃气体（乙炔气）与助燃气体（氧气）在焊炬内进行混合，使混合气体发生剧烈燃烧，利用燃烧所放出的热量去熔化焊接接头部位的母材金属和填充材料，冷却凝固后使焊件牢固地连接起来的一种熔焊方法。气焊常用于薄板焊接、熔点较低的金属（如铜、铝、铅等）焊接、壁厚较薄的钢管焊接、需要预热和缓冷的工具钢及铸铁的焊接（焊补）等。

气割是利用可燃气体（乙炔气）与助燃气体（氧气）在割炬内进行混合，使混合气体发生剧烈燃烧，利用燃烧所放出的热量将工件切割处预热到燃烧温度后，喷出高速切割氧流，使切口处金属剧烈燃烧，并将燃烧后的金属氧化物吹除，实现工件分离的方法。

气焊及气割技术在现代工业上的用途非常广泛。由于气焊与气割工艺需要的设备简单、操作方便、质量可靠、成本低、实用性强等特点，因此，在各工业部门中，特别是在机械、锅炉、压力容器、管道、电力、造船及金属结构制造方面，得到了广泛应用。

3.1 气割概述

3.1.1 气焊与气割用材料

1. 气焊与气割用气体

（1）氧气。在常温下，氧气是一种无色、无味、无毒的气体，其化学式为 O_2，在标准状态下氧气的密度为 1.429 kg/m^3。当气温降到 -182.96 ℃时，气态氧变为液态氧，当气温降到 -218 ℃时，液态氧则变成淡蓝色的固体氧。

氧气本身不能自燃，但它是一种化学性质极为活跃的助燃气体，属于强氧化剂，其氧化反应的能力是随着氧气压力的增大和温度的升高而显著增强，如高压氧与油脂等易燃物质接触，就会发生激烈的氧化反应而迅速燃烧，甚至爆炸。由此可见，氧气既是助燃气体，又可以促使某些易燃物质自燃。所以在气焊、气割时，氧气的消耗量比乙炔大；在容器、管道、锅炉、船舱、室内及坑道内严禁为了改善通风效果而对局部焊接部位使用氧气进行通风换气。

（2）乙炔，俗称电石气，它是一种非饱和的碳氢化合物，化学式为 C_2H_2。在常温下，乙炔是一种无色、高热值的易燃易爆气体，在标准状态下其密度为 1.17 kg/m^3，比空气轻。乙炔微溶于水，易溶于丙酮等有机溶剂。乙炔在空气中自燃点为 335 ℃，点火温度为 428 ℃。

乙炔与空气混合燃烧时，火焰温度可达 2 350 ℃，与氧气混合燃烧时，火焰温度可达 3 100 ℃ ~3 300 ℃。乙炔在空气中燃烧速度为 2.87 m/s，乙炔在氧气中燃烧速度为 13.5 m/s，极易造成人员烧伤和死亡事故。

（3）氢气。氢气是无色无味的气体，氢气扩散速度极快，导热性很好，在空气中的自燃点为 560 ℃，在氧气中的自燃点为 450 ℃，是一种极危险的易燃易爆气体。氢气与空气混合其爆炸极限为 4% ~ 80%，氢气与氧气混合其爆炸极限为 4.65% ~93.9%。

氢气极易泄漏，其泄漏速度是空气的 2 倍，氢气一旦从气瓶或导管中泄漏被引燃，将会使周围的人员遭受严重烧伤。

（4）液化石油气。液化石油气是油田开发或炼油工业中的副产品，它有一定的毒性，当空气中液化石油气的体积分数（含量）超过 0.5% 时，人体吸入少量的液化石油气，一般不会中毒，若在空气中其体积分数超过 10% 时，停留 2 min，人体就会出现头晕等中毒症状。

液化石油气的密度为 1.6 ~ 2.5 kg/m^3，气态时比同体积空气、氧气重，是空气密度的 1.5 倍，易于向低洼处流动、滞流积聚，液态时比同体积的水和汽油轻。液化石油气中，当体积分数为 2% ~10% 的丙烷与空气混合就会发生爆炸，与氧气混合的爆炸极限为 3.2% ~64%。丙烷挥发点为 –42 ℃，闪点为 –20 ℃，与氧气混合燃烧的火焰温度为 2 200 ℃ ~2 800 ℃。液化石油气从容器中泄漏出来，在常温下会迅速挥发成 250 ~300 倍体积的气体向四周快速扩散。液化石油气达到完全燃烧所需的氧气比乙炔需氧气量大，采用液化石油气替代乙炔后，消耗的氧气量较多，所以，不能直接用氧乙炔焊（割）炬进行焊（割）工作，必须对原有的焊（割）炬进行改造。

2. 气焊用焊丝

气焊过程中，焊丝作为填充金属与熔化的焊件混合形成焊缝，因此焊丝的选用十分重要，焊丝的化学成分和质量直接影响焊缝的质量和性能。通常要求焊丝的化学成分应与焊件基本相同，所形成的焊缝应具有良好的力学性能。常用的焊丝有碳素结构钢焊丝、合金结构钢焊丝、不锈钢焊丝、铜及铜合金焊丝、铝及铝合金焊丝、铸铁气焊丝等。

3. 气焊熔剂

气焊熔剂也称气焊粉,是氧-乙炔气焊时的助熔剂。气焊熔剂经熔化反应后,能去除熔池中形成的高熔点氧化物杂质,并以熔渣形式覆盖在熔池表面,使熔池与空气隔离,防止熔池金属氧化。此外,熔剂还能改善母材的润湿性,以获得致密的焊缝组织。

气焊熔剂应根据焊件的成分及性质选择,通常合金钢、铸铁和各种有色金属气焊时,必须使用熔剂才能保证气焊质量,而低碳钢气焊时不需要气焊熔剂。常用气焊熔剂牌号和用途见表3-1。

表3-1 常用气焊熔剂牌号和用途

牌号	代号	名称	熔点/℃	用途
气剂101	CJ101	不锈钢及耐热钢气焊熔剂	约900	用于不锈钢及耐热钢气焊,有助于焊丝润湿,防止熔化金属被氧化
气剂201	CJ201	铸铁气焊熔剂	约650	有潮解性,能有效驱除铸铁气焊中产生的硅酸盐和氧化物,加速金属熔化
气剂301	CJ301	铜气焊熔剂	约650	用于紫铜及黄铜气焊或作钎焊助熔剂,能有效地溶解氧化铜和氧化亚铜。熔渣覆盖焊缝表面,防止金属氧化
气剂401	CJ401	铝气焊熔剂	约560	用于铝及铝合金气焊,起精炼作用。也可作气焊铝青铜熔剂

3.1.2 气焊与气割设备

1. 氧气瓶

氧气瓶是一种贮存和运输氧气用的高压容器。通常将空气中制取的氧气压入氧气瓶内。国内常用氧气瓶的充装压力为15 MPa,容积为40 L。在15 MPa的压力下,可贮存6 m³氧气。氧气瓶外表面涂成天蓝色,并写有黑色"氧气"字样。

氧气瓶为压缩气瓶,其瓶内的贮量可用氧气瓶的容积与瓶内压力的乘积来计算,公式为:

$$V = 10V_0 p$$

式中　　V——氧气的贮量,即常压下的体积(L);

　　　　V_0——氧气瓶的容积(L);

　　　　p——氧气瓶的表压(MPa)。

国产部分氧气瓶的规格见表3-2。

表 3 – 2   国产部分氧气瓶的规格

瓶体表面漆色	工作压力/MPa	容积/L	瓶体外径/mm	瓶体高度/mm	重量/kg	水压试验压力/MPa	瓶阀规格
天蓝	15	30	219	1150 ± 20	45 ± 2	22.5	QF – 2 铜阀
		40		1370 ± 20	55 ± 2		
		44		1490 ± 20	57 ± 2		

2. 乙炔气瓶

乙炔气瓶是一种贮存和运输乙炔的容器，但它既不同于压缩气瓶，也不同于液化气瓶，其构造如图 3 – 1 所示。

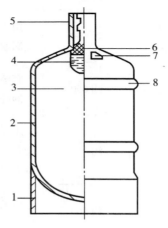

图 3 – 1   乙炔气瓶构造

1 – 瓶座；2 – 瓶壁；3 – 多孔性填料；4 – 石棉；
5 – 瓶帽；6 – 过滤网；7 – 压力表；8 – 防震橡胶圈

乙炔瓶内装有多孔而轻质的固态填料，如活性炭、木屑、浮石及硅藻土等合成物，目前已广泛应用硅酸钙，由它来吸收溶解乙炔的液体物质丙酮。常用的熔解乙炔瓶容积为 40 L，可溶解乙炔净重 5 ~ 7 kg。若按 6.5 kg 计算，则乙炔气体积约 6 m³。溶解乙炔瓶最高工作压力为 1.55 MPa。乙炔瓶阀下面的填料中心部分长孔内装有石棉，其作用是帮助乙炔从多孔性填料内的丙酮中分解出来。一般每小时从溶解乙炔瓶中输出的乙炔限用量不超过 1 kg，输出的压力不超过 0.1 MPa。

溶解乙炔瓶的外表涂成白色，并醒目地标有红色的"乙炔"和"不可近火"字样。溶解乙炔瓶中的乙炔不能用完，气瓶中的剩余压力应符合表 3 – 3 的规定。

溶解乙炔瓶内的压力随温度变化，当溶解乙炔瓶充气并静置后其极限压力值应不大于表 3 – 4 的规定。

表3-3　溶解乙炔瓶的剩余压力值

环境温度/℃	瓶内压力值/MPa	环境温度/℃	瓶内压力值/MPa
-5~0	≥0.05	15~25	≥0.2
0~15	≥0.1	25~35	≥0.3

表3-4　溶解乙炔瓶内极限压力值与周围介质温度的关系

温度/℃	-10	-5	0	5	10	15	20	25	30	35	40
表压/MPa	0.7	0.8	0.9	1.05	1.2	1.4	1.6	1.8	2.0	2.25	2.5

3. 液化石油气瓶

常用液化石油气钢瓶有 YSP-10 型（能充装10 kg）和 YSP-15 型（能充装15 kg）两种。钢瓶表面涂灰色，并有红色的"液化石油气"字样。

液化石油气钢瓶是一种液化气瓶。液化石油气是在一定压力下充入钢瓶并贮存于其中的。钢瓶的设计压力为 1.6 MPa（这是按照液化石油气的主要成分丙烷在 48 ℃ 时的饱和蒸汽压确定的）。由于在相同温度下，液化石油气的各种成分中，丙烷的蒸汽压最高，而实际使用条件下的环境温度一般不会达到 48 ℃，因此在正常情况下，钢瓶内的压力不会达到 1.6 MPa。

钢瓶内容积是按液态纯丙烷 60 ℃ 时恰好充满整个钢瓶而设计的，瓶装 10 kg 和 15 kg 的钢瓶容积分别为 23.5 L 和 35.3 L。液化石油气各种成分中，同温度下同样重量时，丙烷的体积最大，而使用条件下的环境温度一般不会达到 60 ℃，因此只要按规定量充装，钢瓶内总会留有一定的气态空间。

4. 焊炬

焊炬是气焊工艺中的主要工具，也可应用于气体火焰钎焊和火焰加热。焊炬的作用是将可燃气体（乙炔气）和助燃气体（氧气）按一定的比例混合，并以一定的速度喷出燃烧，产生适合于焊接要求的稳定燃烧火焰。

为了保证焊接质量，要求焊炬具有保持可燃气体与助燃气体混合比例和良好的调节火焰大小的性能，并能使混合气体喷出速度等于燃烧速度，以便火焰稳定地燃烧。同时焊炬的重量要轻、气密性要好，还应具有耐腐蚀和耐高温的性能。

焊炬按可燃气体与助燃气体混合方式不同，可分为射吸式（如图3-2）和等压式（如图3-3）两大类。目前国内最常用的焊炬为射吸式。

射吸式焊炬应符合 JB/T6969—1993《射吸式焊炬》的要求，等压式焊炬应符合 JB/T7947—1999《等压式焊炬割炬》要求。

射吸式焊炬上的氧气调节阀和乙炔调节阀都是按顺时针方向旋转关闭、逆时针方向旋转打开的，旋转调节阀可使阀针作前后位移，来控制氧气与乙炔的流量，以便控制焊接火焰的大小。其工作原理（见图3-2）是：打开氧气调节阀4，氧气即从喷嘴

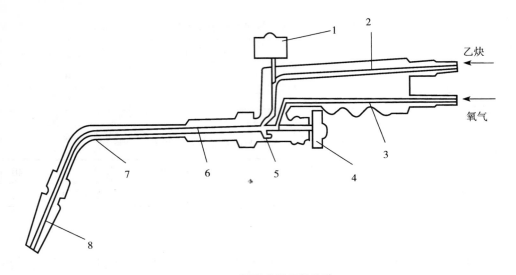

图3-2　射吸式焊炬的构造

1-乙炔调节阀；2-乙炔管；3-氧气管；4-氧气调节阀；

5-喷嘴；6-射吸管；7-混合气管；8-焊嘴

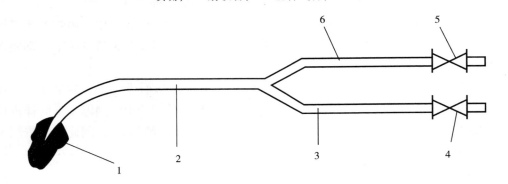

图3-3　等压式焊炬的构造

1-焊嘴；2-混合气管；3-乙炔胶管；4-乙炔调节阀；

5-氧气调节阀；6-氧气胶管

口快速射出，并在喷嘴5外围造成负压（吸力）；再打开乙炔调节阀1，乙炔气即聚集在喷嘴的外围。由于氧射流负压的作用，聚集在喷嘴外围的乙炔气很快被氧气吸出，并按一定的比例与氧气混合，经过射吸管6、混合气管7从焊嘴8喷出。点火后，经调节形成稳定的焊接火焰。

　　射吸式焊炬的特点是利用喷嘴的射吸作用，使高压氧气与压力较低的乙炔均匀地按一定比例混合，并以很高的流速喷出。所以不论是低压乙炔或中压乙炔都能保证焊炬的正常工作。

　　5. 割炬

　　割炬是气割工艺中的主要工具。割炬的作用是将可燃气体（乙炔）与助燃气体

（氧气）以一定的方式和比例混合，并以一定的速度喷出燃烧，形成具有一定热能和形状的预热火焰，并在预热火焰的中心喷射高压切割氧进行气割。

为了保证气割质量，要求割炬具有保持可燃气体与助燃气体混合比例和调节火焰大小的良好性能，并能使混合气体喷出速度等于燃烧速度，以便火焰稳定地燃烧。同时要求割炬的重量要轻、气密性要好，具有耐腐蚀和耐高温，且使用安全可靠的性能。

割炬按可燃气体和助燃气体不同混合方式，可分为射吸式和等压式两大类。目前国内最常用的割炬为射吸式。

射吸式割炬上的氧气调节阀和乙炔调节阀都是按顺时针方向旋转关闭、逆时针方向旋转打开，旋转调节阀时可使阀针前后移动来控制气体流量，从而控制焊接火焰的大小。

射吸式割炬的构造如图3-4所示，它是在射吸式焊炬基础上，增加了切割氧的气路、切割氧调节阀及割嘴而构成的。其工作原理为：气割时，先打开氧气调节阀4，氧气即从喷嘴口快速射出，并在喷嘴6外围造成负压（吸力）；再打开乙炔调节阀3，乙炔气即聚集在喷嘴的外围。由于氧射流负压的作用，聚集在喷嘴外围的乙炔很快被氧气吸出，并按一定的比例与氧气混合，经过射吸管7、混合气管8从割嘴10喷出。点火后，经调节形成稳定的环形预热火焰，对割件进行预热。待割件预热到燃点时，开启高压氧气阀，此时高速氧气流将切口处的金属氧化并吹除，随着割炬的移动即在割件上形成切口。射吸式割炬应符合JB/T6970—1993《射吸式割炬》的要求。

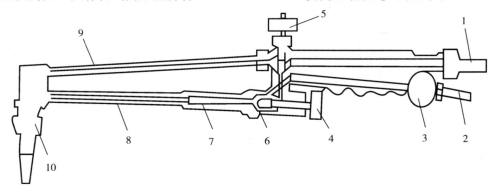

图3-4　射吸式割炬的构造

1-氧气进口；2-乙炔进口；3-乙炔调节阀；4-氧气调节阀；5-高压氧气阀；
6-喷嘴；7-射吸管；8-混合气管；9-高压氧气管；10-割嘴

6. 减压器

减压器的作用是把贮存在瓶内的高压气体降为工作需要的低压气体，并保持输出气体的压力和流量稳定，以便使用。

减压器按工作气体分为氧气用、乙炔气用和液化石油气用等；按使用情况和输送能力不同，可分为集中式和岗位式两类；按构造和作用分有杠杆式和弹簧式；弹簧式减压器又分为正作用式和反作用式两类；按减压次数又分为单级式和双级式两类。

不同气体用减压器，虽结构、原理和使用方法基本相同，为避免混用造成事故，所以其尺寸、形状、材料、装卡方法和外观涂色等均不同。

目前国产的减压器主要是单级反作用式和双级混合式（第一级为正作用式，第二级为反作用式）两类。

（1）QD-1型氧气减压器（如图3-5）。QD-1型减压器是单级反作用式减压器，主要用于高压氧气瓶减压和稳定输送氧气。减压器的外壳涂成天蓝色，这种减压器目前使用最多。它主要由调压螺钉、活门顶杆、减压活门、进气口、高压表、副弹簧、高压气室、低压表、出气口、低压气室、弹簧薄膜和调压弹簧组成。其中高压氧气表的规格是0～25 MPa，低压氧气表的规格是0～4 Mpa。

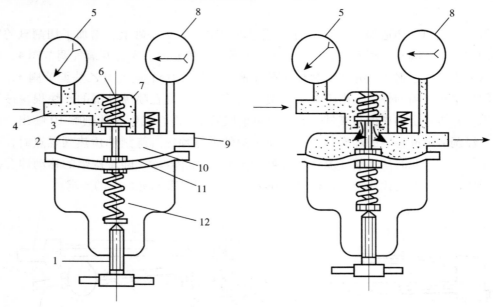

图3-5　QD-1型氧气减压器结构

1-调压螺钉；2-活门顶杆；3-减压活门；4-进气口；5-高压表；6-副弹簧；

7-高压气室；8-低压表；9-出气口；10-低压气；11-弹簧薄膜；12-调压弹簧

（2）QD-20型单级乙炔减压器。QD-20型单级减压器，主要用于高压乙炔瓶减压和稳定输送乙炔气。这种减压器目前使用最多。其构造和工作原理基本上与单级氧气减压器相似。所不同的是乙炔减压器与乙炔瓶的连接要使用特殊的夹环，并借紧固螺钉加以固定的。而且减压器在出口处还装有逆止阀，以防止回火时燃烧火焰倒袭。

乙炔减压器的本体上装有0～2.5 MPa的高压乙炔表和0～0.25 MPa的低压乙炔表。乙炔减压器的外壳涂成白色，在减压器的压力表上有指示该压力表最大许可工作压力的红线，以便使用时严格控制。

（3）QW5-25/0.6型单级丙烷减压器。这种QW5-25/0.6型单级杠杆式减压器，主要用于液化石油气（丙烷）瓶的减压和稳定输送液化石油气，其结构如图3-6所示。液化石油气减压器外壳涂成灰色。

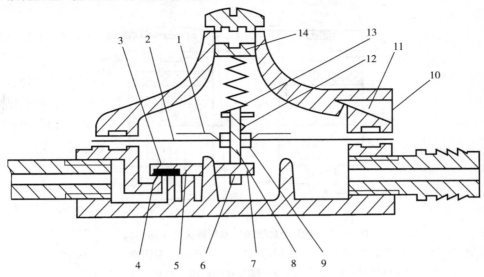

图 3 - 6　液化石油气减压器结构

1 – 压隔膜金属片；2 – 橡胶隔膜；3 – 阀垫；4 – 喷嘴；5 – 支柱轴；6 – 滚柱；7 – 横阀杆；

8 – 纵阀杆；9 – 溢流阀座；10 – 网；11 – 安全孔；12 – 溢流阀弹簧；

13 – 调压弹簧；14 – 调整帽

7. 回火防止器

回火是指在气焊和气割工艺中，燃烧的火焰进入喷嘴内逆向燃烧的现象。这种现象有两种情况：一种是火焰向喷嘴孔逆行，并瞬时自行熄灭，同时伴有爆鸣声，称之为逆火。另一种是火焰向喷嘴孔逆行，并继续向混合室和气体管路燃烧，称之为回烧。而回烧可能导致烧毁焊炬、管路，也可能引起可燃气体源的爆炸。

发生回火的根本原因是混合气体燃烧的速度大于混合气体从焊炬（或割炬）的喷嘴孔内喷出的速度。而造成混合气体喷出速度减小的原因有：焊嘴（或割嘴）被熔化金属堵塞，致使火焰喷射不正常；焊炬（或割炬）过热，混合气体受热膨胀、压力增高，使混合气体的流动阻力增大；乙炔气压力过低或皮管阻塞；焊炬（或割炬）失修，阀门不密封，造成氧气倒流至乙炔管道。

回火防止器按乙炔压力不同可分为低压式和中压式两种；按作用原理可分为水封式和干式两种；按装置的部位不同可分为集中式和岗位式两种。

（1）中压（封闭式）水封回火防止器。中压（封闭式）水封回火防止器适用于中压乙炔发生器，它主要由进气管、止回阀、桶体、水位阀、分配盘、滤清器、排气口、弹簧片、排气阀门、弹簧、出口阀等组成。其作用原理如图 3 – 7 所示。

正常工作时，乙炔气由进气管 1 流入回火防止器，靠乙炔压力推开止回阀门 2，乙炔气通过水封和滤清器 6，然后从排气口 7 导致乙炔橡胶管进入焊炬（或割炬）。

当发生回火时，倒流的火焰使回火防止器内压力骤然增高，一方面压迫水面，通

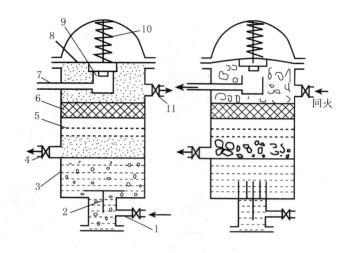

图3-7　中压（封闭式）水封回火防止器结构

1-进气管；2-止回阀；3-桶体；4-水位阀；5-分配盘；6-滤清器；
7-排气口；8-弹簧片；9-排气阀门；10-弹簧；11-出口阀

过水层使止回阀门2瞬时关闭，进气管暂停供气。与此同时，燃烧气体将弹簧片8顶起，使排气阀门9与弹簧片8离开，燃烧气体经排气阀门9从排气口7排出，阻止了燃烧气体回流。水封回火防止器应垂直安放，每天检查，更换清水。确保水位准确。冬季使用时应加入少量食盐防冻，若发现水冻结，只许用热水解冻，严禁用明火加温解冻。

（2）中压防爆膜干式回火防止器。中压防爆膜干式回火防止器主要由出气管、进气管、盖、逆止阀、阀体、膜盖、膜座和防爆膜等组成。中压防爆膜干式回火防止器结构原理如图3-8所示。

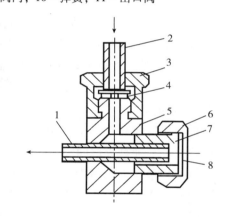

图3-8　中压防爆膜干式回火防止器结构

1-出气管；2-进气管；3-盖；4-逆止阀；
5-阀体；6-膜盖；7-膜座；8-防爆膜

正常工作时，乙炔经进气管2顶开逆止阀4进入腔体，由出气管1输出。回火时，倒流的燃烧气体从出气管1进入爆炸室，使压力增高，防爆膜8破裂，燃烧气体散入大气。同时，逆止阀4关闭，暂时停止供气，起到防止回火的作用；由于逆止阀4的关闭是暂时的，当爆炸室泄压后，乙炔又继续供给，因此，必须关闭乙炔总阀，被冲破的防爆膜经更换后才能工作。

8. 压力表

压力表是用来测量和表示氧气瓶、乙炔气瓶内部压力的装置。操作人员可通过观察压力表的指示数，掌握氧气瓶、乙炔气瓶内部压力变化情况，以便操作人员采取相応措施，防止发生事故。为保持压力表准确、灵敏、可靠，工作中要保持洁净，连通管要定时吹洗。压力表要定期校验。禁止使用已经损坏的仪表。

9. 橡胶软管

气焊、气割用的橡胶软管，必须是按照 GB/T2550—1992《焊接及切割用橡胶软管 氧气橡胶软管》和 GB/T2551—1992《焊接及切割用橡胶软管 乙炔橡胶软管》标准生产的质量合格的产品。

目前，国产的橡胶软管是用优质橡胶夹着麻织物或棉织纤维制成的。根据输送的气体不同，氧气橡胶软管的工作压力为 1.5 MPa，试验压力为 3.0 MPa；乙炔橡胶软管的工作压力为 0.5 MPa。通常氧气橡胶软管的内径为 8 mm，乙炔橡胶软管的内径为 10 mm。根据标准规定，氧气橡胶软管为黑色，乙炔橡胶软管为红色。

橡胶软管的使用长度不小于 5 m，一般为 15 m。若操作地点离气源较远时，可根据实际情况，将橡胶软管用气管接头连接起来使用，但必须用卡子或细铁丝扎牢。新的橡胶软管首次使用时，应用压缩空气把橡胶管内壁的滑石粉吹干净，以防焊炬（或割炬）的各通道被堵塞。

使用橡胶软管时，应注意不得使其沾染油脂，以免加速老化；并要防止机械损伤和外界挤压伤；操作中要注意烫伤。已经严重老化的橡胶软管应停止使用，及时更换新橡胶软管。乙炔橡胶软管和氧气橡胶软管禁止互相更换或混用。

3.2　气焊工艺

3.2.1　气焊基本操作技术

1. 焊炬的正确使用

（1）焊炬正确握法。右手握住焊炬，将拇指放在乙炔调节阀的位置，食指放在氧气调节阀的位置，其他三个手指及手掌握住焊炬柄，这样可根据需要随时调节气体的流量。

（2）点火。先逆时针方向旋转稍微打开氧气调节阀，然后再逆时针方向旋转乙炔调节阀放出乙炔，等有混合气体从焊嘴喷出时，即可点火。点火时，拿火源的手应从焊嘴侧后面接近焊嘴，不允许将手正对着焊嘴，也不允许将焊嘴指向他人或其他可燃物，以防发生事故。

点火后应立即调整火焰，使火焰达到正常的形状。刚开始时，如果出现连续的放炮声，说明乙炔不纯或乙炔量不足，这时应放出不纯的乙炔，再重新点火，或适当增加乙炔供气量；如果出现不易点燃的现象，多是因为氧气量过大，这时应微调关小氧气调节阀。

（3）火焰调节。刚开始点燃的火焰多为碳化焰，此时应根据焊件材料及厚度调节乙炔调阀，以获得所需要的火焰能率，然后再调节氧气调节阀，获得所需要的火焰。如需要增大火焰能率，应先打开乙炔调节阀，再打开氧气调节阀。当火焰的能率不能满足要求时，应换大号的焊炬和焊嘴。如需要减少火焰能率，应先关小氧气调节阀，再关小乙炔调节阀。防止调整不当而熄火。

（4）火焰熄灭。当焊接工作结束或中途停止时，必须熄灭火焰。正确的熄火方法是：先顺时针方向旋转乙炔调节阀关闭乙炔，再顺时针方向旋转氧气调节阀关闭氧气，这样可避免出现黑烟和火焰倒袭。

2. 焊缝的起焊

气焊在起焊时，由于焊件温度低，焊嘴倾斜角应大些，这样有利于焊件预热。同时，气焊火焰在起焊部位应往复移动，以便起焊处加热均匀。当起焊点处形成白亮且清晰的熔池时，即可加入焊丝（或不加入焊丝），并向前移动焊嘴进行焊接。

值得一提的是，如果两焊件厚度不同，气焊火焰应稍微偏向厚板一侧，使焊缝两侧温度一致，避免熔池离开焊缝的正中央，而偏向薄板的一侧。

3. 焊丝的填充

在整个焊接过程中，为获得外观漂亮、内部无缺陷的焊缝，气焊工要观察熔池的形状，尽力使熔池的形状和大小保持一致。而且要将焊丝末端置于外层火焰下进行预热。焊件预热至白亮且出现清晰的熔池后，将焊丝熔滴送入熔池，并立即将焊丝抬起，让火焰继续向前移动，以便形成新的熔池，然后再继续向熔池加入焊丝，如此循环，即形成焊缝。

如果使用的火焰能率大，焊件温度高，熔化速度快，焊丝应经常保持在焰芯前端，使熔化的焊丝熔滴连续加入熔池。如果火焰能率小，熔化速度慢，则加入焊丝的速度要相应减小。

在焊接薄件或焊件间隙大的情况下，应将火焰焰芯直接指在焊丝上，使焊丝阻挡部分热量。焊炬上下跳动，阻止熔池前面或焊缝边缘过早地熔化下塌。

4. 焊炬和焊丝的摆动

在焊接过程中，为了获得质量优良、外观美观的焊缝，焊炬和焊丝应做均匀协调的摆动。焊炬和焊丝有规律摆动能使焊件金属便于熔透、焊道均匀，也避免了焊缝金属的过热或烧穿。焊炬摆动基本上有以下三个动作。

①沿焊接方向做前进运动，不断地熔化焊件和焊丝形成焊缝。

②在垂直于焊缝的方向做上下跳动，以便调节熔池的温度，防止烧穿。

③横向摆动，主要是使焊件坡口边缘能很好地熔化，控制熔化金属的流动，防止焊缝产生过热或烧穿等缺陷，从而得到宽窄一致、内在质量可靠的焊缝。

在焊接过程中，焊丝随焊炬也做前进运动，但主要还是做上下跳动运动。在使用气焊熔剂时，焊丝还应做横向摆动，搅拌熔池。焊丝末端在高温区和低温区之间做往复跳动，必须均匀协调，不然会造成焊缝高低不平、宽窄不匀等现象，影响其外观质量。

焊炬和焊丝的摆动方法，与焊件材质、焊件厚度、焊缝空间位置及所要求的焊缝尺寸有关。平焊时焊炬和焊丝常见的摆动方法如图3-9所示，其中前三种摆动方法适用于各种材料的较厚大的焊接及堆焊，第四种摆动方法适用于各种薄件材料的焊接。

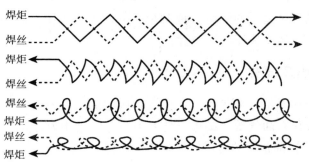

图3-9 平焊时焊炬和焊丝的摆动方法

5. 焊缝接头

在焊接接头时，应当用火焰将原熔池周围充分加热，将已冷却的熔池重新熔化，形成新的熔池后，即可加入焊丝。此时要特别注意，新加入的焊丝熔滴与被熔化的原焊缝金属之间必须充分熔合。在焊接重要焊件时，接头处必须与原焊缝重叠8~10 mm，以得到强度大、组织致密的焊接接头。

6. 焊缝收尾

当一条焊缝焊接至终点，结束焊接的过程称为收尾。此时，由于焊件温度较高，散热条件差，需要减小焊炬的倾斜角，加快焊接速度，并多加入一些焊丝，以防止熔池面积扩大，更重要的是避免烧穿。在收尾时，为了避免空气中的氧气和氮气侵入熔池，可用温度较低的外焰保护熔池，直至将终点熔池填满，火焰才可缓慢离开熔池。气焊收尾时要做到焊炬倾角小、焊接速度快、填充焊丝多、熔池要填满。

7. 回火现象及处理

在气焊、气割工作中有时会发生气体火焰进入喷嘴内逆向燃烧的现象，这种现象称为回火。回火可能烧毁焊（割）炬、管路及引起可燃气体储罐的爆炸。

发生回火的根本原因是混合气体从焊割炬的喷射孔内喷出的速度小于混合气体燃烧速度。由于混合气体的燃烧速度一般不变，凡是降低混合气体喷出速度的因素都有可能发生回火，因此发生回火的具体原因有以下几个方面。

（1）输送气体的软管太长、太细，或者曲折太多，使气体在软管内流动时所受的阻力增大，降低了气体的流速，引起回火。

（2）焊割时间过长或者焊割嘴离工件太近致使焊割嘴温度升高，焊割炬内的气体压力增大，增大了混合气体的流动阻力，降低了气体的流速引起回火。

（3）焊割嘴端面黏附了过多飞溅出来的熔化金属微粒，这些微粒阻塞了喷射孔，使混合气体不能畅通地流出引起回火。

（4）输送气体的软管内壁或焊割炬内部的气体通道上黏附了固体碳质微粒或其他物质，增加了气体的流动阻力，降低了气体的流速以及气体管道内存着氧－乙炔混合气体等引起回火。

由于瓶装乙炔瓶内压力较高，发生火焰倒流燃烧的可能性很少。操作中如果发生回火现象时，无论哪种型号的焊炬（或割炬）立即迅速关闭乙炔阀，然后再关闭氧气阀。如果回火严重，还要拔掉乙炔胶管。

3.2.2　气焊火焰及调节

气焊与气割的热源是气体火焰。产生气体火焰的气体有可燃气体和助燃气体，可燃气体有乙炔、液化石油气等，助燃气体是氧气。工业上常用的可燃气体发热量与火焰温度见表3－5。目前常用的可燃气体是乙炔。

乙炔与氧气混合燃烧而产生的火焰，称作氧乙炔焰。按氧气与乙炔气的不同混合比例，可以将氧乙炔焰分为中性焰、碳化焰（也叫还原焰）和氧化焰三种。

表3－5　可燃气体的发热量与火焰温度

气体名称	发热量/(kJ·m^{-3})	火焰温度/℃	气体名称	发热量/(kJ·m^{-3})	火焰温度/℃
乙炔	52963	3100	天然气（甲烷）	37681	2540
丙烷	85764	2520	煤气	20934	2100
丙烯	81182	2870	沼气	33076	2000
氢	10048	2660	—	—	—
注：火焰的温度指中性焰的温度。					

1. 中性焰

（1）中性焰的特征及应用。在焊炬混合室内，当氧气与乙炔的体积比混合值为1～1.2时，乙炔充分燃烧，燃烧后的气体中既无过剩氧又无过剩乙炔，这种在一次燃烧区内既无过剩氧又无游离碳的火焰称为中性焰。中性焰由焰芯、内焰和外焰三部分组成，如图3－10（a）。

焰芯是火焰中靠近焊炬（或割炬）喷嘴孔的呈尖锥状而发亮的部分，中性焰的焰芯呈光亮蓝白色圆锥形，轮廓清楚，温度为800℃～1 200℃左右。焰芯之外为内焰，内焰的颜色较暗，呈蓝白色，有深蓝色线

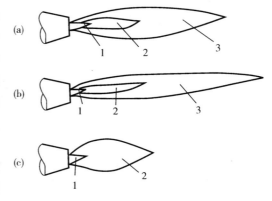

图3－10　氧乙炔焰的构造与形状
（a）中性焰；（b）碳化焰；（c）氧化焰
1－焰芯；2－内焰；3－外焰

条。在焰芯前2~4 mm处温度最高，可达3 050 ℃~3 150 ℃。此区称为焊接区，又称为还原区。内焰的外面是外焰，它和内焰没有明显的界限，只从颜色上可以略加区别，外焰颜色由里向外逐渐由淡紫色变成橙黄色。外焰具有氧化性，它的温度范围约为1 200 ℃~2 500 ℃。

中性焰的焰芯和外焰温度较低，而内焰（距焰芯2~4 mm处）的温度最高（约为3 150 ℃），由于内焰具有还原性，与熔化金属作用使氧化物还原，能改善焊缝力学性能。所以用中性焰焊接时，均利用内焰这部分火焰。中性焰适用于焊接低碳钢、低合金钢等多种金属材料。

（2）中性焰的调节。焊炬点燃后，逐渐开大氧气调节阀，此时，火焰由长变短，火焰颜色由橘红色变为蓝白色，焰芯、内焰及外焰的轮廓都变得特别清楚时，即为标准的中性焰。但要注意，在焊接过程中，由于气体的压力、气体的质量等原因，火焰的性质随时有改变，要注意观察，及时调节，使之始终保持为中性焰。

2. 碳化焰

（1）碳化焰的特征及应用。当焊炬混合室内氧气与乙炔的体积比混合值介于0.85~0.95之间，得到的火焰是碳化焰。它燃烧后的气体中尚有部分乙炔未燃烧，火焰中含有游离碳，具有较强的还原作用，同时也具有一定的渗碳作用。这种火焰明显分为焰心、内焰和外焰三部分，如图3-10（b）所示。

碳化焰的焰芯较长，呈蓝白色，内焰呈淡蓝色，外焰带橘红色。碳化焰三层火焰之间无明显的轮廓。最高温度为2 700 ℃~3 000 ℃。焊接时过剩的乙炔分解为氢和碳，内焰中炽热的炭粒能使氧化铁还原，因此碳化焰也称为还原焰。用碳化焰焊接碳素钢，熔池会因吸收碳粒生成二氧化碳而产生沸腾现象，同时使被焊工件增碳，增加裂纹产生的可能。但有时为了对焊缝增碳和提高焊缝强度和硬度，常使用碳化焰焊接高碳钢、铸铁及硬质合金等材料。

（2）碳化焰的调节。在中性焰的基础上，减少氧气或增加乙炔均可得到碳化焰。这时火焰变长，焰芯轮廓不清，乙炔过多时产生黑烟。焊接时所用的碳化焰，其内焰长度一般为焰芯长度的2~3倍。

3. 氧化焰

（1）氧化焰的特征及应用。当焊炬混合室内氧与乙炔的体积比混合值介于1.3~1.7之间，得到的火焰是氧化焰。燃烧后的气体火焰中，有部分过剩的氧气，这种火焰中有过量的氧，在焰芯外面形成一个有氧化性的富氧区。氧化焰在燃烧过程中氧的浓度极大，氧化反应极为剧烈，因此焰芯、内焰和外焰都缩短，而且内焰和外焰的层次极为不清，因此可以把氧化焰看做是由焰芯和外焰两部分组成，如图3-10（c）所示。氧化焰的焰芯呈淡紫蓝色，轮廓也不太明显，内焰和外焰呈蓝紫色。氧化焰火焰较短，燃烧时会发出急剧的噪声，火焰挺直一氧的比例越大，则整个火焰越短，噪声也越大。氧化焰的最高温度为3 100 ℃~3 300 ℃，整个火焰具有氧化性。所以焊接碳素钢时，会造成熔化金属的氧化和元素的烧损，使焊缝产生气孔，并增强熔池的沸腾现象，从而降低焊缝质量。所以这种火焰较少使用，但焊接黄铜和锡青铜时，利用氧化性生成氧化物薄膜，覆盖在熔池上，可以保护低沸点锌、锡不再蒸发。由于氧化焰温度高，在火焰加热和气割时，也常使用氧化焰。

（2）氧化焰的调节。在中性焰的基础上，逐渐增加氧气，这时整个火焰将缩短，当听到有"嗖嗖"的响声时便是氧化焰。

3.2.3 气焊工艺参数及其选择

气焊参数主要包括焊丝的型号、牌号及直径，气焊熔剂，火焰的性质及能率，焊炬的倾斜角度，焊接方向，焊丝倾角，焊接速度和接头形式等，它们是保证焊接质量的主要技术依据。

1. 接头形式

根据气焊件的接头强度不同，可采用多种接头形式。气焊板-板对接时，经常采用的接头形式为卷边接头、对接接头、角接接头和搭接接头等，如图 3-11 所示。对接接头是气焊采用的主要接头形式，当板厚大于 5 mm 时应开坡口。角接接头、卷边接头一般只在薄板焊接时使用。

气焊棒料接头时，经常采用对接和搭接接头。对接根据直径的大小又分为不开坡口及开 V、X 圆周坡口两种接头形式，一般直径在 3 mm 以下不用开坡口，直径在 3 mm 以上要开坡口。棒料接头形式如图 3-12。

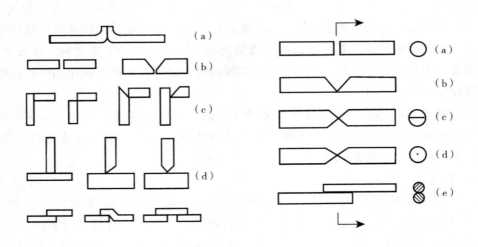

图 3-11　气焊板-板接头形式　　　　图 3-12　棒料接头形式

气焊管子时，气焊接头形式按管子的壁厚的变化，分为不开坡口与开 V 形坡口两种形式。气焊管子接头形式见表 3-6。

表3-6 气焊管子接头形式

示意图	壁厚 δ/mm	间隙 c/mm	钝边 p/mm	坡口角度 α/°
	≤2.5	1.0~2.0	—	—
	2.5~4	1.5~2.0	0.5~1.5	60~70
	4~6	2.0~3.0	1.0~1.5	60~80
	6~10	2.0~3.0	1.0~2.0	60~90
	≥10	2.0~3.0	2.0~3.0	60~90

2. 焊丝的型号、牌号及直径

焊丝的型号、牌号应根据焊件材料的力学性能或化学成分来选择相应性能或成分的焊丝。焊丝直径主要根据焊件的厚度、焊接接头的坡口形式以及焊缝的空间位置等因素来选择。焊件的厚度越厚，所选择的焊丝越粗。焊件厚度与焊丝直径关系见表3-7。

表3-7 焊件厚度与焊丝直径关系

焊件厚度/mm	1.0~2.0	2.0~3.0	3.0~5.0	5.0~10.0	10~15
焊丝直径/mm	1.0~2.0	2.0~3.0	3.0~4.0	3.0~5.0	4.0~6.0

如果焊丝直径过细，焊接时焊件尚未熔化，而焊丝很快熔化下滴，容易造成未熔合缺陷；如果焊丝直径过粗，焊丝加热时间延长，使焊件过热，就会扩大热影响区的宽度，产生过热组织，降低焊接接头质量。

焊件开坡口的第一层焊缝应选用较细的焊丝，以利于焊透，以后各层可采用较粗焊丝。

焊缝的空间位置与焊丝直径也有关系，一般平焊时可用较粗焊丝，而立焊、横焊、仰焊可用较细焊丝，以免熔滴下坠形成焊瘤。

3. 气焊熔剂

气焊熔剂的选择要根据焊件的成分及其性质而定，一般碳素结构钢气焊时不需要气焊熔剂。而不锈钢、耐热钢、铸铁、铜及铜合金、铝及铝合金气焊时，则必须采用熔剂。

4. 火焰种类及能率

气焊火焰的种类，应该根据不同材料的焊件合理选择。中性焰适用于焊接一般低碳钢和要求焊接过程对熔化金属不渗碳的金属材料，如不锈钢、紫铜、铜、铝及铝合金等；碳化焰只适用于含碳较高的高碳钢、铸铁、硬质合金及高速钢的焊接；氧化焰很少采用，但焊接黄铜时，采用含硅焊丝，氧化焰会使熔化金属表面覆盖一层硅的氧化膜可阻止黄铜中锌的蒸发，故焊接黄铜时，宜采用氧化焰。各种金属材料气焊火焰的选用见表3-8。

表3-8　金属材料气焊火焰的选择

母材	应用火焰	母材	应用火焰
低碳钢	中性焰	铬不锈钢	中性焰或轻微碳化焰
中碳钢	中性焰	铬镍不锈钢	中性焰
低合金钢	中性焰	纯铜	中性焰
高碳钢	轻微碳化焰	黄铜	轻微氧化焰
锰钢	轻微氧化焰	锡青铜	轻微氧化焰
灰铸铁	碳化焰或轻微碳化焰	铝及铝合金	中性焰或轻微碳化焰
镀锌铁板	轻微氧化焰	铅、锡	中性焰或轻微碳化焰

气焊火焰的能率是按每小时混合气体消耗量来表示的。可燃气体的消耗量是由焊炬型号及焊嘴号码的大小来决定的。焊嘴孔径越大，火焰能率也就越大；反之则越小。焊炬型号及焊嘴号码的大小，主要是根据焊件的厚度、金属材料的热物理性质（熔点及导热性等）以及焊缝的空间位置来选择的。

在焊接厚大焊件、熔点较高的金属材料及导热性好的材料时（如铜、铝及其合金），要选用较大的焊炬型号及焊嘴号码，即选用较大的火焰能率。这样才能使焊件有足够的热输入，保证焊件焊透。焊接薄小焊件、熔点较低且导热性差的金属材料时，要选用较小的焊炬型号及焊嘴号码，即选用较小的火焰能率，以免焊件被烧穿和使焊缝组织过热。平焊时可选用稍大一些的火焰能率，以提高生产率，立焊、横焊、仰焊时火焰能率要适当减少，以免熔滴下坠造成焊瘤。

目前，广泛使用的是射吸式焊炬，根据焊件的厚度合理选择焊炬型号及焊嘴号码，见表3-9。

在焊接过程中，需要的热量是随时变化的。刚开始焊接时，整个焊件温度低，需要热量多。焊接过程中，焊件温度不断提高，需要的热量相应减少，这时可把火焰调小一点或减小焊嘴与焊件的倾斜角度以及采用间断焊接的方法，来达到调整热量的目的。

在实际生产中，为了提高焊接生产率，在保证焊缝质量的前提下，通常尽量采用较大的火焰能率。

表3-9 射吸式焊炬的主要技术数据

焊炬型号	焊嘴号码	焊嘴孔径 /mm	焊接范围 /mm	氧气压力 /MPa	乙炔压力 /MPa	氧气耗量 /(m³·h⁻¹)	乙炔耗量 /(m³·h⁻¹)
H01-6	1	0.9	1~2	0.2	0.001~0.1	0.15	0.17
	2	1.0	2~3	0.25		0.20	0.24
	3	1.1	3~4	0.3		0.24	0.28
	4	1.2	4~5	0.35		0.28	0.33
	5	1.3	5~6	0.4		0.37	0.43
H01-12	1	1.4	6~7	0.4	0.001~0.1	0.37	0.43
	2	1.6	7~8	0.45		0.49	0.58
	3	1.8	8~9	0.5		0.65	0.78
	4	2.0	9~10	0.6		0.86	1.05
	5	2.2	10~12	0.7		1.10	1.21
H01-20	1	2.4	10~12	0.6		1.25	1.5
	2	2.6	12~14	0.65		1.45	1.7
	3	2.8	14~16	0.7		1.65	2.0
	4	3.0	16~18	0.75		1.95	2.3
	5	3.2	18~20	0.8		2.25	2.6

注：①气体消耗量为参考数据。

②焊炬型号含义：H—焊炬；0—手工；1—射吸式；6、12、20—能焊接低碳钢的最大厚度。

5.焊嘴倾斜角度

焊嘴的倾斜角度是指焊嘴的中心线与焊件平面间的夹角。焊炬倾斜角的大小主要是依据焊件厚度、焊嘴大小和金属材料的熔点及导热性来选择的。焊嘴倾斜角大，则火焰集中，热量损失小，焊件得到的热量多，升温快；焊嘴倾斜角小，则火焰分散，热量损失大，焊件获得的热量少，升温慢。所以焊件越厚，焊嘴的倾

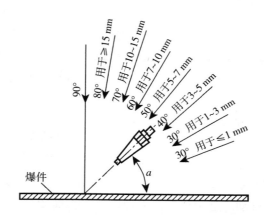

图3-13 低碳钢焊接时焊嘴倾斜角与焊件厚度的关系

斜角应越大。焊件越薄，焊嘴的倾斜角越小。如果焊嘴选用大一些，焊炬的倾斜角可小一些，反之则反。

图 3 – 13 所示为焊接低碳钢时，焊嘴倾斜角与焊件厚度的关系。

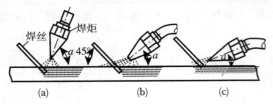

在焊接过程中，焊嘴的倾斜角是需要改变的。开始焊接时，为了较快地加热工件和迅速形成熔池，焊嘴倾斜角可为 80° ~ 90°。当焊接快要结束时，为了更好地填满弧坑和避免烧穿，可将焊

图 3 – 14　焊接过程中焊嘴倾斜角变化示意图

嘴的倾斜角减小，使焊嘴对准焊丝加热，并使火焰上下跳动，断续地对焊丝和熔池加热。焊接过程中，焊嘴倾斜角的变化情况如图 3 – 14 所示。

6. 焊丝倾角

焊丝的主要作用是填充焊接熔池并形成焊缝。在各种位置焊接时，焊丝头部始终应在火焰尖上。焊丝倾角与焊件厚度、焊嘴倾角有关。当焊件厚度大时，焊嘴倾斜度也大，则焊丝的倾斜度小。当焊件厚度小时，焊嘴倾斜度也小，则焊丝的倾斜度大，焊丝倾角一般为 30° ~ 40°。

7. 焊接方向

气焊时，按照焊炬和焊丝的移动的方向，可分为左向焊法和右向焊法两种。

（1）左焊法如图 3 – 15（a）所示，焊炬是指向焊件未焊部分，焊接过程自右向左，而且焊炬是跟着焊丝走。这种焊接法，使气焊工能够清楚地看到熔池边缘，所以能焊出宽度均匀的焊缝；由于焊炬火焰指向焊件未焊部分，对工件金属有预热作用，因此焊接薄板时，生产效率高。这种焊接方法容易掌握，应用普遍。缺点是焊缝易氧化，冷却速度快，热量利用率低，因此适用于焊接 5 mm 以下的薄板或低熔点金属。

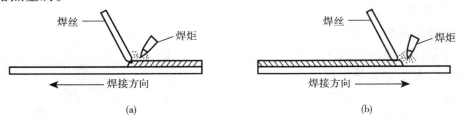

图 3 – 15　左焊法和右焊法示意图

（a）左焊法；（b）右焊法

（2）右焊法如图 3 – 15（b）所示，焊炬指向焊缝，焊接过程自左向右，焊炬在焊丝前面移动。这种焊接法，焊炬火焰指向焊缝，火焰可以罩住整个熔池，保护了熔化金属，防止焊缝金属的氧化和产生气孔，减慢焊缝的冷却速度，改善了焊缝组织。右焊法适用于厚度大、熔点及导热性较高的工件。右焊法的缺点主要是不易看清已焊好的焊缝，操作难度高，一般较少采用。

8. 焊接速度

焊接速度直接影响焊接生产率和焊件质量。因此，必须根据不同焊件结构、焊件材料、焊件材料的热导率来正确地选择焊接速度。

一般说来，对厚度大、熔点高的焊件，焊接速度要慢些，以免产生未熔合、未焊透等缺陷。对厚度小、熔点低的焊件，焊接速度要快些，以免烧穿或使焊件过热，降低产品质量。另外，焊接速度还要根据焊工的熟练程度、焊缝空间位置及其他条件来选择。在保证焊接质量的前提下，焊接速度应尽量快，以提高焊接生产率。

3.2.4 气焊缺陷及防止

1. 焊缝尺寸不符合要求

焊缝表面形状高低不平，焊缝余高过高或过低。焊缝宽度不匀，有的部位焊缝太宽，有的部位焊缝太窄。焊缝尺寸不符合要求，不仅造成焊缝成型不美观，而且还会造成应力集中，影响结构的安全使用。

产生原因：工件坡口角度不当或装配间隙不均匀，火焰能率过大或过小，焊丝和焊炬的角度选择不合适和焊接速度不均匀。

防止方法：熟练地掌握气焊的基本操作技术，焊丝和焊炬的角度要配合好，焊接速度要力求均匀，选择适当的焊接火焰能率。

2. 咬边

咬边是指由于焊接参数选择不正确，或操作方法不正确，沿着焊缝的母材部位产生的沟槽或凹槽。由于咬边会使基本金属的有效截面减小，不仅会减弱焊接接头的强度，而且在咬边处引起应力集中，承载后有可能在此处产生裂纹。

产生原因：火焰能率过大，焊嘴倾斜角度不当，焊嘴与焊丝摆动不当等。

防止方法：火焰能率要适当，焊嘴与焊丝摆动要适宜。

3. 烧穿

在焊接过程中由于焊接参数选择不当，操作工艺不良或者焊件装配不好等原因造成熔化金属自坡口背面流出，形成的穿孔现象称为烧穿。烧穿不仅影响焊缝的外观质量，而且使该处焊缝的强度显著减弱，应尽量避免此缺陷的产生。

产生原因：火焰能率过大，焊接速度过慢，焊件装配间隙太大等。

防止方法：选择合适的火焰能率和焊接速度，焊件的装配间隙不应太大，且在整条焊缝上保持一致。

4. 焊瘤

在焊接过程中，熔化金属熔敷在未熔化的基本金属上所形成的金属瘤，称为焊瘤。焊瘤不仅影响焊缝外表美观，而且焊瘤下面常有未焊透缺陷，易造成应力集中。管道内部的焊瘤，还会影响管内的有效面积，甚至造成堵塞现象。在立焊和横焊时较易产生。

产生原因：火焰能率太大，焊接速度过慢，焊件装配间隙太大，焊丝和焊炬角度不当等。

防止方法：在进行立焊和横焊时火焰能率应比平焊时小一些，焊件装配间隙不能太大。

5. 夹渣

焊渣残留于焊缝金属中的现象称为夹渣。夹渣对接头的性能影响比较大，因夹渣多数呈不规则的多边形，其尖角会引起很大的应力集中，往往导致裂纹的产生。

产生原因：工件边缘未清除干净，火焰能率太小，熔化金属和熔渣所得到热量不足，流动性低，而且熔化金属凝固速度快，熔渣来不及浮出，焊丝和焊炬角度不当等。

防止方法：认真清除焊件边缘铁锈和油污，选择合适的火焰能率，注意熔渣的流动方向，随时调整焊丝和焊炬角度，使熔渣能顺利地浮出熔池。

6. 未焊透

焊接时接头根部未完全熔透的现象称为未焊透。该缺陷不仅降低了焊接接头的力学性能，而且在未焊透处形成应力集中点，承载后往往会引起裂纹。

产生原因：接头的坡口角度小，焊件间隙过小或钝边过厚，火焰能率小或焊接速度过快。

防止方法：正确选用坡口形式和适当的焊件装配间隙，并清除掉坡口两侧污物，正确选择火焰能率，调整焊接速度。

7. 气孔

焊接熔池中的气体在焊缝金属凝固时未能来得及逸出，而残留在焊缝金属中所形成的空穴称为气孔。气孔缺陷减小了焊缝的有效工作面积，使焊缝的力学性能下降，破坏了焊缝金属的致密性。

产生原因：焊接接头周围的空气，气焊火焰燃烧分解的气体，工件上铁锈、油污、油漆等杂质受热后产生的气体，以及使用返潮的气焊熔剂受热分解产生的气体，所有这些气体都不断与熔池发生作用，一些气体通过化学反应或溶解等方式进入熔池，使熔池的液体金属吸收了相当多的气体。在熔池结晶过程中，如果熔池的结晶速度比较快，这些气体来不及排出，则留在焊缝中的气体就成为气孔。

防止方法：施焊前应将焊缝两侧 20～30 mm 范围内的铁锈、油污、油漆等杂质清除干净。气焊熔剂使用前应保持干燥，防止受潮。根据实际情况适当放慢焊接速度，使气体能从熔池中充分逸出。焊丝和焊炬的角度要适当，摆动要正确。提高焊工的操作技术。

8. 裂纹

焊缝或热影响区中，因焊接应力及其他致脆因素共同作用，材料的原子结合遭到破坏，形成新界面产生的缝隙称为焊接裂纹。焊接裂纹是一种危害性最大的缺陷，除了降低焊接接头的强度外，还因裂纹的末端有一个尖锐的缺口，会引起应力集中。这种裂纹在结构承载后，将成为结构断裂的起源，所以在焊接结构中，不允许有裂纹存在。

按照裂纹产生的时间、温度以及外观特征等，裂纹可分为热裂纹和冷裂纹。

（1）热裂纹。产生原因是因为当熔池冷却结晶时，由于收缩受到母材的阻碍，使熔池受到了一个拉应力的作用。熔池金属中的碳、硫等元素和铁形成低熔点的化合物。这些低熔点化合物在熔池金属大部分凝固的状态下，它们还以液态存在，形成液态薄膜。在拉应力的作用下，液态薄膜被破坏，结果形成热裂纹。防止的方法是，严格控制母材和焊接材料的化学成分，严格控制碳、硫、磷的含量。控制焊缝断面形状，焊缝宽深比要适当。对刚度大的构件，应选择合适的焊接参数和合理的焊接顺序和方向。

（2）冷裂纹。产生原因是焊缝金属在高温时溶解氢量多，低温时溶解氢量少，残存在固态金属中形成氢分子，从而形成很大的内压力。焊接接头内存在较大的内应力。被焊工件的淬透性较大，则在冷却过程中会形成淬硬组织。这就是产生焊接冷裂纹的三要素。防止的方法是，严格去除焊缝坡口附近和焊丝表面的油污、铁锈等污物，减少焊缝中氢的来源。选择合适的焊接参数，防止冷却速度过快形成淬硬组织。焊前预热和焊后缓冷，改善焊接接头的金相组织，降低热影响区的硬度和脆性，加速焊缝中的氢向外扩散，起到减少焊接应力的作用。

9．错边

错边是指两个焊件（板或管）没有对正而造成板或管的中心线平行偏差。

产生原因：由于对接的两个焊件没有对正，而使板或管的中心线存在平行偏差的缺陷。

防止方法：板或管进行定位焊时，一定要将板或管的中心线对正。

3.3 气割工艺

气割设备简单，操作方便，生产效率高，成本低，并能在各种位置进行切割，能在钢板上切割各种形状复杂的零件。因此，它被广泛地用于低碳钢、低合金钢钢板下料和铸钢件的浇冒口的切割。当气割淬火倾向大的高碳钢和强度等级较高的低合金高强钢时，为了避免切口淬硬或产生裂纹，应采取适当加大预热火焰能率和放慢切割速度，甚至气割前应先对钢材采取预热等措施。随着各种自动、半自动气割设备和新型割嘴的推广，气割效率大为提高，应用范围也在日益扩大。

3.3.1 气割的基本原理

氧气切割是金属在切割氧射流中剧烈燃烧（氧化），产生大量的反应热，并生成氧化铬熔渣，同时利用切割氧流的动能吹除熔渣，使割件形成切口的过程。它包括下列三个阶段。

（1）气割开始时，用预热火焰将切割处的金属预热到燃烧温度（燃点）。

（2）向被加热到燃点的金属喷射切割氧，使金属剧烈地燃烧。

（3）金属燃烧氧化后产生反应热和生成熔渣，熔渣被切割氧吹除，燃烧产生的热量和预热火焰热量将下层及前沿的金属加热到燃点，一方面使氧和金属的燃烧不断深入直至割穿，另一方面随着割炬的移动，切割成所需的形状和尺寸。

氧气切割过程是预热—燃烧—吹渣的过程。但并不是所有的金属都能满足这个过程的要求，而只有符合下列条件的金属才能进行氧气切割。

（1）金属在氧气中的燃点必须低于熔点，不然金属在未燃烧之前熔化，就不能实现切割过程。

（2）金属的熔点应高于其氧化物的熔点，不然被加热金属表面上的高熔点氧化物，会阻碍下层金属与切割氧射流的接触，而使气割发生困难。

（3）金属在切割氧流中燃烧应是放热反应，用此热量来维持切割过程的持续进行。如果金属燃烧是吸热反应，使下层金属得不到预热，切割过程就不能继续进行下去。

（4）金属导热性应小，否则如导热太快，切口金属温度很难达到燃点，切割过程就不能进行。

（5）在金属中阻碍切割过程和提高钢的可淬性的杂质要少，这样才能保证切割过程的正常进行。同时，切割后在切口表面不应产生裂纹等缺陷。

金属的氧气切割过程取决于上述五个条件，对铁和低碳钢的切割均能满足，所以能顺利地进行气割。

3.3.2 气割参数的选择

气割参数主要包括切割氧压力、预热火焰能率、割嘴与被割工件表面的距离、割嘴与被割工件表面的倾斜角和切割速度等。

1. 切割氧压力

在气割工艺中，切割氧压力与焊件厚度、割炬型号、割嘴号码以及氧气纯度等因素有关。一般情况下，焊件越厚，所选择的割炬型号、割嘴号码较大，要求切割氧压力也越大；焊件较薄时，所选择的割炬型号、割嘴号码较小，则要求切割氧压力较低。切割氧压力过低，会使切割过程缓慢，易出现粘渣现象，甚至不能将工件的厚度全部割穿。切割氧压力过大，不仅造成氧气浪费，而且使切口表面粗糙，切口加大，气割速度反而减慢。切割氧压力与割件厚度、割炬型号、割嘴号码的关系见表3-10。

2. 预热火焰能率

切割时，预热火焰应采用中性焰，碳化焰因有游离状态的碳，会使切口边缘增碳，故不能使用。预热火焰的作用是提供足够的热量把被割工件加热到燃点，并始终保持在氧气中燃烧的温度。

预热火焰能率与焊件厚度有关。焊件越厚，火焰能率应越大。所以，火焰能率主要是由割炬型号和割嘴号码决定的，割炬型号和割嘴号码越大，火焰能率也越大。预热火焰能率与工件的关系，见表3-10。

表 3 – 10　射吸式割炬的主要技术数据

割炬型号	割嘴号码	割嘴孔径/mm	切割厚度范围（低碳钢）/mm	气体压力/MPa		气体耗量/（m³/h）	
				氧气	乙炔	氧气	乙炔
G01 – 30	1	0.7	3.0 ~ 10	0.20		0.8	0.21
	2	0.9	10 ~ 20	0.25		1.4	0.24
	3	1.1	20 ~ 30	0.3		2.2	0.31
G01 – 100	1	1.0	20 ~ 40	0.3	0.001 ~ 0.1	2.2 ~ 2.7	0.35 ~ 0.4
	2	1.3	40 ~ 60	0.4		3.5 ~ 4.2	0.4 ~ 0.5
	3	1.6	60 ~ 100	0.5		5.5 ~ 7.3	0.5 ~ 0.61
G01 – 300	1	1.8	100 ~ 150	0.5		9.0 ~ 10.8	0.68 ~ 0.78
	2	2.2	150 ~ 200	0.65		11 ~ 14	0.8 ~ 1.1
	3	2.6	200 ~ 250	0.8		14.5 ~ 18	1.15 ~ 1.2
	4	3.0	250 ~ 300	1.0		19 ~ 26	1.25 ~ 1.6

注：①气体消耗量为参考数据
②割炬型号含义：G—割炬；0—手工；1—射吸式；30、100、300—能切割低碳钢的最大厚度。

预热火焰能率过大，会使切口上边缘熔化，切割面变粗糙，切口下缘挂渣等。预热火焰能率过小时，割件得不到足够的热量，使切割速度减慢。甚至使切割过程中断而必须重新预热起割。

3. 割嘴与被割工件表面的距离

割嘴与被割工件表面的距离应根据工件的厚度而定，一般情况下火焰焰芯至割件表面的距离应控制在 3 ~ 5 mm；如果距离过小，火焰焰芯触及工件表面，不但会引起切口上缘熔化和切口渗碳的可能，而且喷溅的熔渣会堵塞割嘴。如果距离过大，会使预热时间加长。

4. 割嘴与被割工件表面的倾斜角

气割时，割嘴向切割方向倾斜，火焰指向已割金属称作割嘴前倾。割嘴与被割工件表面的倾斜角直接影响气割速度和后拖量。割嘴沿气割方向向后倾斜一定角度，可减少后拖量，从而提高了切割速度。进行直线切割时，应充分利用这一特点来提高生产效率。

割嘴倾斜角的大小，主要根据工件厚度而定。切割 30 mm 以下厚度钢板时，割嘴可后倾 20° ~ 30°。切割大于 30 mm 厚钢板时，开始气割时应将割嘴向前倾斜 5° ~ 10°；待全部厚度割透后再将割嘴垂直于工件；当快割完时，割嘴应逐渐向后倾斜 5° ~ 10°。割嘴的倾斜角与工件厚度的关系，如图 3 – 16 所示。

5. 切割速度

切割速度与工件厚度和使用的割嘴形状有关。工件越厚，切割速度越慢；反之工件

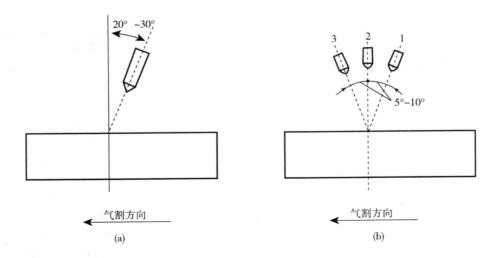

图3-16 割嘴与工件表面的倾斜角

（a）厚度小于30 mm；（b）厚度大于30 mm

越薄，气割速度应越快。合适的切割速度是火焰和熔渣以接近于垂直的方向喷向工件的底面，这样的切口质量好。切割速度太慢，会使切口边缘熔化；切割速度过快，则会产生很大的后拖量或割不穿现象。所谓后拖量，就是在切割过程中，切割面上的切割氧流轨迹的始点与终点在水平方向上的距离，氧乙炔切割的后拖量如图3-17所示。

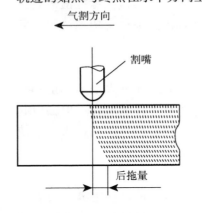

图3-17 氧乙炔切割的后拖量

由于各种原因，后拖量现象是不可避免的，这种现象在切割厚板时更为明显。因此，切割速度选多大，应以尽量使切口产生的后拖量比较小为原则，以保证气割质量和降低气体消耗量。

3.3.3 气割质量的评定

切割面质量是评定气割质量的依据，而切割面质量是根据切割面平面度、割纹深度、缺口的最小间距三项参数进行分等，而后拖量、上缘熔化度、挂渣不作质量分等评定。

1. 切割面平面度

切割面平面度（u）是指过所测部位切割面上的最高点和最低点，按切割面倾角方向所做两条平行线的间距，如图3-18所示。

2. 割纹深度

是指在沿切割方向20 mm长的切割面上，以理论切割线为基准的轮廓峰顶线与轮廓谷底线之间的距离（h），如图3-19所示。

3. 缺口的最小间距

在切割面上两缺口之间的最小间距为缺口的最小间距（L）。缺口是指在切割面上

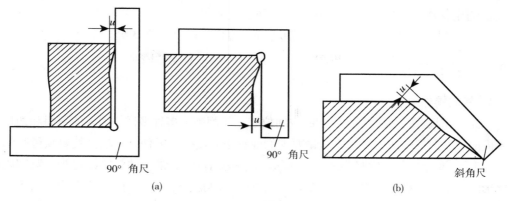

图 3 – 18 切割面平面度

（a）垂直切割面；（b）斜切割面

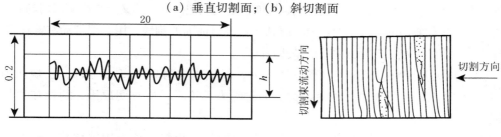

图 3 – 19 割纹深度   图 3 – 20 缺口

形成的宽度、深度及形状不规则的缺陷，见图 3 – 20，它使均匀的切割面产生中断。

4. 切割面质量等级

切割面质量等级分 I、II 两级（表 3 – 11）。切割面平面度、割纹深度的分等取值可参阅 JB/T10045.3—1999 标准中的有关内容。I 级质量中缺口最小间距应大于或等于 2 000 mm，II 级质量中缺口最小间距应大于或等于 1 000 mm。

表 3 – 11 切割面质量分等

切割面质量	切割面平面度 u	割纹深度 h
I 级	1 等和 2 等	1 等和 2 等
II 级	1 等 ~3 等	1 等 ~3 等

切割表面质量样板是用做鉴定切割面质量，用样板在现场作对比测量，对比得出的切割面质量等级即作为评定结果。

测量切割面平面度和割纹深度对应在没有缺陷的切割面上进行。测量不应在切割始端及终端进行，并将火焰切割工件的上边视为基准平面，但该平面必须平整和洁净。

测量部位的数目、位置与工件的形状、尺寸有关，有时还与应用目的有关。

（1）I 级。在每米切割长度上应至少有 2 个测量部位。每个测量部位对切割面平面度应测定 3 次，各距离 20 mm；对割纹深度应测量 1 次。

（2）II 级。在每米切割长度上应至少有 1 个测量部位。每个测量部位对切割面平面度应测定 3 次，各距离 20 mm；对割纹深度应测量 1 次。

上述对割纹深度的测定部位，应距切口上边切口厚度的 2/3 处。

3.3.4 手工气割操作

1. 气割操作要点

（1）气割姿势。根据割件所在的空间位置，气割姿势多种多样，因人的习惯和切口形式不同而异，但都要在满足气割质量要求的前提下，使操作方便、轻松。其要领可归纳为"人要蹲稳，割炬捏紧，呼吸要细，手勿抖动，平稳前移"。常用的气割姿势为：双脚成外八字形蹲在割件一侧，右臂靠住右膝盖，左臂悬空在两腿中间，有利于移动割炬。右手握住割炬手把，并用右手的食指把住预热氧的调节阀，以利于调整火焰和回火时的及时处理。左手的大拇指和食指把住切割氧的调节阀，既能稳定割炬把握方向，又能快速关掉切割氧，其余三个手指托住割炬的混合气管部分。眼睛注视割口前面的割线，用右腿带动右臂和割炬，保证手持割炬的平稳。气割方向一般是从右向左。

（2）点火及调整。点火前调整气体压力，氧气压力为 0.4 ~ 0.5 MPa，乙炔压力为 0.001 ~ 0.01 MPa。检查割炬的射吸力，如射吸力不正常，应查明原因，检修或更换新割炬。

点火后应将火焰调节为中性焰，也可为轻微的氧化焰，禁止用碳化焰。调好火焰后，打开气割氧阀门，增大氧气流量，观察气割氧气流（风线）形状，应为笔直而清晰的圆柱体，并有适当的长度，以保证切口表面光滑干净、宽窄一致。若氧气流形状不规则，应关闭所有阀门，用通针或修理工具修整割嘴。调整好氧气流和预热火焰后，关闭气割氧调节阀，准备起割。

（3）起割。起割点应在割件的边缘，待割件边缘预热到呈现亮红色时（接近熔点温度），慢慢开启气割氧调节阀，然后向待割部分移动，然后进一步加大气割气流，当看到割件下面有氧化铁熔渣随氧气流飞出，并发出"啪啪"响声时，说明边缘部分已经被割透，割炬即可根据割件的厚度以适当的速度向前移动。

当割件的起割处一侧有余量时，则可从余量的地方起割，然后再移至割线上。如果割线的两侧没有余量，则起割时应特别小心，在慢慢加大气割氧的同时，要随即把割嘴向前移动，如停止不动，会造成氧气流返回的气流扰动，在该处周围出现较深的沟槽。

（4）气割。保持熔渣的流动方向基本上与切口垂直，后拖量尽量少，注意控制和调整割嘴与割件表面的距离和割嘴的倾角，防止鸣爆、回火和熔渣飞溅伤人。气割过程中，由于割嘴过热或堵塞等原因引起回火，火焰突然熄灭时，应立即将气割氧调节阀关闭，同时关闭预热火焰氧气调节阀，再关闭乙炔阀，回火就能停止。过一段时间再重新点燃火焰进行气割。气割时应密切注视切口及割线，如果切口变宽，可能是氧气流形状不正常，应立即停下修理割嘴。如果由于气割速度过快或其他原因引起割件表面返出氧化熔渣，说明该处没割透，应立即关闭气割氧，并在此处重新预热气割。

如果割缝有长有短，在气割时应先割长缝，后割短缝。在割长缝中途需要停顿时，应在交叉点处停割，不要在交叉点的前后两侧停割。

整个切割过程中割炬运行要均匀，割嘴与割件的距离要保持不变。

（5）更换位置。当气割成一定长度（300～500 mm）割缝时，需要变换一下身体位置时，先关闭气割氧调节阀，快速移动身体位置后，再对割缝的割头处做适当预热后继续起割。割件较薄时，在关闭气割氧的同时，火焰应迅速离开割件表面。

（6）停割。气割临近终点时，割嘴应沿气割方向略向后倾斜一定角度，使钢板下部先割透，然后将钢板割断，以使收尾割缝整齐。气割结束，应先关闭气割氧调节阀，并将割炬抬起，再关闭乙炔调节阀，最后关闭预热氧阀。如果停止工作时间较长，应将氧气减压器和乙炔减压器的调整螺丝旋松，并且关闭氧气瓶阀和乙炔瓶阀。收起割炬及胶管，清扫工作场地。

2. 气割操作技术

（1）气割直线。正确的气割顺序是：先割长缝，后割短缝，在交叉切口处停割，避免停在交叉切口的两边；气割长直线缝时，身体不要下弯太低，沿气割方向不要倾斜太大，因此，要求每次移动距离和位置要适中，一般移动距离为300～500 mm。在移动前将割嘴沿切口方向往回带，并立即抬起。

（2）气割打孔从中间气割厚板时，一般先在靠近起割处的余料部位上气割打孔，在不造成气割缺陷的情况下，应尽量靠近起割线，然后再引到起割处。如果打孔必须在气割线上进行时，割嘴应向气割方向倾斜，在不影响排渣的情况下，尽量使割嘴距割件表面近些，以减少气割打孔的尺寸。

气割打孔时，割嘴应与割件倾斜一定的角度，以便熔渣飞出，但倾斜方向不要对着切口，打孔后引入气割线，割嘴转为垂直角度进行正常气割。

（3）钢板的气割。

① 4 mm 厚度以下薄钢板的气割。4 mm 厚度以下钢板气割时，选用较小的预热火焰能率和较快的切割速度，割嘴应后倾25°～45°，割嘴与工件表面的距离应保持10～15 mm。这样不仅可以使钢板减小变形，而且钢板的正面棱角不易被熔化，背面的挂渣易于清除。

②中等厚度钢板的气割。4～20 mm 中等厚度钢板气割时，从预热火焰的焰芯到工件表面的距离应保持在2～4 mm，割嘴应后倾20°～30°，切割氧流的长度应超过板厚的1/3。随着钢板厚度的增加，预热火焰能率适当增大，后倾角逐渐减小，切割速度要相应随之减慢。

③大厚度钢板的气割。20 mm 厚度以上钢板气割时，应选用切割能力较大的割炬及较大号割嘴，以提高预热火焰能率。

气割前，先调整割嘴和切割线两侧平面的夹角为90°，如图3－21所示，以减少机械加工量。

气割前，先用较大能率的预热火焰加热割件边缘的棱角处，待被预热到燃烧温度时，再慢慢地打开切割氧调节阀，并将割嘴向切割方向倾斜20°～30°，当割件边缘全部被割穿时，即可加大切割氧流，并使割嘴垂直于割件，然后使割嘴沿切割线做横向月牙形摆动，同时沿切割线缓慢向前移动。

在整个气割过程中，必须保持切割速度均匀一致，并应不断地调节预热氧调节阀，以保持一定的预热火焰能率，否则将会影响切口的质量。若遇到割不穿的情况时，应立即停止气割，以免发生气体涡流，使熔渣在切口中旋转，切割面产生凹坑，如图 3－22 所示。重新起割时应选择另一端作为起割点。

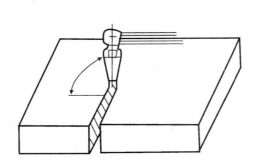

图 3－21　割嘴与割线两侧平面的夹角 　　　　　　　图 3－22　凹坑

气割临近结束时，应慢慢地将割嘴向后倾斜20°～30°，并适当地放慢切割速度，以减少后拖量，并使整条切口完全割断。

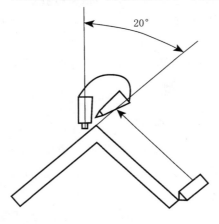

图 3－23　5 mm 以下角钢的气割方法

（4）角钢的气割。气割角钢厚度在 5 mm 以下时，一方面切口容易过热，氧化渣和熔化金属粘在切口下口，很难清理，另一方面直角面常常割不齐。为了防止上述缺陷，采用一次气割完成。可将角钢两边着地放置，先割一面时，将割嘴与角钢表面垂直。气割到角钢中间转向另一面时，将割嘴与角钢另一表面倾斜20°左右，直至角钢被割断，如图 3－23 所示。这种一次气割的方法，不仅使氧化渣容易清除，直角面容易割齐，而且可以提高工作效率。

气割角钢厚度在 5 mm 以上时，如果采用两次气割，不仅容易产生直角面割不齐的缺陷，还会产生顶角未割断的缺陷。所以最好也采用一次气割。把角钢一面着地，先割水平面，割至中间角时，割嘴就停止移动，割嘴由垂直转为水平再往上移动，直至把垂直面割断。如图 3－24 所示。

（5）槽钢的气割。气割10#以下的槽钢时，槽钢断面常常割不整齐。所以把开口朝地放置，用一次气割完成。先割垂直面时，割嘴可和垂直面成90°，当要割至垂直面和水平面的顶角时，割嘴慢慢转为和水平面成45°左右，然后再气割，当将要割至水平面和另一垂直面的顶角时，割嘴慢慢转为与另一垂直面成20°左右，直至槽钢被割断，如图3-25所示。

气割10#以上的槽钢时，把槽钢开口朝天放置，一次气割完成。起割时，割嘴和先割的垂直面成45°左右，割至水平面时，割嘴慢慢转为垂直，然后再气割，同时割嘴慢慢转为往后倾斜30°左右，割至另一垂直面时，割嘴转为水平方向再往上移动，直至另一垂直面割断，如图3-26所示。

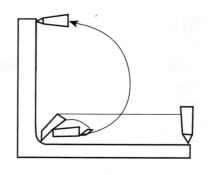

图3-24　5 mm以上角钢的气割方法

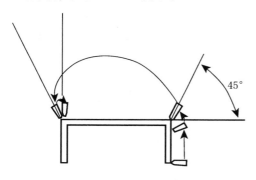

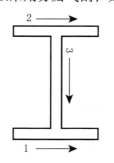

图3-25　10#以下槽钢的气割方法　　图3-26　10#以上槽钢的气割方法

（6）工字钢的气割。割工字钢时，一般都采用三次气割完成。先割两个垂直面，后割水平面。但三次气割断面不容易割齐，这就要求焊工在气割时力求割嘴垂直，如图3-27所示。

（7）圆钢的气割。气割圆钢时，要从侧面开始预热。预热火焰应垂直于圆钢表面。开始气割时，在慢慢打开高压氧调节阀的同时，将割嘴慢慢转为与地面相垂直的方向。这时加大气割氧气流，使圆钢割透，每个切口最好一次割完。如果圆钢直径较大，一次割不透，可以采用分瓣气割，如图3-28所示。

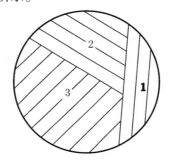

图3-27　工字钢的气割方法　　图3-28　圆钢的气割方法

（8）钢管的气割。

①转动钢管的气割。气割可转动管子时，可以分段进行。即气割一段后，将管子转动一适当的位置，再继续进行气割。一般直径较小的管子可分为2~3次割完，直径

较大的管子分多次割完，但分段越少越好。

首先，预热火焰垂直于管子表面。开始气割时，在慢慢打开高压氧调节阀的同时，将割嘴慢慢转为与起割点的切线成70°~80°，在气割每一段切口时，割嘴随切口向前移动而不断改变位置，以保证割嘴倾斜角度基本不变，直至气割完成，如图3-29所示。

②水平固定管的气割。气割水平固定管时，从管子的底部开始，由下向上分两部分进行气割（即从时钟的6点位置到12点位置）。与滚动钢管的气割一样，预热火焰垂直于管子表面。开始气割时，在慢慢打开高压氧调节阀的同时，将割嘴慢慢转为与起割点的切线成70°~80°角，割嘴随切口向前移动而不断改变位置，以保证割嘴倾斜角度基本不变，直至割到水平位置后，关闭切割氧，再将割嘴移至管子的下部气割剩余一半，直至全部切割完成，如图3-30所示。

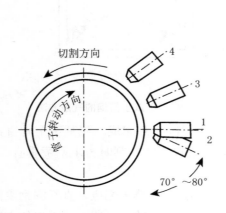 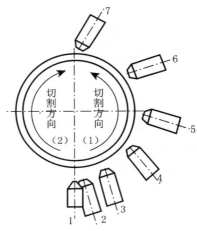

图3-29 转动钢管的气割方法图　　图3-30 水平固定管的气割方法

（9）法兰气割。法兰气割时，通常先在钢板上割内圆，再割外圆。为了改善切口质量和提高气割速度，常采用简易划规式或伸缩套杆式割圆器进行气割，如图3-31所示。

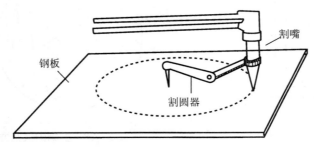

图3-31 用划规割圆示意图

气割时，要先在钢板上割一个孔，再对钢板预热，此时割嘴应垂直钢板，当达到气割温度时，将割嘴稍作倾斜，开启气割氧阀，吹出氧化铁渣。继续气割时，可逐渐将割嘴转向垂直位置，同时不断加大气割氧气流，使熔渣向割嘴倾斜的反方向吹出。当熔渣的火花不再上飞时，说明钢板已割透。这时保持割嘴与钢板垂直，并沿着内圆线进行气割。

（10）铆钉气割。气割铆钉时，要求割嘴垂直铆钉。先预热铆钉头，预热速度要快；气割氧的压力要适当小些，防止影响到钢板。

①气割圆头铆钉。开始气割时，先在铆钉头中间自上而下割一条缝，使铆钉头分成两半。再将割嘴倾斜，接近与钢板平行，分别割去两半个铆钉头。应当注意：割嘴距铆钉的距离比气割钢板时大 20～50 mm；气割氧气流沿着未预热的钢板向铆钉头底部吹去，且不可太大，能吹出熔渣即可。

②气割平头铆钉。气割平头铆钉时预热要快，达到气割温度时即可将割嘴转为与铆钉头倾斜一角度的位置。同时开启气割氧气，将凹进钢板的铆钉边缘割出。气割时气割氧气流不可太大，注意控制好割嘴角度，把握好铆钉与钢板圆孔之间的分界线，避免割坏钢板平面及凹进去的圆孔边缘。

（11）复合钢板气割。生产中使用的复合钢板，其钢板层中有不锈钢，故气割时不能用气割普通碳钢的工艺参数，否则会产生割不透的现象。为此，应采取如下一些措施。

①割炬的选用。应选用等压式割炬气割。

②选择氧气压力。使用较高的预热火焰氧气压力和较低的气割氧气压力。

③认清钢板面。气割时，复合钢板的碳钢一面必须向上，割嘴要前倾，以加大经过碳钢层的气割氧气流。

（12）手工气割开坡口。焊件坡口的质量对焊接质量有很大的影响，在没有坡口加工机的条件下，采用手工气割坡口时，应注意以下要点。

①气割前，先按图纸规定的坡口尺寸，在割件上划出坡口气割线。

②根据坡口角度，找正割嘴与坡口的位置。可采用简易工装（如自制角铁挡板或滚轮架等）进行坡口气割。

③适当调整工艺参数。如气割时，可适当增加预热火焰能率，气割氧压力略增大些，气割速度略慢些。

（13）气割清焊根。气割清焊根大多采用普通割炬，要求风线不可太细太长，而应短而钝，长度在 20～30 mm，并且直径应粗一些。为获得良好的效果，最好用专用的清焊根割嘴或使用风线不好的旧割嘴。

3.3.5　气割缺陷及防止

1. 切口断面割纹粗糙

产生原因：氧气纯度低，氧气压力太大，预热火焰能率小，割嘴距离不稳定，切割速度不稳定或过快。

防止方法：一般气割用氧气纯度（体积分数）应不低于98.5%；要求较高时氧气纯度不低于99.2%，或者高达99.5%。适当降低氧气压力，加大预热火焰能率，稳定割嘴距离，切割速度适当。

2. 切口断面刻槽

产生原因：回火或灭火后重新起割，割嘴或工件有震动。

防止方法：防止回火和灭火，割嘴不能离工件太近，工件表面应保持清洁，工件下部平台应采取措施不要阻碍熔渣排出，避免周围环境的干扰。

3. 下部出现深沟

产生原因：切割速度太慢。

防止方法：加快切割速度，避免氧气流的扰动产生熔渣旋涡。

4. 气割厚度出现喇叭口

产生原因：切割速度太慢，风线不好。

防止方法：提高切割速度，适当增大氧气流速。

5. 后拖量过大

产生原因：切割速度太快，预热火焰能率不足，割嘴倾角不当。

防止方法：降低切割速度，增大火焰能率，调整割嘴后倾角度。

6. 厚板凹心大

产生原因：切割速度快或速度不均。

防止方法：降低切割速度，并保持速度均匀。

7. 切口不直

产生原因：钢板放置不平，钢板变形，风线不正，割炬不稳定。

防止方法：检查气割平台，将钢板放平，切割前矫平钢板，调整割嘴的垂直度：

8. 切口过宽

产生原因：割嘴号码太大，氧气压力过大，切割速度太慢。

防止方法：换小号割嘴，按工艺规程调整压力，加快切割速度。

9. 棱角熔化塌边

产生原因：割嘴与工件的距离太近，预热火焰能率大，切割速度过慢。

防止方法：将割嘴抬高到正确高度，将火焰能率调小，或更换割嘴，提高切割速度。

10. 中断、割不透

产生原因：材料有缺陷，预热火焰能率小，切割速度太快，切割氧压力小。

防止方法：检查材料缺陷，以相反方向重新气割，检查氧气、乙炔压力，检查管道和割炬通到有无堵塞、漏气，调整火焰能率，放慢切割速度，提高切割氧压力。

11. 切口被熔渣黏结

产生原因：氧气压力小，风线太短。切割薄板时切割速度慢。

防止方法：增大氧气压力，检查割嘴风线，加大切割速度。

12. 熔渣吹不掉

产生原因：氧气压力太小。

防止方法：提高氧气压力，检查减压阀通畅情况。

13. 下缘挂渣不易脱落

产生原因：预热火焰能率大，氧气压力低，氧气纯度低，切割速度慢。

防止方法：提高切割氧压力，更换高纯度氧气，更换割嘴，调整火焰，调整切割速度。

14. 割后变形

产生原因：预热火焰能率大，切割速度慢，气割顺序不合理，未采取工艺措施。

防止方法：采取调整火焰能率，提高切割速度，按工艺采用正确的切割顺序，采用工夹具，选择合理起割点等工艺措施。

15. 产生裂纹

产生原因：工件含碳量高，工件厚度大。

防止方法：可采取预热，预热温度为 250 ℃，或切割后退火处理。

16. 碳化严重

产生原因：氧气纯度低，火焰种类不对，割嘴距工件近。

防止方法：更换纯度高的氧气，调整火焰种类，适当抬高割嘴高度。

3.4 碳弧气刨

碳弧气刨是利用碳棒与金属工件之间产生的电弧高温，将金属工件局部熔化，并利用压缩空气流将熔化金属吹掉，从而在工件上加工出刨槽的一种工艺方法，如图 3-32 所示。

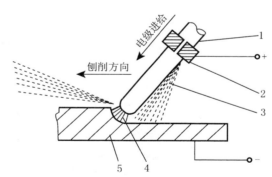

图 3-32 碳弧气刨原理示意图

1-碳棒；2-碳弧气刨钳；3-压缩空气；4-电弧；5-工件

3.4.1 碳弧气刨的特点及应用范围

1. 碳弧气刨的特点

（1）手工碳弧气刨与风铲或角向磨光机相比较，它不需要较大的操作空间，所以对限制的位置或可达性差、空间较小的部位，其灵活性很大，可进行全位置操作。

（2）当进行清除焊缝或铸件的缺陷操作时，在一层一层地刨除焊缝或铸件的缺陷过程中，操作者在电弧光下可以清楚地观察到缺陷的形状和深度，直至缺陷被彻底清除。这样就提高了焊工返修的合格率。这是碳弧气刨独到的长处，是使用风铲或角向磨光机时无法做到的。

（3）手工碳弧气刨与使用风铲或角向磨光机相比较，碳弧气刨噪声小、效率高、劳动强。

（4）能够切割用氧乙炔火焰难于切割的金属材料。利用氧乙炔火焰切割金属有一定的条件，不是任何金属都能利用氧乙炔火焰切割的。而采用碳弧气刨进行切割时，就不受限制了。在电弧的高温作用下，各种金属及其氧化物都能熔化。用碳弧气刨进行切割时，各种金属材料的性能不同，只影响到切割的速度和表面的质量，而不会影响切割过程的正常进行。

（5）碳弧气刨的缺点是：碳弧气刨有较大烟雾、较多粉尘污染及较强弧光辐射；并且需要功率较大的直流电源，费用较高；对操技术要求较高。

2. 碳弧气刨的应用范围

由于碳弧气刨具有许多优点，因而在机械、化工、造船、金属结构和压力容器制造等行业得到了广泛的应用，如图 3-33 所示。具体应用在以下几个方面。

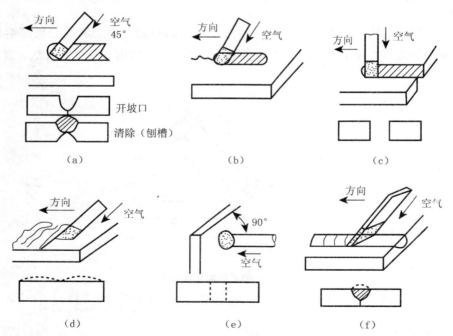

图 3-33　碳弧气刨工艺应用实例

（a）开坡口铲根（刨槽）；（b）去除缺陷；（c）切割；
（d）清除表面；（e）打孔；（f）刨除余高

（1）主要用于低碳钢、低合金钢和不锈钢材料双面焊接时，清除焊根。

（2）对于重要的金属结构件、常压容器和压力容器，存在不允许的超标准焊缝缺陷时，可用碳弧气刨工艺清除焊缝中的缺陷后，进行返修。

（3）手工碳弧气刨常用来为小件、单件或不规则的焊缝加工坡口，特别是加工 U 形坡口时，更加显示出该工艺的优点。

（4）清除铸件的飞边、毛刺、浇注系统、冒口和铸件的表面缺陷。

（5）切割高合金钢、铜、铝及其合金等。对冷裂纹敏感的低合金钢厚板不宜采用碳弧气刨。

3.4.2　碳弧气刨的设备及工具

1. 碳弧气刨设备

碳弧气刨设备主要包括电源和压缩空气源。

（1）碳弧气刨电源。碳弧气刨一般采用直流电源，对电源特性的要求与焊条电弧焊相同，即要求具有陡降外特性和较好动特性的直流弧焊电源。由于碳弧气刨时一般选用的电流较大，又由于碳棒不熔化，负载持续率较大，所以所选用的电源其功率要比焊接时大。例如，当用直径 8 mm 的碳棒时，碳弧气刨电流为 400 A，应选取额定电流为 500 A 的直流弧焊电源。当选用硅整流焊机作碳弧气刨电源时，应特别注意，不能过载，以保证设备的安全运行。

（2）压缩空气源。碳弧气刨所用的压缩空气源，一般有两种。在有压缩空气站的工厂里，是通过空气管路系统引出分支管路，供给需要压缩空气源的工作岗位。然后连接到碳弧气刨钳的手把上的，如图 3－34（a）所示。在没有压缩空气站的工厂里，由空压机供给压缩空气。一般选用压力为 0.8 MPa 小型空气压缩机，即可满足使用要求，如图 3－34（b）所示。

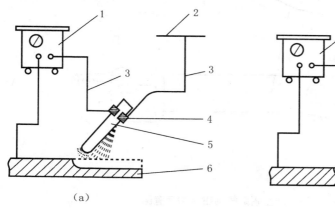
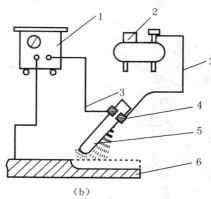

（a）　　　　　　　　　　　　（b）

图 3－34　碳弧气刨设备示意图

（a）1－焊机；2－空气管路；3－电缆气管；4－碳弧气刨钳；5－碳棒；6－工件

（b）1－焊机；2－空压机；3－电缆气管；4－碳弧气刨钳；5－碳棒；6－工件

2. 碳弧气刨工具

（1）碳弧气刨钳。碳弧气刨钳是碳弧气刨工艺中最重要的工具。它的作用是夹持碳棒，传导电流，输送压缩空气，吹除熔化金属。为了保证碳弧气刨工艺的质量，碳弧气刨钳必须符合下述基本要求。

①碳棒夹持牢固，更换碳棒方便。牢固地夹持碳棒是最基本的要求。但是在工作时，碳棒的伸出长度需要经常调整，而且要经常更换碳棒。所以又要求更换碳棒方便。如果更换不方便，会增加辅助工作时间，影响生产率。

②良好的导电性和输送压缩空气准确有力。碳弧气刨钳要同时完成把电流送到碳棒端部和把压缩空气准确地吹到熔化金属这两个功能。在碳弧气刨操作中，电流比较大，连续工作时间长，如果导电不良，碳弧气刨钳就会发热而不能持久工作。如果送风无力或者不准确，熔化金属和氧化物就不能顺利地完全吹掉。

③结构紧凑，操作方便。碳弧气刨钳比焊钳复杂，因此它的结构要十分紧凑，操作轻巧、平稳，这样才能得到光滑的刨槽。

传统的碳弧气刨钳有侧面送风式和圆周送风式两种类型。

侧面送风气刨钳具有结构简单，压缩空气紧贴碳棒喷射，碳棒长度调节方便等优点。缺点是只能向左或向右单一方向进行气刨。

圆周送风气刨钳的优点是喷嘴外部与工件绝缘，压缩空气由碳棒四周喷出，碳棒冷却均匀，适合在各个方向操作。缺点是结构复杂，紧固碳棒的螺丝易与工件发生短路。

现在新型侧面送风碳弧气刨钳（如图3-35）已经面市，它具有结构简单，操作方便，更换碳棒容易。其最大的优点是夹持碳棒的钳口可以在180°范围变化，操作者可根据工作的空间位置和习惯转换角度。

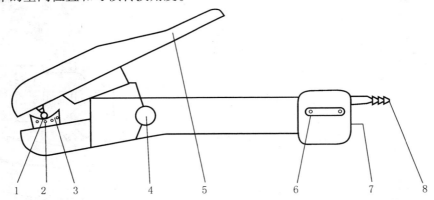

图3-35 新型碳弧气刨钳结构示意图

1-碳棒；2-风孔；3-角度可调钳口（导电嘴）；4-空气开关；

5-卡紧手柄；6-电缆紧固螺钉；7-电缆接口；8-压缩空气接头

（2）电风合一软管。碳弧气刨钳体都需要连接电源导线和压缩空气软管。为了防止电源导线发热，便于操作，可以采用电和风合一的软管，如图 3 - 36 所示。这样压缩空气可以冷却导线，不但解决了导线在大电流时发热问题，同时也使碳弧气刨钳结构简化。

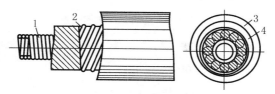

图 3 - 36　电风合一软管

1 - 弹簧管；2 - 外附加钢丝；3 - 夹线胶管；4 - 多股导线

3.4.3　碳弧气刨工艺及技术

1. 碳弧气刨的工艺参数

碳弧气刨的工艺参数包括电源极性、刨削电流、碳棒直径、板厚、碳棒伸出长度、碳棒倾角、压缩空气压力、电弧长度、刨削速度等。

（1）电源极性。低碳钢、低合金钢和不锈钢进行碳弧气刨时，采用直流反接。即工件接负极，碳弧气刨钳接正极。用这种连接方式进行碳弧气刨时，电弧稳定，刨削速度均匀，电弧发出连续地"刷刷"声，刨槽两侧宽窄一致，刨槽表面光滑明亮。如果极性接错了，则电弧发生抖动，刨槽两侧呈现出与电弧抖动声相对应的圆弧状。如果发生此种现象，说明电源极性接错了，将极性倒过来即可。

（2）刨削电流。一般碳弧气刨刨削电流与碳棒直径成正比关系，可参照表 3 - 12 选取电流，或按经验公式 $I = (30 \sim 50) d$ 选择电流，式中 I 为刨削电流（A），d 为碳棒直径（mm）。

表 3 - 12　钢板厚度与碳棒直径的关系

圆形碳棒规格/mm	—	5	6	7	8	9	10	12	14
额定电流值/A	—	225	325	350	400	500	550	850	1 000
矩形碳棒规格/mm × mm	4 × 12	5 × 10	5 × 12	5 × 15	5 × 18	5 × 20	5 × 25	6 × 20	—
额定电流值/A	200	250	300	350	400	450	500	600	—

刨削电流在碳弧气刨操作中是一个很重要的工艺参数，对刨槽的尺寸影响很大。如果刨削电流较小，则电弧不稳，并且容易产生夹碳现象；但刨削电流过大时，刨槽宽度增大，刨槽深度也加深，碳棒烧损较快，甚至碳棒熔化，造成刨槽严重渗碳。只有电流选择适当时，才能获得表面光滑、尺寸合格的刨槽。一般地，为了提高刨削速度，可选择经验公式的上限作为刨削电流。注意在清除焊缝缺陷时，如果电流较大，刨削速度和刨槽深度都增大，不利于发现焊缝缺陷，所以在返修焊缝缺陷时，刨削电流应选取小一些。

（3）碳棒直径。碳棒直径的选择是根据被刨削的钢板厚度决定的。钢板越厚，散热越快。为了提高刨削速度，使被刨削金属熔化快，就要加大刨削电流。所以也要选择直径较大的碳棒。碳棒直径与板厚的关系见表3-13。

表3-13 碳棒直径与板厚的关系 mm

钢板厚度	碳棒直径	钢板厚度	碳棒直径	钢板厚度	碳棒直径
3	一般不刨	6～8	5～6	>10	7～10
4～6	4	8～12	6～7	>15	10

碳棒直径的选择与刨槽宽度也有关系，碳棒直径越大，则刨槽越宽。碳棒直径一般比所要求的刨槽宽度小2～4 mm为佳。

（4）碳棒伸出长度。碳棒从导电嘴到碳棒端点的长度为伸出长度，如图3-37所示。手工碳弧气刨时，伸出长度过大，导电嘴离电弧就远，造成压缩空气吹到熔化金属处的风力不足，不能将熔化金属顺利吹掉，不仅操作不方便，而且碳棒也容易烧损。但是伸出长度过小，操作者要频繁地调整伸出长度，降低了刨削效率。外伸长度一般为80～100 mm。

需要指出，在手工碳弧气刨时，碳棒伸出长度是不断变化的，当伸出长度减少至20～30 mm时，应将伸出长度重新调整至80～100 mm为宜。

（5）碳棒倾角。碳棒与工件沿碳弧气刨方向的夹角称为碳棒倾角。倾角的大小，主要会影响到刨槽深度和刨削速度。倾角增大。则刨削深度增加，刨削速度减小；倾角减小，则刨削深度减小，刨削速度增大。一般手工碳弧气刨采用倾角在25°～45°为宜。碳棒倾角如图3-38所示。

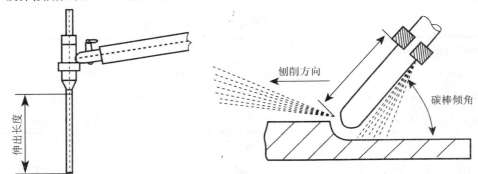

图3-37 碳棒伸出长度   图3-38 碳棒倾角

（6）压缩空气压力。压缩空气的主要作用是吹走被熔化金属；压力大小会直接影响到刨削速度和刨槽表面质量。压力高，可提高刨削速度和刨槽表面的光滑程度；压力低，则造成刨槽表面粘渣。碳弧气刨时，压缩空气的压力主要是由刨削电流决定的。

一般要求压缩空气的压力为0.4～0.6 MPa。压缩空气所含水分和油分对刨槽质量是有影响的，如果压缩空气中的水分和油分太多，可通过在压缩空气的管路上加油水分离装置予以清除。

（7）电弧长度。电弧长度对碳弧气刨的表面质量影响很大。当弧长较长时，电弧很不稳定，甚至发生熄弧。因此，操作时要尽量采用短弧，这样不仅使碳弧气刨能顺利进行，而且可以提高生产率和电极的利用率，但电弧太短，容易引起"夹碳"缺陷。一般弧长约1~2 mm，在刨削过程中弧长应尽量保持不变，以保证刨槽尺寸均匀。

（8）刨削速度。刨削速度对刨槽尺寸、表面质量和刨削过程的稳定性有一定的影响，刨削速度与刨削电流大小及刨槽深度是相匹配的。刨削速度增加，刨槽宽度和刨槽深度减小。刨削速度太快，易造成碳棒与金属工件短路，电弧熄灭，形成刨槽夹碳缺陷。一般刨削速度为0.5~1.2 m/min较合适。

2. 手工碳弧气刨操作技术

目前广泛应用的是手工碳弧气刨。为了减轻劳动强度，提高刨削的速度和精度，可采用自动碳弧气刨；为了减少碳弧气刨的粉尘污染，也可采用水碳弧气刨。

碳弧气刨的生产过程包括准备、引弧、气刨、收弧和清渣等几个工序。采用正确的操作技术，可以避免产生各种缺陷，提高气刨质量。

（1）准备工作。

①在进行碳弧气刨之前，要清理工件，用石笔在钢板上沿刨削方向每隔40 mm画一条基准线。

②检查电源导线的连接是否牢固，绝缘体是否良好。检查压缩空气管道的连接是否良好，对漏气处进行修理。

③根据被刨削的金属材料正确选择电源极性。根据金属材料厚度，正确选择碳棒直径，进而选择刨削电流。将检查电源极性，根据碳棒直径选择并调节好电流，调节碳棒伸出长度至80~100 mm。

（2）引弧。

①引燃电弧前，应先打开碳弧气刨钳体上的压缩空气开关，以免在引弧时产生夹碳。

②手工碳弧气刨起弧时，倾角要小，逐渐将倾角增大到所需的角度，在刨削过程中，弧长、刨削速度和碳棒倾角三者之间必须适当配合。配合恰当，则电弧稳定，刨槽表面光滑；配合不当，则电弧不稳，刨槽表面可能出现夹碳和粘渣缺陷。

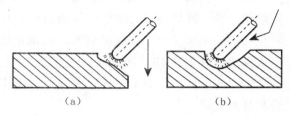

（a） （b）

图3-39 引弧时碳棒的运动方式

（a）要求槽深相同；（b）要求槽深较浅

③引弧技法。

若对引弧处的槽深要求不同，引弧时碳棒的运动方式也不一样，如图3-39所示。若要求引弧处的槽深与整个槽的深度相同时，可只将碳棒向下运行，如图3-39（a）

所示，待刨到所要求的槽深时，再将碳棒平稳地向前移动；若允许开始时的槽深可浅一些，则将碳棒一边往前移动，一边往下送进，如图3-39（b）所示。

（3）气刨操作。气刨引弧成功以后，可将电弧长度控制在1～2 mm，碳棒沿着钢板表面所划基准线做直线往前移动，既不能做横向摆动，也不能做前后往复摆动，因为摆动时不容易保持操作平稳，刨出的刨槽也不整齐光洁。

①操作要领。

a. 准。气刨时对刨槽的基准线要看得准，眼睛还应盯住基准线，使碳棒紧沿着基准线往前移动，同时还要掌握好刨槽的深浅。气刨时，由于压缩空气和空气的摩擦作用会发出"嘶嘶"的响声，当弧长发生变化时，响声也随之变化。因此在操作时，焊工可凭借响声的变化来判断和控制弧长的变化。若能够保持均匀而清脆的"嘶嘶"声，表示电弧稳定，弧长无变化，则所刨出的刨槽既光滑又深浅均匀。

b. 平。气刨时手把要端得平稳，不应上、下抖动，否则刨槽表面就会出现明显的凹凸不平。同时，手把在移动过程中要保持速度平稳，不能忽快忽慢。

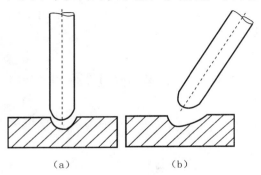

（a）　　　　　（b）

图3-40　刨槽形状

（a）刨槽形状对称；（b）刨槽形状不对称

c. 正。气刨时碳棒夹持要端正。碳棒在移动过程中与工件的倾角要保持前后一致，不能忽大、忽小。碳棒的中心线要与刨槽的中心线相重合，否则会造成刨槽的形状不对称，影响质量，如图3-40所示。

在刨削过程中，碳棒不应做前后往复移动、横向摆动，只能沿刨削方向做直线运动。

②操作技法。

控制刨槽尺寸的方法可分为"轻而快"操作法和"重而慢"操作法两种。

a. "轻而快"操作法。气刨时手把下按轻一点刨出的刨槽深度较浅，而刨削速度则略快一些，这样得到的刨槽底部呈圆形，有时近似V形，但没有尖角部分。采用这种轻而快的手法又取较大的电流时，刨削出的刨槽表面光滑，熔渣容易清除。对一般不太深的槽（如在12～16 mm厚度钢板上刨4～6 mm的槽），采用这种方法最合适。如果刨削速度太慢，即采用"轻而慢"的操作法，则碳弧的热量会把槽壁的两侧熔化，引起粘渣缺陷。

b. "重而慢"操作法。气刨时手把下按重一点，往深处刨，刨削速度则稍慢一些。采用这种操作法，如果取大电流，则得到的刨槽较深；如果取小电流，所得到的槽形与"轻而快"操作法得到的槽形相似。采用"重而慢"操作法，碳弧散发到空气中的热量较少，并且由于刨削速度较慢，通过钢板传导散失的热量较多，同时由于碳弧的位置深，离刨槽的边缘远，所以不会引起粘渣。但是操作中如将手把按得过重，会造成夹碳缺陷。另外，由于刨槽较深，熔渣不容易被吹上来，停留在后面的铁水往往会把电弧挡住，使电弧不能直接对准未熔化的金属上面。这样，不仅刨削效率下降，而且刨槽表面不光滑，还会产生粘渣。所以采用这种刨削操作方法，对操作技术上的要求较高。

③排渣技术。气刨时，由于压缩空气是从碳弧后面吹来，如果操作中压缩空气的方向稍微偏一点，熔渣就会离开中心偏向槽的一侧。如果压缩空气吹得很正，那么熔渣就会被吹到电弧的正前部，而且一直往前，直到刨完为止。此时刨槽两侧的熔渣最少，可节省很多的清渣时间，但是技术较难掌握，并且还会影响到刨削速度，同时前面的基准线容易被熔渣盖住，影响刨削方向的准确性。因此，通常采用的刨削方式是将压缩空气吹偏一点，使大部分熔渣能翻到槽的外侧，但不能使熔渣吹向操作者一侧，否则会造成烧伤。

④气刨顺序。

a. 若钢板厚度在 16 mm 以下需开 U 形坡口，则一次刨削即成。

b. 若钢板厚度大于 16 mm 需开较宽的 U 形坡口。若坡口的深度不超过 7 mm，则可以一次刨成底部，而后分别加宽两侧，如图 3－41 所示。

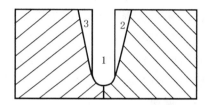

图 3－41　宽 U 形坡口的刨削顺序

c. 若钢板厚度超过 20 mm、要求 U 形坡口开得很大时，合适的刨削顺序如图 3－42 所示。

d. 如果一次刨槽宽度不够，可以增大碳棒直径，或者重复多刨几次，以达到所要求的宽度。

e. 如果一次刨槽不够深，则可继续顺着原来的浅槽往深处刨，每段刨槽衔接时，应在原来的弧坑上引弧，以防止触伤刨槽或产生严重凹陷。

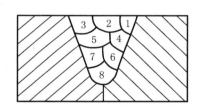

图 3－42　厚板开 U 形坡口的刨削顺序

f. 如果要求的刨槽较浅，可一次完成刨削；若要求的刨槽较深或要求焊缝背面铲焊根，则往往要刨削 2～3 次，才能达到刨槽的形状、尺寸和表面粗糙度的要求。

（4）收弧。收弧时应防止熔化的铁水留在刨槽里。因为熔化的铁水含碳和氧的量都较高，而碳弧气刨的熄弧处往往也是以后焊接时的收弧处，收弧处又容易出现气孔和裂纹，所以，如果不将这些铁水吹净，焊接时就容易产生弧坑缺陷。收弧的方法是先断弧，过几秒钟以后，再把压缩空气气门关闭。

（5）清渣。碳弧气刨结束后，应用錾子、扁头或尖头手锤及时将熔渣清除干净，便于下一步焊接工作顺利进行。

3.4.4 碳弧气刨的常见缺陷

1. 夹碳

由于操作技术不熟练，刨削速度过快或碳棒送进速度过快，造成短路熄弧，碳棒粘在未熔化的金属上，易产生夹碳缺陷。

夹碳缺陷处形成一层含碳的质量分数量高达 6.7% 的硬脆的碳化铁。此处难以引弧，必须将其清除以后，才能继续刨削。若夹碳残存在坡口中，则在焊接时容易产生气孔和裂纹。

2. 粘渣

碳弧气刨吹出的氧化物称作渣，它实质上是一层很薄的氧化铁和碳化铁，容易粘贴在刨槽的两侧，而造成粘渣，如图 3 - 43，粘渣主要是由于压缩空气压力低而造成的。

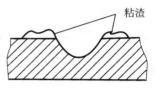

图 3 - 43　粘渣

焊接前要用钢丝刷或角向磨光机将渣清除干净。有时粘渣极薄，很难用肉眼辨认清楚。但是，当焊接电弧遇到粘渣时，熔池会发生沸腾现象，严重时造成气孔。

3. 铜斑

采用表面镀铜的碳棒进行碳弧气刨时，因镀铜质量不好，剥落的铜皮熔敷在刨槽表面可形成铜斑；或导电嘴与工件瞬间短路后，由于铜制的导电嘴熔化，而在刨槽表面形成铜斑，如图 3 - 44 所示。焊前要用钢丝刷或角向磨光机将铜斑清除干净。避免造成焊缝的局部渗铜。

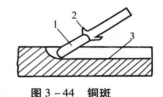

图 3 - 44　铜斑

1 - 碳棒；2 - 铜皮；3 - 铜斑

4. 刨槽尺寸和形状不规则

当手工碳弧气刨的工艺参数选择合适时，刨槽尺寸和形状主要取决于操作技术，刨槽形状不规则的原因可能有以下几点。

（1）刨削速度和碳棒送进速度不匀，不稳，以致刨槽宽窄不一致，深浅不均匀，如图 3 - 45。

（2）碳棒在刨削方向上与工件成一定倾角，而在其两侧未与工件表面垂直，以致刨槽两侧不对称。

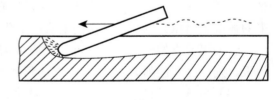

图 3 - 45　刨槽深浅不匀

（3）背面清除焊根时，刨削方向没对正电弧前方的装配间隙，故产生刨偏。

复习思考题

1. 什么是气焊？气焊的原理和特点是什么？气焊工艺参数包括哪些？如何选择？

2. 什么是气割？气割的原理和特点是什么？气割工艺参数包括哪些？如何选择？

3. 气焊气割用气体有哪些？各有什么特点？

4. 气焊与气割设备有哪些？在使用中如何保证安全？

5. 气体火焰的种类有哪些？各有什么特点？如何调节？

6. 什么是回火现象？它产生的原因是什么？

7. 在气焊过程中，焊炬与焊丝为什么要做横向摆动？应怎样摆动？

8. 什么是左焊法和右焊法？它们各有什么不同？

9. 简述气焊缺陷及其防止措施。

10. 简述气割缺陷及其防止措施。

11. 碳弧气刨工艺参数有哪些？如何选择？

12. 常见碳弧气刨缺陷有哪些？如何防止？

第4章

埋弧焊

埋弧焊是一种利用位于焊剂层下电极与焊件之间燃烧的电弧产生的热量熔化电极、焊剂和母材金属的焊接方法。焊丝作为填充金属,而焊剂则对焊接区起保护和合金化作用。由于焊接时电弧掩埋在焊剂层下燃烧,电弧光不外露,因此被称为埋弧焊。

埋弧焊是目前广泛使用的一种生产效率较高的机械化焊接方法。它与焊条电弧焊相比,虽然灵活性差一些,但焊接质量好、效率高、成本低,劳动条件好。

4.1 埋弧焊概述

4.1.1 埋弧焊的工作原理

埋弧焊的焊接过程如图4-1所示,它由以下4部分组成。

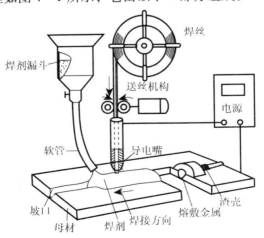

图4-1 埋弧焊的焊接过程

（1）颗粒状焊剂由焊剂漏斗经软管均匀地堆敷到焊缝接口区。

（2）焊丝由焊丝盘经送丝机构和导电嘴送入焊接区。

（3）焊接电源接在导电嘴和工件之间用来产生电弧。

（4）焊丝及送丝机构、焊剂漏斗和焊接控制盘等通常装在一台小车上，以实现焊接电弧的移动。

埋弧焊时，当焊丝和焊件之间引燃电弧后，电弧的热量使周围的焊剂熔化形成熔渣，部分焊剂分解、蒸发成气体，气体排开熔渣形成一个气泡，电弧就在这个气泡中燃烧。连续送入电弧的焊丝在电弧高温作用下加热熔化，与熔化的母材混合形成金属熔池。熔池上覆盖着一层熔渣，熔渣外层是未熔化的焊剂，它们一起保护着熔池，使其与周围空气隔离，并使有碍操作的电弧光辐射不能散射出来。电弧向前移动时，电弧力将熔池中的液态金属排向后方，则熔池前方的金属就暴露在电弧的强烈辐射下而熔化，形成新的熔池，而电弧后方的熔池金属则冷却凝固成焊缝，熔渣也凝固成焊渣覆盖在焊缝表面。埋弧焊焊缝形成过程如图4-2所示。熔渣除了对熔池和焊缝金属起机械保护作用外，焊接过程中还与熔化金属发生冶金反应，从而影响焊缝金属的化学成分。由于熔渣的凝固温度低于液态金属的结晶温度，熔渣总是比液态金属凝固迟一些。这就使混入熔池的熔渣、溶解在液态金属中的气体和冶金反应中产生的气体能够不断地逸出，使焊缝不易产生夹渣和气孔等缺陷。未熔化的焊剂不仅具有隔离空气、屏蔽电弧光的作用，也提高了电弧的热效率。

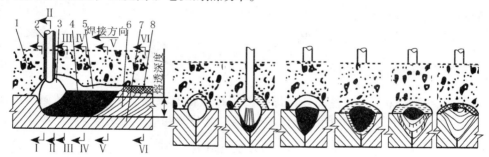

图4-2 埋弧焊焊缝的形成过程

1-焊剂；2-焊丝；3-电弧；4-熔池 5-熔渣；6-焊缝；7-焊件；8-渣壳

4.1.2 埋弧焊的特点

1. 埋弧焊的优点

（1）焊接生产率高。因为埋弧焊可采用较大的焊接电流，电弧加热集中；因此电弧熔深能力和焊丝熔化效率都比手工电弧焊大大提高。相比手工电弧焊，生产率可提高5～30倍，被焊金属越厚，则生产率越高。

（2）焊缝质量高。因熔池电弧区有熔渣和焊剂保护，空气中有害气体很难侵入，焊缝中含氮量和含氧量都大大降低。同时由于焊接速度快，线能量集中，故热影响区宽度窄，焊接变形小，焊缝外观光滑平整。

（3）焊接成本较低。这首先是由于埋弧焊使用的焊接电流大，可使焊件获得较大的熔深，故埋弧焊时焊件可开 I 形坡口或开小角度坡口，因而既节约了因加工坡口而消耗掉的焊件金属和加工工时，也减少了焊缝中焊丝的填充量。而且，由于焊接时金属飞溅极少，又没有焊条头的损失，所以也节约了填充金属。此外，埋弧焊的热量集中，热效率高，故在单长度焊缝上所消耗的电能也大大减少。正是由于上述原因，在使用埋弧焊焊接厚大焊件时，可获得较好的经济效益。

（4）劳动条件好。由于埋弧焊实现了焊接过程的机械化，操作较简便，因而大大减轻了焊工的劳动强度。另外，埋弧焊时电弧是在焊剂层下燃烧，没有弧光的有害影响，放出的烟尘和有害气体也较少，所以焊工的劳动条件大为改善。

2. 埋弧焊的缺点

（1）难以在空间位置施焊。这主要是因为采用颗粒状焊剂，而且埋弧焊的熔池也比焊条电弧焊的大得多，为保证焊剂、熔池金属和熔渣不流失，埋弧焊通常只适用于平焊或平角焊，其他位置的埋弧焊须采用特殊措施保证焊剂能覆盖焊接区时才能进行焊接。

（2）对焊件装配质量要求高。由于电弧埋在焊剂层下，操作人员不能直接观察电弧与坡口的相对位置，当焊件装配质量不好时易焊偏而影响焊接质量。因此，埋弧焊时焊件装配必须保证接口中间隙均匀、焊件平整无错边现象。

（3）不适合焊接薄板和短焊缝。这是由于埋弧焊电弧的电场强度较高，焊接电流小于100 A 时电弧稳定性不好，故不适合焊接太薄的焊件。另外，埋弧焊由于受焊接小车的限制，机动灵活性差，一般只适合焊接长直焊缝或大圆弧焊缝；对于焊接弯曲、不规则的焊缝或短焊缝则比较困难。

4.1.3　埋弧焊的分类及应用

近年来，埋弧焊作为一种高效、优质的焊接方法有了很大的发展，已演变出多种埋弧焊工艺方法并在工业生产中得到实际应用。其分类和应用见表 4-1。

表 4-1 埋弧焊工艺方法分类及应用

分类依据	分类名称	应用范围
按送丝方式	等速送丝埋弧焊	细焊丝高电流密度
	变速送丝埋弧焊	粗焊丝低电流密度
按焊丝数目或形状	单丝埋弧焊	常规对接、角接、筒体纵缝、环焊缝
	双丝埋弧焊	高生产率对接、角接焊
	多丝埋弧焊	螺旋焊管等超高生产率对接焊
	带极埋弧焊	耐磨、耐蚀合金堆焊
按焊缝成型条件	单面埋弧焊	常规对接焊
	单面焊双面成型埋弧焊	高生产率对接焊、难以双面焊的对接焊

埋弧焊是焊接生产中应用较普遍的工艺方法。由于焊接熔深大、生产效率高、机械化程度高，因而适用于中厚板长焊缝的焊接。在造船、锅炉与压力容器、化工、桥梁、起重机械、铁路车辆、工程机械、冶金机械以及海洋结构、核电设备等制造中有广泛的应用。

随着焊接冶金技术和焊接材料生产技术的发展，埋弧焊所能焊接的材料已从碳素结构钢发展到低合金结构钢、不锈钢、耐热钢以及一些有色金属材料，如镍基合金、铜合金的焊接等。埋弧焊除了主要用于金属结构件的连接外，还可以用来进行金属表面耐磨或耐腐蚀合金层的堆焊。

4.2　埋弧焊设备及材料

4.2.1　埋弧焊设备

1. 埋弧焊设备的分类和结构

埋弧焊设备分为半自动埋弧焊和自动埋弧焊两种。

半自动焊机的主要功能为：将焊丝输送到焊接区、输出焊接电流、控制焊接的启动和停止、向焊接区输送焊剂。由于半自动埋弧焊电弧移动是由焊工操作的，劳动强度大，目前已经很少使用。

自动埋弧焊机的主要功能为：连续不断地向电弧区送进焊丝、输出焊接电流、使焊接电弧沿焊缝移动、控制电弧的主要参数、控制焊接的启动与停止、向焊接区输送焊剂、焊前调整焊丝伸出端位置。

自动埋弧焊机由机头、控制箱、导轨（或支架）以及焊接电源组成，大致有如下四种分类方法。

（1）按用途分专用和通用两种，通用焊机广泛用于各种结构的对接、角接、环缝和纵缝的焊接，而专用焊机则适用于特定的焊缝或构件，如埋弧自动角焊机、T形梁焊机、埋弧堆焊机等。

（2）按送丝方式分等速送丝式和变速送丝式两种，前者适用于细焊丝高电流密度条件的焊接，而后者则适用于粗丝低电流密度条件下的焊接。

（3）按行走机构形式分为小车式、门架式、悬臂式三类，通用埋弧焊机多采用小车式结构，可适合平板对接、角接及内外环罐的焊接；门架式行走机构适用于大型结构件的平板对接、角接；悬臂式焊机则适用于大型工字梁、化工容器、锅炉汽包等圆筒、圆球形结构上的纵缝和环缝的焊接。

（4）按焊丝数目和形状可分为单丝、双丝、多丝及带状电极焊机。焊接生产应用最广泛的是单丝焊机。双丝或多丝埋弧焊是提高焊接生产效率的有效方法，目前得到了越来越多的应用，使用最多的是双丝和三丝埋弧焊；带状电极埋弧焊机主要用于零件表面的大面积堆焊。

常见埋弧焊机的行走形式如图 4 - 3。

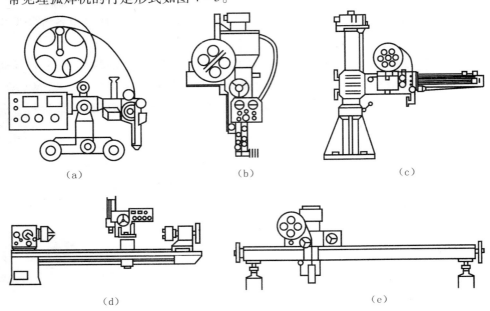

图 4 - 3　常见自动埋弧焊行走机构
（a）小车式；（b）悬挂式；（c）悬臂式；（d）车床式；（e）门架式

2. 埋弧焊设备的组成

（1）埋弧焊电源。埋弧焊工艺可以采用交流电源或直流电源，在双丝和多丝焊工艺中也可以交流电流和直流电源配合使用。直流电源包括弧焊发电机、硅弧焊整流器、晶闸管弧焊整流器和逆变式弧焊机等多种形式，可提供平特性、缓降特性、陡降特性、垂降特性的输出。交流电源通常是弧焊变压器类型，一般提供陡降特性的输出。电源外特性的选用视具体应用而定，在细焊丝薄板焊接时，宜采用平特性电源；面对于一般的粗焊丝埋弧焊，应采用下降外特性电源。埋弧焊通常是高负载持续率、大电流的焊接过程，所以一般埋弧焊机电源都具有大电流、100% 负载持续率的输出能力。

①直流电源。直流电源的外特性可以是平特性、缓降特性、垂降的或者陡降的，也可能同时具有多种外特性。一般直流电源用于小电流范围、快速引弧、短焊缝、高速焊接、所采用焊剂的稳弧性差以及焊接工艺参数稳定性要求较高的场合。采用直流电源进行埋弧焊接时，极性不同将产生不同的焊接效果。直流正接（焊丝接负）时，焊丝熔敷率高；直流反接（焊丝接正）时，熔深大。

直流埋弧焊电源的电流容量在 400 ~ 1 500 A。小容量的电源（300 ~ 600 A）常常是多功能的，可以进行 TIG 焊（恒流外特性）、实芯或药芯熔化极气体保护焊（恒压外特性），也可用于直径为 1.6 mm、2.0 mm 或 2.4 mm 焊丝的半自动埋弧焊。自动埋弧焊的焊接电流在 300～1 000 A 的范围内，采用直径为 2.0～6.4 mm 的焊丝。由于磁偏吹，直流埋弧焊的焊接电流很少在 1 000 A 以上。

②交流电源。一般交流电源输出为陡降特性，在极性换向时，输出电流下降到零，反向再引弧要求空载电压较高。为了利于引弧，埋弧焊的交流电源空载电压一般都高于 80 V，同时使用交流电源进行埋弧焊时对焊剂的要求较高，一般适合直流埋弧焊的焊剂不一定适合交流埋弧焊。采用交流电源时，焊丝熔敷率及焊缝熔深介于直流正接和直流反接之间，而且电弧的磁偏吹最小，因此交流电源多用于大电流埋弧焊和采用直流磁偏吹严重的场合。

（2）送丝机构。送丝机构包括送丝电动机及传动系统、送丝滚轮和矫直滚轮等，有直流电动机拖动和交流电动机拖动两种形式。送丝机构应能可靠地送进焊丝并具有较宽的调速范围，以保证电弧稳定。

（3）焊车行走机构。焊车行走机构包括行走电动机及传动系统、行走轮及离合器等。行走轮一般采用橡胶绝缘轮，以免焊接电流经车轮而短路。离合器合上时由电动机拖动，脱离时焊接小车可用手推动。

（4）埋弧焊控制系统。埋弧焊基本的控制系统由以下五个部分组成。

①送丝速度控制，在恒压系统中控制焊接电流，在恒流系统中控制焊接电压。

②焊接电源的参数给定，在恒压系统中控制焊接电压，在恒流系统中控制焊接电流。

③焊接启动/停止开关。

④手动或者自动行走选择开关。

⑤待焊状态焊丝的送进/回抽。

半自动埋弧焊控制系统相对简单，只需要送丝速度控制。在恒压电源系统中要保证焊丝的等速送进，在恒流电源系统中则需要监控焊接电压，通过调整送丝速度来保持稳定的焊接电压。最简单的送丝机仅有一个旋钮，用来设定送丝速度。

在埋弧焊数字控制系统中普遍采用电流、电压和进丝速度的数字显示。典型的数字控制包括：送丝速度控制、焊接电源控制（电压控制）、焊接启/停、自动/手动行走选择、焊丝送进/回抽、试车、火口填充以及焊剂的送给控制。埋弧焊数字控制系统的优势在于对焊接过程的精确控制。但是，其不能与所有焊接电源兼容。

（5）埋弧焊辅助设备。自动埋弧焊中为了调整施焊位置、控制焊接变形或者控制焊缝成型，一般都需要有相应的辅助设备与焊机相配合。埋弧焊的辅助设备大致有以下几种类型。

①焊接夹具。使用焊接夹具的作用在于使工件准确定位并夹紧，以便于焊接。这样可以减少或免除定位焊缝和减少焊接变形。有时焊接夹具往往与其他辅助设备联用，如单面焊双面成型装置等。

②工件变位设备。这种设备的主要功能是使工件旋转、倾斜、翻转，以便把待焊的接缝置于最佳的焊接位置，达到提高生产率、改善焊接质量、减轻劳动强度的目的。

工件变位设备的形式、结构及尺寸因焊接工件而异。埋弧焊中常用的工件变位设备有滚轮架、翻转机等。

③焊机变位设备。焊机变位设备也称为焊接操作机，其主要功能是将焊接机头准确地送到待焊位置，焊接时可在该位置操作，或是以一定速度沿规定的轨迹移动焊接机头进行焊接。它们大多与工件变位机配合使用，完成各种工件的焊接。

④焊缝成型设备。埋弧焊的电弧功率较大，钢板对接时，为防止熔化金属的流失和烧穿并促使焊缝背面成型，往往需要在焊缝背面加装衬垫。最常用的焊缝成型设备有铜垫板、焊剂垫等。

⑤焊剂回收输送设备。用来在焊接中自动回收并输送焊剂，以提高焊接自动化的程度。

4.2.2　埋弧焊用焊接材料

1. 焊丝

埋弧焊用的焊丝与焊条电弧焊焊条钢芯相同，均属 GB/T 14957—1994《熔化焊用钢丝》标准。埋弧焊常用焊丝规格有 2 mm、3 mm、4 mm、6 mm、6 mm 等几种。

埋弧焊焊丝分为实芯焊丝和药芯焊丝，生产中普遍使用的是实芯焊丝，药芯焊丝只用于某些特殊场合，例如耐磨堆焊。

在选择埋弧焊用焊丝时，最主要的是考虑焊丝中锰和硅的含量。无论是采用单道焊还是多道焊，应考虑焊丝向熔敷金属中过渡的 Mn、Si 对熔敷金属力学性能的影响。埋弧焊焊接碳素结构钢和某些低合金结构钢时，推荐用低碳钢焊丝 H08、H08A 和含锰焊丝 H08Mn、H08MnA 及 H10Mn2 等。在这些焊丝中含碳量不超过 0.12%，否则会降低焊缝的塑性和韧性，并增加焊缝产生热裂纹的倾向。焊接合金钢或高合金钢时，应当采用与母材成分相同或相近的焊丝。

焊丝一般成卷供应，使用前要盘卷到焊丝盘上，在盘卷及清理过程中，要防止焊丝产生局部小弯曲或在焊丝盘中相互套叠。否则，会影响焊接时正常送进焊丝，破坏焊接过程的稳定，严重时会迫使焊接过程中断。

不同牌号焊丝应分类妥善保管，不能混用。使用时应优先选用外表镀铜焊丝，否则使用前应对焊丝仔细清理，去除铁锈和油污等杂质，防止焊接时产生气孔等缺陷。

2. 焊剂

（1）焊剂的作用及对焊剂的要求。焊剂是焊接时能够熔化形成熔渣，对熔化金属起保护和冶金作用的颗粒状物质。埋弧焊时焊剂起到以下三方面的作用。

①保护作用。埋弧焊时在电弧热的作用下，使部分焊剂熔化形成熔渣并产生某种气体，从而有效地隔绝空气，保护熔滴、熔池和焊接区，防止焊缝金属化和合金元素的烧损，并使焊接过程稳定。

②冶金作用。在焊接过程中起脱氧和渗合金的作用，与焊丝恰当配合，使焊缝金属获得所要求的化学成分和力学性能。

③改善焊接工艺性能。使电弧稳定地连续燃烧，焊缝成型美观。

在埋弧焊中，由于电弧高温的作用，有的元素被烧损或蒸发，为了减少或补偿元素的损失，保证焊接过程的稳定以及焊缝的良好成型和高质量，焊剂必须满足下列要求。

①能保证电弧稳定地燃烧。

②保证焊缝金属能获得所需的化学成分和力学性能。

③能有效地脱硫、磷，对油、锈的敏感性小，不致使焊缝中产生裂纹和气孔。

④焊接时无有害气体析出。

⑤有合适的熔化温度及高温时有适当的黏度，以利于焊缝有良好的成型，凝固冷却后有良好的脱渣性。

⑥不易吸潮和颗粒有足够的强度，以保证焊剂的多次使用。

除此之外，对焊剂性能指标的具体要求有以下几点。

①焊剂中水分的质量分数不得大于0.10%。

②焊剂机械夹杂物（碳粒、铁屑、原材料颗粒、铁合金凝珠及其他杂物）的质量分数不大于0.30%。

③焊剂中硫的质量分数不得大于0.060%；磷的质量分数不得大于0.080%。根据供需双方协议，也可以制造硫、磷含量更低的焊剂。

④焊剂的粒度分为两种：一种是普通粒度，粒度为40～8目（0.45～2.5 mm）；另一种是细颗粒度，粒度为60～10目（0.28～2 mm）。进行粒度检查时，对于普通颗粒度的焊剂，粒度小于40目（0.45 mm）的质量分数不得大于5%；颗粒度大于8目（2.50 mm）的质量分数不得大于2%。对于细颗粒度的焊剂，颗粒度小于60目（0.28 mm）的质量分数不得大于5%；颗粒度大于10目（2.00 mm）的质量分数不得大于2%。

（2）焊剂的分类。

①按制造方法分类。按制造方法的不同，可以把焊剂分成两大类，即熔炼焊剂和非熔炼焊剂。

非熔炼焊剂又分成黏结焊剂和烧结焊剂。黏结焊剂也称为陶瓷焊剂，其制造方法是将各种粉料按配方规定的比例混拌在一起，然后加水玻璃制成湿料，再把湿料制成一定尺寸的颗料，经烘干以后即可使用。烘干温度在400 ℃～500 ℃。烧结焊剂与黏结焊剂的制造方法相似，主要差别是前者的烘干温度较高（称之为烧结），通常在700 ℃～900 ℃，烧结之后再粉碎成一定尺寸的颗粒即可使用。在日本，把黏结焊剂称为低温烧结焊剂，而把700 ℃～900 ℃烧结的焊剂称为高温烧结焊剂。

在熔炼焊剂中，根据颗粒结构的不同，又分成玻璃状焊剂、玉石状焊剂和浮石状焊剂。玻璃状焊剂和玉石状焊剂的结构都比较致密，其松装比为1.1～1.8 g/cm³。浮石状焊剂的结构比较疏松，松装比为0.7～1.0 g/cm³。

与熔炼焊剂相比较，烧结焊剂熔点较高，松装比较小，故这类焊剂适合于大线能量焊接；另外，还可以通过烧结焊剂向焊缝过渡合金元素，所以焊接特殊钢时，宜选用烧结焊剂。

根据不同的使用要求，还可以把熔炼焊剂和烧结焊剂混合起来使用，称之为混合焊剂。

②按化学成分分类。按照焊剂的化学成分进行分类是一种常用的分类方法。按 SiO_2 含量可分为高硅焊剂、低硅焊剂和无硅焊剂；按 MnO 含量可分为高锰焊剂、中锰焊剂、低锰焊剂和无锰焊剂；也有的按 SiO_2 和 MnO 含量或 SiO_2、MnO 和 CaF_2 含量进行组合分类。国际焊接学会以及西欧国家都按照焊剂的主要成分特性进行分类，我国的烧结焊剂也采用这种分类方法。

a. 按照焊剂的主要成分特性分类。

表4-2列出了国际焊接学会推荐的焊剂分类方法，各类型的特征说明如下。

表4-2 按主要成分特性对焊剂分类

焊剂代号	焊剂类型	主要成分
MS	锰-硅型	$w(MnO + SiO_2) > 50\%$
CS	钙-硅型	$w(CaO + MgO + SiO_2) > 60\%$
AR	铝-钛型	$w(Al_2O_3 + TiO_2) > 45\%$
AB	铝-碱型	$w(Al_2O_3 + CaO + MgO) > 45\%$，$w(Al_2O_3) \approx 20\%$
FB	氟-碱型	$w(CaO + MgO + MnO + CaF_2) > 50\%$，$w(SiO_2) \leqslant 20\%$，$w(CaF_2) \geqslant 15\%$
ST	特殊型	不规定

锰-硅型焊剂主要由 MnO 和 SiO_2 组成，此焊剂与含锰量少的焊丝配合，可以向焊缝过渡适量的锰与硅。

钙-硅型焊剂由于焊剂中含有较多的 SiO_2，即使采用含硅量低的焊丝，仍可得到含硅量较高的焊缝金属，该焊剂适于大电流焊接。

铝-钛型焊剂适于多丝焊接和高速焊接。

铝-碱型焊剂的性能介于铝-钛型和氟-碱型焊剂之间。

氟-碱型焊剂的特点是 SiO_2 含量低，减少了硅的过渡，可得到冲击韧性高的焊缝金属。

b. 按 SiO_2 含量分类。

●高硅焊剂。高硅焊剂中 SiO_2 含量大于35%，MnO 含量为15%~50%，其代表性的牌号是 HJ430、HJ431 等。这类焊剂在焊接碳钢方面占有重要地位；在焊接合金钢方面仅用于对冷脆性无特殊要求的结构。原因是焊缝中 S、P 及夹杂物的含量较高，焊缝金属的脆性转变温度为 -20℃~-30℃。这类焊剂具有两种颗粒结构，一种是玻璃状的，它具有良好的抗结晶裂纹能力；另一种是浮石状的，它具有高抗气孔能力，并适于高速焊接。

高硅焊剂具有良好的焊接工艺性能，适于用交流电源，电弧稳定，脱渣容易，焊缝成型美观，对铁锈的敏感性小，焊缝的扩散氢含量低。

●低硅焊剂。低硅焊剂中 SiO_2 含量 6% ~ 35%，主要用于焊接低合金钢和高强度钢。与高硅焊剂相比较，焊缝金属的低温韧性有一定提高。焊接过程中合金元素烧损较少，与适当的焊丝相配合可以达到所要求的焊缝强度。这类焊剂也具有良好的脱渣性。但是，焊缝成型及抗气孔、抗结晶裂纹能力不如高硅焊剂好。为了消除由氢引起的焊接裂纹，通常在高温下焙烘焊剂，在某些情况下甚至采用干法粒化焊剂。为了保证良好的焊接工艺性能，施焊时宜采用直流反接。

低硅氧化性焊剂是焊接低合金高强度钢的新型焊剂，其特点是焊剂成分中含有较多的氧化亚铁。与普通的低硅焊剂相比较，液态熔渣对焊接熔池有较强的氧化性，焊缝中的扩散氢含量低，提高了焊缝金属抗气孔及抗冷裂纹的能力。另外，焊缝中非金属夹杂物及有害杂质的含量低，因此焊缝金属的塑性和冲击韧性较高。但是采用这类焊剂施焊时，合金元素烧损较多，焊缝强度会有所下降，故应选用合金元素含量较高的焊丝。焊剂的焊接工艺性能与低硅焊剂相接近，焊接时亦应采用直流反接。

●无硅焊剂。无硅焊剂中 SiO_2 含量很少（小于5%），焊接时合金元素几乎不被氧化，焊缝中氧的含量低，配合不同成分的焊丝焊接高强度钢时，可以得到强度高、塑性好、低温下具有良好冲击韧性的焊缝金属。这种焊剂的缺点是焊接工艺性能不太好，焊缝中扩散氢含量高，抗冷裂纹能力较差。为了降低焊缝中氢含量，必须在高温下长时间焙烘焊剂。为了改善焊接工艺性能，可在焊剂中加入钛、锰或硅的氧化物。但是，随着这些氧化物的加入，焊剂的氧化性也提高了。采用这类焊剂必须使用直流电源，主要用于焊接不锈钢等高合金钢。

c. 按 MnO 含量分类。

按照焊剂中 MnO 含量的多少，可以把焊剂分为无 MnO 型（含 MnO 小于2%）、低 MnO 型（MnO 2% ~ 15%），中 MnO 型（MnO 15% ~ 30%）和高 MnO 型（含 MnO 大于30%）。

低 MnO 型焊剂有的过去用于大电流双面单层焊接，现已被烧结型焊剂所取代。也有的焊剂属于高碱性焊剂，焊缝金属的韧性好，是专门用于焊接低温钢和原子反应堆用钢的焊剂。中 MnO 型焊剂，有的含有 10% ~ 20% 的 SiO_2，焊接工艺性能好，主要用于薄板高速焊接和角焊缝的焊接等；也有的焊剂具有良好的焊接工艺性能及焊缝力学性能，可焊接低碳钢及 590 MPa 级的高强度钢，适于对接、角接及横向焊接等。高 MnO 型玻璃状焊剂和浮石状焊剂的工艺性能都很好，适于高速焊接及角缝焊接等。

根据我国的资源情况，高 MnO 型焊剂应限制。另外，因锰矿中含磷较高，高 MnO 型焊剂易引起焊缝增磷，降低焊缝金属抗低温脆性破坏的能力。

d. 按 MnO、SiO_2 和 CaF_2 含量组合分类。

我国的熔炼焊剂是按照焊剂中 MnO、SiO_2 和 CaF_2 的含量组合进行分类的。将这三个成分组合之后，可以粗略地比较焊剂的酸碱度，大致分析出焊剂的主要特征。例如高锰高硅低氟焊剂，属于酸性焊剂，焊接工艺性能良好，适于交直流电源，主要用于焊接低碳钢及对韧性要求不高的低合金钢等，焊缝韧性特别是低温韧性较低，不适于焊接重要结构。无锰低硅高氟焊剂，则属碱性焊剂，焊接工艺性能较差，只适于直流电源，焊缝韧性高，焊剂氧化性小，可焊接不锈钢等高合金钢。中锰中硅中氟焊剂多属中性焊剂，焊接工艺性能和焊缝韧性均可，多用于焊接低合金钢结构。

③按焊剂中添加脱氧剂、合金剂分类。

a. 中性焊剂。指在焊接后，熔敷金属化学成分与焊丝化学成分不产生明显变化的焊剂。多用于多道焊，特别适合于厚度大于 25 mm 的母材的焊接

b. 活性焊剂指在焊剂中加入少量的锰、硅脱氧剂的焊剂，可以提高抗气孔能力和抗裂性能；主要用于单道焊，特别是对易氧化的母材。

c. 合金焊剂指该焊剂与碳钢焊丝合用后，其熔敷金属为合金钢的焊剂，这类焊剂中添加了较多的合金成分，用于过渡合金，多数合金焊剂为黏结焊剂和烧结焊剂。

④按焊剂的碱度分类。碱度是焊剂－熔渣最重要的冶金特征，它对焊剂的水解作用和熔渣－金属相界面上的冶金反应都有很大影响。随着焊剂碱度的变化，其焊接工艺性能和焊缝金属的韧性都将发生很大变化。通常酸性焊剂具有良好的焊接工艺性能，焊缝成型美观，但冲击韧性较低；相反，碱性焊剂可以得到高的焊缝冲击韧性，但焊接工艺性能较差。

有关焊剂碱度的表达式是不统一的，还有些分歧，例如 CaF_2 在碱度公式中如何处理；再如 TiO_2 和 Al_2O_3 是两性氧化物，在酸性渣中，它们表现出碱性氧化物的性质，而在碱性渣中，它们又表现出酸性氧化物的性质。

目前，应用较广的是国际焊接学会推荐的公式，即

$$B = \frac{[CaO + MgO + SiO + Na_2O + K_2O + CaF_2 + 0.5（MnO + FeO）]}{[SiO_2 + 0.5（Al_2O_3 + TiO_2 + ZrO_2）]}$$

式中，各氧化物及氟化物的含量均按质量分数计算。根据计算结果作如下分类，$B < 1.0$ 为酸性焊剂；$B \approx 1.0$ 为中性焊剂；$B > 1.0$ 为碱性焊剂。

⑤按化学活度系数分类。焊剂的化学活度反映焊剂所有成分的综合氧化性能。焊剂活度系数表达式为：

$$A_\varphi = \frac{[（SiO_2）+ 0.5（TiO_2）+ 0.4（Al_2O_3 + ZrO_2）+ 0.4B^2（MnO）]}{100B}$$

式中，括号内为各成分的质量分数；B 为焊剂碱度。根据这个活度系数就可判断埋弧焊接时硅、锰氧化物参与冶金反应的程度，预知元素向焊缝中过渡的情况以及对焊缝力学性能的影响。$A_\varphi \geqslant 0.6$，为高活度焊剂；$A_\varphi = 0.3 \sim 0.6$，为活度焊剂；$A_\varphi = 0.1 \sim 0.3$，为低活度焊剂；$A_\varphi \leqslant 0.1$，为惰性焊剂。

(3) 焊剂牌号。焊剂牌号是焊剂的商品代号，其编制方法与焊剂型号不同，焊剂牌号所表征的是焊剂中的主要化学成分。我国埋弧焊和电渣焊用焊剂主要分为熔炼焊

剂和烧结焊剂两大类，其牌号编制分述如下。

①熔炼焊剂。

牌号前加"HJ"表示埋弧焊及电渣焊用熔炼焊剂。

牌号第一位数字表示焊剂中氧化锰的含量，其范围按表4-3规定编排。

牌号第二位数字表示焊剂中二氧化硅、氟化钙的含量，其范围按表4-4规定编排。

牌号第三位数字表示同一类型焊剂的不同牌号，按0，1，2，…，9顺序排列。对同一牌号焊剂有两种颗粒度时，在细颗粒焊剂牌号后面加"×"字。

熔炼焊剂牌号举例如图4-4所示。

表4-3 焊剂牌号中第一位数字的含义

牌号	焊剂类型	氧化锰含量/%	牌号	焊剂类型	氧化锰含量/%
HJ1××	无锰	$w(MnO) < 2$	HJ3××	中锰	$w(MnO)$ 15~30
HJ2××	低锰	$w(MnO)$ 2~15	HJ4××	高锰	$w(MnO) > 30$

表4-4 焊剂牌号中第二位数字的含义

牌号	焊剂类型	二氧化硅及氟化钙含量/%	牌号	焊剂类型	二氧化硅及氟化钙含量/%
HJ×1×	低硅低氟	$w(SiO_2) < 10$　$w(CaF_2) < 10$	HJ×6×	高硅中氟	$w(SiO_2) > 30$　$w(CaF_2)$ 10~30
HJ×2×	中硅低氟	$w(SiO_2)$ 10~30　$w(CaF_2) < 10$	HJ×7×	低硅高氟	$w(SiO_2) < 10$　$w(CaF_2) > 30$
HJ×3×	高硅低氟	$w(SiO_2) > 30$　$w(CaF_2) < 10$	HJ×8×	中硅高氟	$w(SiO_2)$ 10~30　$w(CaF_2) > 30$
HJ×4×	低硅中氟	$w(SiO_2) < 10$　$w(CaF_2)$ 10~30	HJ×9×	其 他	
HJ×5×	中硅中氟	$w(SiO_2)$ 10~30　$w(CaF_2)$ 10~30			

图4-4 熔炼焊剂牌号举例

②烧结焊剂。

牌号前加"SJ"表示烧结焊剂。

牌号第一位数字表示焊剂熔渣的渣系，其系列按表4-5规定编排。

牌号第二位、第三位数字表示同一渣系类型焊剂中的不同牌号，按01，02，…，09顺序编排。

烧结焊剂牌号举例如图4-5所示。

表4-5　烧结焊剂渣系编号含义

焊剂牌号	熔渣渣系类型	主要组成范围
SJ1××	氟碱型	$w(CaF_2) \geqslant 15\%$，$w(CaO + MgO + MnO + CaF_2) \geqslant 50\%$，$w(SiO_2) \leqslant 20\%$，$w(Al_2O_3) \geqslant 20\%$
SJ2××	高铝型	$w(Al_2O_3 + CaO + MgO) > 45\%$
SJ3××	硅-钙型	$w(CaO + MgO + SiO_2) \geqslant 60\%$
SJ4××	硅-锰型	$w(MnO + SiO_2) \geqslant 50\%$
SJ5××	铝-钛型	$w(Al_2O_3 \sim + TiO_2) \geqslant 45\%$
SJ6××	其他型	

SJ　5　01
　牌号编号为1
　焊剂熔渣渣系为铝钛型
　烧结焊剂

图4-5　烧结焊剂牌号举例

（4）焊剂型号。任何牌号的焊剂，由于使用的焊丝、热处理状态不同，其分类型号可能有许多类别，因此，焊剂应至少标出一种或所有的试验类别型号。在焊剂使用说明书中应注明焊剂的类型（熔炼型、烧结型或陶质型）、渣系、焊接电流种类及极性、使用前的烘干温度、使用注意事项等。

①碳素钢埋弧焊用焊剂型号。按照 GB/T 5293—1999《埋弧焊用碳钢焊丝和焊剂》标准，焊剂型号根据焊丝-焊剂组合的熔敷金属力学性能，热处理状态进行划分。"F"表示为埋弧焊用焊剂。

第一位数字"$\times_1$"表示焊丝-焊剂组合的熔敷金属抗拉强度的最小值，见表4-6。

第二位数字"$\times_2$"表示试件的处理状态，"A"表示焊态，"P"表示焊后热处理状态。

第三位数字"$\times_3$"表示熔敷金属冲击吸收功不小于27 J时的最低试验温度，见表4-7。

H×××表示焊丝的牌号，焊丝的牌号按 GB/T 14957—1994 规定。

表4-6　熔敷金属拉伸试验结果（第一位数字"X_1"含义）

焊剂型号	抗拉强度 σ_b/MPa	屈服点 σ_s/MPa	伸长率 δ/%
F4$\times_2 \times_3$-H×××	415～550	$\geqslant 330$	$\geqslant 22$
F5$\times_2 \times_3$-H×××	480～650	$\geqslant 400$	$\geqslant 22$

表 4-7　熔敷金属冲击试验结果（第三位数字"X3"含义）

焊剂型号	试验温度/℃	冲击吸收功/J	焊剂型号	试验温度/℃	冲击吸收功/J
$F \times_1 \times_2 0 - H \times \times \times$	0		$F \times_1 \times_2 4 - H \times \times \times$	-40	
$F \times_1 \times_2 2 - H \times \times \times$	-20	≥27	$F \times_1 \times_2 5 - H \times \times \times$	-50	≥27
$F \times_1 \times_2 3 - H \times \times \times$	-30		$F \times_1 \times_2 6 - H \times \times \times$	-60	

例如，F5AP4-H08MnA，它表示这种埋弧焊焊剂采用 H08MnA 焊丝按本标准所规定的焊接参数焊接试板，其试样状态为焊态时的焊缝金属抗拉强度为 480～650 MPa，屈服点不小于 400 MPa，伸长率不小于 22%，在 -40 ℃时熔敷金属冲击吸收功不小于 27 A_{kv}/J。

②低合金钢埋弧焊用焊剂型号。按照 G8/T 12470—2003《埋弧焊用低合金钢焊丝和焊剂》标准，焊剂型号根据焊丝－焊剂组合的熔敷金属力学性能、热处理状态进行划分。"F"表示为埋弧焊用焊剂。

第一位数字"$\times \times_1$"表示焊丝－焊剂组合的熔敷金属抗拉强度的最小值，见表4-8。

第二位数字"$\times_2$"表示试件的状态，"A"表示焊态，"P"表示焊后热处理状态，见表4-9。

第三位数字"$\times_3$"表示熔敷金属冲击吸收功不小于 27 J 时的最低试验温度，见表4-10。

表 4-8　熔敷金属拉伸试验结果

焊剂型号	抗拉强度/MPa	屈服强度 $\sigma_{0.2}$ 或屈服点 σ_s/MPa	伸长率 σ/%
$F48 \times_2 \times_3 - H \times \times \times$	480～660	400	22
$F55 \times_2 \times_3 - H \times \times \times$	550～770	470	20
$F62 \times_2 \times_3 - H \times \times \times$	620～760	540	17
$F69 \times_2 \times_3 - H \times \times \times$	690～830	610	16
$F76 \times_2 \times_3 - H \times \times \times$	760～900	680	15
$F83 \times_2 \times_3 - H \times \times \times$	830～970	740	14

表 4-9　试样焊后的状态

焊剂型号	试样的状态	焊剂型号	试样的状态
$F \times \times_1 A \times_3 - H \times \times \times$	焊态下测试的力学性能	$F \times \times_1 P \times_3 - H \times \times \times$	经热处理后测试的力学性能

表4-10 熔敷金属冲击试验结果（第三位数字"X_3"的含义）

焊剂型号	试验温度/℃	冲击吸收功/J	焊剂型号	试验温度/℃	冲击吸收功/J
F××$_1$×$_2$0-H×××	0		F××$_1$×$_2$6-H×××	-60	
F××$_1$×$_2$2-H×××	-20		F××$_1$×$_2$7-H×××	-70	≥27
F××$_1$×$_2$3-H×××	≥30		F××$_1$×$_2$10-H×××	-100	
F××$_1$×$_2$4-H×××	-40		F××$_1$×$_2$Z-H×××	不要求	
F××$_1$×$_2$5-H×××	-50				

H×××表示焊丝的牌号，焊丝的牌号按 GB/T 14957—1994 和 GB/T 3429—1994 规定。如果需要标注熔敷金属中扩散氢含量时，可用后缀"H×"表示，见表4-11。

表4-11 100g熔敷金属中扩散氢含量

焊剂型号	扩散氢含量/(mL·g^{-1})	焊剂型号	扩散氢含量/(mL·g^{-1})
F××$_1$×$_2$×$_3$-H×××-H16	16.0	F××$_1$×$_2$×$_3$-H×××-H4	4.0
F××$_1$×$_2$×$_3$-H×××-H8	8.0	F××$_1$×$_2$×$_3$-H×××-H2	2.0

注：①表中的单值均为最大值；②此分类代号为可选择的附加性代号；③如标注熔敷金属扩散氢含量代号时，直注明采用的测定方法。

例如，F55A4-H08MnA，它表示这种埋弧焊用焊剂采用 H08MnA 焊丝按本标准所规定的焊接参数焊接试板，其试样状态为焊态时的焊缝金属抗拉强度为 550～700 MPa，屈服强度不小于 470 MPa，伸长率不小于 20%，在 -30 ℃～100 ℃时熔敷金属冲击吸收功不小于 27 A_{kv}/J。

（5）焊剂的选择和使用。

①低碳钢埋弧焊焊剂的选用原则。

焊接低碳钢时，一般选择高硅高锰型焊剂。若采用含 Mn 的焊丝，则应选择中锰、低锰或无锰型焊剂。选择低碳钢埋弧焊焊剂时，在考虑焊件钢种和配用焊丝种类的情况下，应遵循以下原则。

a. 在采用沸腾钢焊丝进行埋弧焊时，为了保证焊缝金属能通过冶金反应得到必要的硅锰渗合金，形成致密的、具有足够强度和韧性的焊缝金属，必须配用高锰高硅焊剂。如用 H08A 或 H08MnA 焊丝焊接时，必须采用 HJ43×系列的焊剂。

b. 在中厚板对接大电流单面开 I 形坡口埋弧焊焊接时，为了提高焊缝金属的抗裂性，应该尽量降低焊缝金属的含碳量，为此，要选用氧化性较高的高锰高硅焊剂配用 H08A 或 H08MnA 焊丝焊接。

c. 厚板埋弧焊时，为了得到冲击韧度较高的焊缝金属，应该选用中锰中硅焊剂

（如 HJ301、HJ350 等）配用 $H_{10}Mn_2$ 高锰焊丝，直接由焊丝向焊缝金属进行渗锰，同时通过焊剂中的 SiO_2 还原向焊缝金属进行渗硅。

d. 薄板用埋弧焊高速焊接时，主要考虑的是薄板在高速焊接时的良好焊缝熔合及成型，对焊缝的强度和韧性的要求不是主要的，所以选用烧结焊剂 SJ501 配用强度相宜的焊丝即可。

e. SJ501 焊剂抗锈能力较强，按焊件的强度要求配用相应的焊丝，可以焊接表面锈蚀严重的焊件。

②低合金钢埋弧焊焊剂的选用原则。

焊接低合金高强度钢时，可选择中锰中硅或低锰中硅等中性或弱碱性焊剂。为得到更高的韧性，可选用碱度高的熔炼型或烧结型焊剂，尤以烧结型为宜。

a. 低合金钢埋弧焊时，首先应该选用碱度较高的低氢型 HJ25X 系列焊剂。这些焊剂是低锰中硅型焊剂，在焊接过程中，由于 Si 和 Mn 还原渗合金的作用不强，所以，必须配用含硅、含锰量适中的合金焊丝，如 H08MnMo、H08Mn2Mo 及 H08CrMoA 等，这样可以防止冷裂纹及氢致延迟裂纹的产生。

b. 低合金钢埋弧焊时，HJ250 和 SJ101 是硅锰还原反应较弱的高碱度焊剂，在这种焊剂下焊接的焊缝金属非金属夹杂物较少、焊缝金属纯度较高，可以保证焊接接头的强度和韧性不低于母材的相应指标。

c. 由于高碱度烧结焊剂的脱渣性比高碱度熔炼焊剂好，所以，低合金钢厚板多层多道埋弧焊时，很多时候都选择烧结焊剂焊接。

③不锈钢埋弧焊焊剂的选用原则。

a. 不锈钢埋弧焊时，应该选用氧化性较低的焊剂，防止合金元素在焊接过程中的过量烧损。

b. HJ260 是低锰高硅中氟型熔炼焊剂，焊剂仍具有一定的氧化性，埋弧焊时，对防止合金元素的烧损不利，所以，需要配用铬、镍含量较高的铬镍钢焊丝，补充焊接过程中烧损的合金元素。

c. SJ103 氟碱性烧结焊剂，不仅脱渣良好、焊缝成型美观，具有良好的焊接工艺性，而且还能保证焊缝金属具有足够的 Cr、Mo、Ni 含量，可满足不锈钢焊件的技术要求。

d. HJ150、HJ172 型焊剂，虽然这类焊剂的氧化性较低，合金元素烧损较少，但是，焊剂的脱渣性能不良，所以，很少应用于不锈钢厚板的多层多道埋弧焊。

④其他焊剂的选择。

a. 焊接低温钢时，宜选择碱度较高的焊剂，以获得良好的低温韧性。若采用特制的烧结焊剂，它向焊缝中过渡 Ti、B 元素，可获得更优良的韧性。

b. 耐热钢焊丝的合金含量较高时，宜选择扩散氢量低的焊剂，以防止产生焊接裂纹。

c. 焊接奥氏体等高合金钢时，应选择碱度较高的焊剂，以降低合金元素的烧损，故熔炼型焊剂以无锰中硅高氟型为宜。

d. 电渣焊用的焊剂有两类，一类是初期建立渣池用的焊剂，要求有良好的导电性能，多采用 HJ170；另一类是正常焊接过程中使用的焊剂，主要采用 HJ252 和 HJ360。HJ252 的碱度稍高，除用于低碳钢外，还可用于低合金钢和高合金钢的焊接。

⑤焊剂使用的注意事项。

a. 焊剂使用前应按规范进行烘干。

b. 焊剂堆高影响到焊缝外观和 X 射线合格率。单丝焊接时，焊剂堆高通常为 25～35 mm；双丝纵列焊接时，焊剂堆高一般为 30～45 mm。

c. 当采用回收系统反复使用焊剂时，焊剂中可能混入氧化铁皮和粉尘等，焊剂的粒度分布也会改变。为保持焊剂的良好特性，应随时补加新的焊剂，且注意清除焊剂中混入的渣壳等杂物。

d. 注意清除坡口上的锈、油等污物，以防止产生凹坑和气孔。

e. 采用直流电源时，一般均采用直流反接，即焊丝接正极。

（6）焊剂的管理。

①焊剂的烘干。和焊条一样，出厂的焊剂产品也是经过烘干的，并采用防潮材料进行包装。但是，在焊剂的保存过程中也要吸附一部分潮气。焊剂吸潮既受到储存环境温度和湿度的影响，也受到焊剂制造工艺和焊剂成分的影响。若采用吸潮的焊剂进行埋弧焊接时，焊道上会出现麻点，甚至引起气引。焊接过程中产生"噗噗"的声音，焊道表面成型变差。焊接高强度钢时，采用吸潮的焊剂施焊会导致焊缝中扩散氢量增高，容易引起焊缝冷裂纹，给结构安全带来隐患。

对吸潮的焊剂，使用之前必须进行再烘干，烘干温度和时间应视焊剂类型加以区别。

熔炼焊剂多呈玻璃状或玉石状，不容易吸潮和变质，即使是长时间放置，也只会吸附少量水分。尽管吸潮量不大，仍然会增加焊缝中的扩散氢，故对焊剂进行再烘干和严格管理也是十分必要的。为了去除吸附水分，在 250 ℃ 以上烘干就可以了。

高温烧结焊剂的吸潮性能与熔炼焊剂相接近，因此高温烧结焊剂的再烘干与管理也可参照熔炼焊剂的要求。低温烧结焊剂与低氢型焊条相接近，都采用水玻璃做黏结剂。因此，它们的吸潮特性也很类似，即在潮湿环境中长时间放置后会严重吸潮。为防止焊剂吸潮，应包装在密封的铁筒里。

随着焊剂碱度和用途等的不同，焊剂的再烘干制度也不一样，表 4-12 列出了国内外常采用的烘干规范作为参考。另外，焊接重要的高强度钢结构时，烘好的焊剂要放入保温箱中存放，温度在 120 ℃ ～ 150 ℃，随用随取，并限制使用时间（通常为 4 h），超过规定时间的焊剂，需再次烘干之后使用。表 4-13 列出了部分焊剂烘干温度及时间。

烘干焊剂操作时，先将焊剂平铺在干净的铁板上，再放入电炉或火焰炉内烘干，烘干炉内焊剂的堆放高度不要超过 50 mm。

表 4-12　焊剂的再烘干规范

焊剂类型	焊剂特征	烘干温度/℃	保温时间/h	焊剂牌号
熔炼型	酸性焊剂	200~300	1~2	HJ230，HJ330，HJ430，HJ431，HJ433
	中性焊剂	300~350	1~2	HJ260，HJ350，HJ351
	碱性焊剂	350~400	1~2	HJ172，HJ250，HJ251，HJ252
	浮石状焊剂	250~350	1~2	HJ130，HJ131，HJ150，HJ151
烧结型	低碳钢、耐热钢、低温钢用	300~350	1~2	SJ301，SJ302，SJ501，SJ502，SJ503
	高强度钢用	350~400	1~2	SJ101，SJ103，SJl04，SJl05，SJl07
	不锈钢用	300~350	1~2	SJ303，SJ524，SJ601，SJ602，SJ608
	堆焊用	300~350	1~2	SJ202，SJ403，SJ522，SJ607

表 4-13　部分焊剂烘干温度及时间

焊剂牌号	焊剂类型	焊前烘干度/℃	保温时间/h
HJ130	无锰高硅低氟	250	2
HJ131	无锰高硅低氟	250	2
HJ150	无锰中硅中氟	300~450	2
HJ172	无锰低硅高氟	350~400	2
HJ251	低锰中硅中氟	300~350	2
HJ351	中锰中硅中氟	300~400	2
HJ360	中锰高硅中氟	250	2
HJ431	高锰高硅低氟	200~300	2
SJ101	氟碱型（碱度值为 1.8）	300~350	2
SJ102	氟碱型（碱度值为 3.5）	300~350	2
SJ105	氟碱型（碱度值为 2.0）	300~350	2
SJ402	锰硅型酸性（碱度值为 0.7）	300~350	2
SJ502	铝钛型　酸性	300	1
SJ601	专用碱性焊剂	300~350	2

②焊剂的储存焊剂的储存环境应该达到以下要求。

a. 储存焊剂的环境，室温最好在 10 ℃~25 ℃，相对湿度应小于 50%。

b. 储存焊剂的环境应该通风良好，焊剂应摆放在距离地面 400 mm、与墙壁距离为

300 mm 的货架上。

    c. 焊剂的使用原则是，先买进的焊剂先使用，本着先进先出的原则发放焊剂。

    d. 回收后准备再用的焊剂应存放在保温箱内。

    e. 进入保管库内的焊剂，要同时保存好入库焊剂的质量证明书、焊剂的发放记录等。

    f. 不合格的焊剂、报废的焊剂要妥善处理，不得与库存待用的焊剂混淆。

    g. 刚买进的焊剂，要进行产品质量验收，在未得出结果之前，要与验收合格的焊剂隔离摆放。

    h. 储存的每种焊剂前，都应有焊剂的标签，标签应注明焊剂的型号、牌号、生产日期、有效日期、生产批号、生产厂家、购入日期等。

4．3　埋弧焊工艺

4.3.1　埋弧焊的焊缝形状和尺寸

    焊缝形状是对焊缝金属的横截面而言。如图 4 - 6 所示，c 为焊缝宽度，S 为焊接熔池深度，h 为余高。熔焊时，在单道焊缝横截面上，焊缝宽度与焊缝计算厚度的比值称为焊缝成型系数。焊缝成型系数表示了焊缝形状尺寸的特征，成型系数过小时，焊缝形状深而窄，容易产生气孔、夹渣、结晶裂纹等缺陷；成型系数过大，焊缝浅而宽，容易产生未焊透、未熔合缺陷，同时浪费材料。成型系数一般控制在 1. 3 ~2。

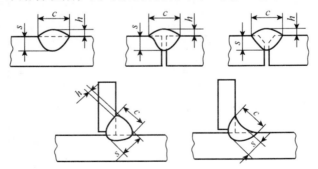

图 4 - 6　各种焊接接头的焊缝形状

    熔焊时，被熔化的母材在焊道金属中所占的百分比，称为熔合比。熔合比主要影响焊缝的化学成分、金相组织和力学性能。由于熔合比的变化反映了填充金属在整个焊缝金属中所占比例发生了变化，这就导致焊缝成分、组织与性能的变化。熔合比的数值变化范围较大，一般可在 10% ~85% 的范围内变化。埋弧焊的熔合比变化范围一般在 60% ~70% 。

    焊缝成型系数和熔合比数值的大小，主要取决于焊接参数。

4.3.2 影响焊接接头质量的因素

1. 焊接参数

（1）焊接电流。焊接电流是决定焊丝熔化速度、熔透深度和母材熔化量的最重要的参数，焊接电流对熔透深度影响最大，焊接电流与熔透深度几乎是直线正比关系。随着焊接电流的提高，熔深和余高同时增大，焊缝成型系数变小。为防止烧穿和焊缝裂纹，焊接电流不宜选得太大，但焊接电流过小也会使焊接过程不稳定并造成未焊透或未熔合，因此，对于不开坡口对接缝的焊接电流，按所要求的最低熔透深度来选定即可。对于开坡口焊缝的填充层，焊接电流主要按焊缝最佳的成型为准则来选定。焊接电流对焊缝形状的影响如图 4 - 7。

此外，焊丝直径也决定了焊接电流密度，因而也对焊缝横截面形状产生一定的影响，采用细焊丝焊接时，形成深而窄的焊道，采用粗焊丝焊接时，则形成宽而浅的焊道。

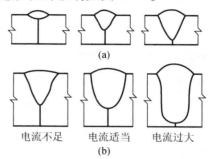

图 4 - 7　焊接电流对焊缝断面形状的影响
（a）Ⅰ型接头；（b）Y 型接头

（2）电弧电压。电弧电压与电弧长度成正比关系。在其他参数不变的条件下，随着电弧电压的提高，焊缝的宽度明显增大，而熔深和余高则略有减小。电弧电压过高时，会形成浅而宽的焊道，从而导致未焊透和咬边等缺陷的产生。此外焊剂的熔化量增多，会造成焊缝表面粗糙，脱渣困难。降低电弧电压，能提高电弧的挺度，增大熔深。但电弧电压过低，会形成高而窄的焊道，使边缘熔合不良。

为获得成型良好的焊道，电弧电压与焊接电流应相互匹配。当焊接电流加大时，电弧电压应相应提高。

电弧电压对焊缝形状的影响如图 4 - 8 所示。

此外，极性不同时，电弧电压对熔宽的影响也不同。表 4 - 14 为采用 HJ431 焊剂时，正极性和反极性条件下电弧电压对熔宽的影响。

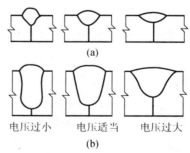

图 4 - 8　电弧电压对焊缝断面形状的影响
（a）Ⅰ型接头；（b）Y 型接头

表 4 - 14　不用极性埋弧焊时，电弧电压对熔宽的影响

电弧电压/V	熔宽 B/mm	
	正极性	反极性
30 ~ 32	21	22
40 ~ 42	25	28
53 ~ 55	25	33

注：焊丝直径 5 mm，焊接电流 550 A，焊接速度 40 cm/min。

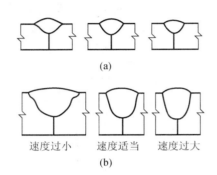

(a)

速度过小　　速度适当　　速度过大

(b)

图 4 - 9　焊接速度对焊缝断面形状的影响

（a）I 型接头；（b）Y 型接头

（3）焊接速度。焊接速度决定了单位长度焊缝上的热输入量。在其他参数不变的条件下，提高焊接速度，可使单位长度焊缝上的热输入量和填充金属量减少，因而熔深、熔宽及余高都相应地减小。但焊接速度太快，会产生咬边和气孔等缺陷，焊道外形恶化。焊接速度太慢，可能会引起焊缝被烧穿。

焊接速度对焊缝形状的影响如图 4 - 9。

（4）电流种类及极性。采用直流电源进行埋弧焊，与采用交流电源相比，前者能更好地控制焊道形状、熔深，且引弧容易。直流反接（焊丝接正极）时，可获得最大的熔深和最佳的焊缝表面。直流反正接（焊丝接负极）时，焊丝熔化速度要比反接高 35%，熔深变浅。直流正接法埋弧焊可适用于要求浅熔深的材料焊接以及表面堆焊。为获得成型良好的焊缝，直流正接法焊接时，应适当提高电弧电压。

（5）焊丝直径及伸出长度。焊丝直径影响熔敷率。在电流一定的条件下，细丝的电流密度较大，熔敷率较高。但是送丝机的送丝速度是有限的，为了得到更高的熔敷率，应当选择粗丝。焊丝越细，焊缝熔深越大，熔宽越小。

焊丝的熔化速度是由电弧热和电阻热共同决定的，电阻热是指伸出导电嘴一段焊丝通过焊接电流时所产生的热量（$Q = I^2R$），因此焊丝的熔化速度与伸出长度的电阻热成正比。焊丝伸出长度越长，电阻热越大，熔化速度越快。

在较低的电弧电压下，增加焊丝伸出长度，会使焊道宽度变窄、熔深减小、余高增大。在焊接电流保持不变的情况下，焊缝伸出长度加大，可使熔化速度提高 25% ~ 50%。因此，为保持良好的焊道成型，加大焊丝伸出长度时，应适当提高电弧电压和焊接速度。在不要求较大熔深的情况下，可利用加长焊丝伸出长度的办法来提高焊接效率，而在要求较大熔深时，不推荐加长焊丝的伸出长度。

为保证焊缝成型良好，对于不同的焊丝直径，可推荐以下最佳焊丝伸出长度和最大伸出长度。

①对于直径为 2.0 mm、2.5 mm 和 3.0 mm 的焊丝，最佳焊丝伸出长度为30～50 mm，最大焊丝伸出长度为75 mm。

②对于直径为 4.0 mm、5.0 mm 和 6.0 mm 的焊丝，最佳焊丝伸出长度为50～80 mm，最大焊丝伸出长度为125 mm。

2. 工艺条件

（1）焊剂粒度和堆散高度。焊剂粒度应根据所使用的焊接电流来选择，细颗粒焊剂适用于大的焊接电流，能获得较大的熔深和宽而平坦的焊缝表面。如在小的焊接电流下使用细颗粒焊剂，因焊剂层密封性较好，气体不易逸出，则在焊缝表面留下斑点。相反，如在大的焊接电流下使用粗颗粒焊剂，则因焊剂层保护不良而在焊缝表面形成凹坑或出现粗糙的波纹。焊剂粒度与所使用的焊接电流范围之间的关系见表 4–15。

表 4–15　焊剂粒度与焊接电流的关系

焊剂粒度/mm	2.5～0.45	0.28～1.43
焊接电流/A	<600	600～1 200

焊剂堆高太薄或太厚都会在焊缝表面引起斑点、凹坑、气孔并改变焊道的形状。焊剂堆高太薄，电弧不能完全埋入焊剂中，电弧燃烧不稳定且出现闪光、热量不集中，降低焊缝熔透深度。反之，焊剂堆高太厚，电弧受到熔渣壳的物理约束，而形成外形凹凸不平的焊缝，但熔透深度增加。因此对于焊剂层的厚度应加以控制，使电弧不再闪光，同时又能使气体从焊丝周围均匀逸出，埋弧焊焊剂堆高一般在 25～40 mm 范围内。当使用黏结焊剂或烧结焊剂时，由于密度小，焊剂堆高比熔炼焊剂高出20%～50%。焊丝直径越大、焊接电流越高，则焊剂堆散高度也应相应加大。

（2）焊丝倾角和偏移量。焊丝的倾角对焊道的成型有明显的影响，焊丝相对于焊接方向可做向前倾斜和向后倾斜，顺着焊接方向倾斜称为前倾，背着焊接方向倾斜称为后倾，焊丝前倾时，电弧大部分热量集中于焊接熔池，电弧吹力使熔池向后推移，因而形成熔透深、余高大，熔宽窄的焊道。而焊丝后倾时，电弧热量大部分集中于未熔化的母材，从而形成熔深浅、余高小、熔宽大的焊道。

焊丝倾角对焊缝形状的影响如图4–10所示。

T形接头的角焊缝焊接时，焊丝与焊件之间的夹角对焊道成型也有影响，如图 4–11 所示。减小焊缝与 T 形接头底板的夹

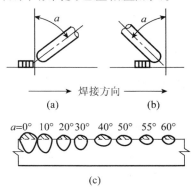

焊接方向

（a）　　　　（b）

$a=0°$ 10° 20°30° 40° 50° 55° 60°

（c）

图 4–10　焊丝倾角对焊缝成型的影响

（a）焊丝前倾；（b）焊丝后倾；

（c）焊丝后倾角度对熔深熔宽的影响

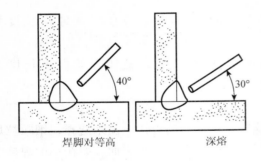

图4-11　角焊缝焊丝夹角对焊缝成型的影响

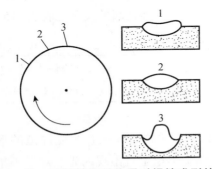

图4-12　环焊缝焊丝位置对焊缝成型的影响

角,可使熔透深度增加。当夹角为30°时,可获得最大的熔深。

环缝埋弧焊时,焊丝与焊件中心垂线的相对位置对焊缝的成型有很大的影响,如图4-12所示。环缝埋弧焊时,焊件在不断地旋转,熔化的焊剂和金属熔池由于离心力的作用倾向于离开电弧区而流动。因此,为防止熔化金属溢流和焊缝成型不良,应将焊丝逆焊件旋转方向后移适当距离(这个距离称为后偏量或偏移量),使焊接熔池正好在焊件转到中心位置时凝固,后偏最过大则会形成熔深浅、表面下凹的焊道,而后偏最过小,则会形成深而窄的焊道,焊道中间凸起,有时还可能出现咬边。焊丝最佳偏移量主要取决于所焊工件的直径,但也与工件的厚度,所选用的焊接电流和焊接速度有关,如表4-16。

表4-16　环焊缝时焊丝的偏移量

焊件外径/mm	焊丝偏移量/mm	焊件外径/mm	焊丝偏移量/mm
25~75	12	1 050~1 200	50
75~450	22	1 200~1 800	55
450~900	34	>1 800	75
900~1 050	40		

　　(3)工件倾斜度。埋弧焊大多是在平焊位置进行的,但在某些特殊应用场合必须在焊件略作倾斜的条件下进行焊接。倾斜焊时,热源自下向上进行的焊接,称为下坡焊。相反,热源自上向下进行的焊接称为上坡焊。下坡焊时,焊件的倾斜度越大,焊道中间下凹,熔深减小,焊缝宽度增大,焊道边缘可能出现未熔合。上坡焊时,焊件的倾斜度对焊缝成型的影响与下坡焊相反,焊件倾斜越大,熔深和余高随之加大,而熔宽减小。工件倾斜度对焊缝形状的影响如图4-13所示。

　　薄板高速埋弧焊时,将焊件倾斜15°可防止烧穿,焊缝成型良好。厚板焊接时,因焊接熔池体积增大,焊件倾斜度应相应减小。上坡焊时,当焊接电流达到800 A,焊件的倾斜度不应大于6°,否则焊缝成型就会失控。

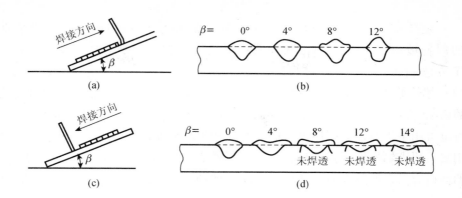

图 4 – 13 工件倾斜度对焊缝成型的影响

（a）上坡焊；（b）上坡焊工件斜度的影响；（c）下坡焊；（b）下坡焊工件斜度的影响

（4）坡口形状、间隙的影响。在其他条件相同时，增加坡口深度和宽度，焊缝熔深增加，熔宽略有减小，余高显著减小，如图 4 – 14 所示。在对接焊缝中，如果改变间隙大小，也可以调整焊缝形状。另外，板厚及散热条件对焊缝熔宽和余高也有影响。

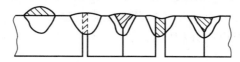

图 4 – 14　坡口形状对焊缝成型的影响

4.3.3　埋弧焊工艺

1. 焊前准备

埋弧焊的焊前准备包括焊件的坡口加工、焊件的清理与装配、焊丝表面清理及焊剂烘干、焊机检查与调试等工作。这些准备工作与焊接质量的好坏有着十分密切的关系，所以必须认真完成。

（1）坡口的选择与加工。由于埋弧焊可使用较大电流焊接，电弧具有较强穿透力，所以当焊件厚度不太大时，一般不开坡口也能将焊件焊透。但随着焊件厚度的增加，不能无限地提高焊接电流，为了保证焊件焊透，并使焊缝有良好的成型，应在焊件上开坡口。坡口形式与焊条电弧焊时基本相同，其中尤以 Y 形、K 形、U 形坡口最为常用。焊件厚度超过 50 mm 时，为降低生产成本，目前已广泛采用坡口倾角仅 1° ~ 3° 的窄坡口或窄间隙接头形式。埋弧焊焊缝坡口的基本形式已经标准化，各种坡口适用的厚度、基本尺寸和标注方法见 GB 986—1988 的规定。

埋弧焊的接头形式是由焊件的结构形式决定的，其中对接接头和角接接头是埋弧焊最主要的接头形式。

坡口常用气割或机械加工方法制备。气割一般采用半自动或自动气割机方便地割出直边、Y 形和双 Y 形坡口。手工气割很难保证坡口边缘的平直和光滑，对焊接质量的稳定性有较大影响，尽可能不采用。如果必须采用手工气割加工坡口，一定要把坡口修磨到符合要求后才能装配焊接。用刨削、车削等机械加工方法制备坡口，可以达到比气割坡口更高的精度。目前，U形坡口通常采用机械加工方法制备。

（2）焊件的清理与装配。焊件装配前，需将坡口及坡口两侧各20 mm附近区域表面上的锈蚀、油污、氧化物、水分等清理干净。大量生产时可用喷丸处理方法；批量不大时也可用手工清理，即用钢丝刷、风动和电动砂轮或钢丝轮等进行清除；必要时还可用氧乙炔火焰烘烤焊接部位，以烧掉焊件表面的污垢和油漆，并烘干水分。机械加工的坡口容易在坡口表面沾染切削液或其他油脂，焊前也可用挥发性溶剂将污染部位清洗干净。

焊件装配时必须保证接缝间隙均匀，高低平整不错边，特别是在单面焊双面成型的埋弧焊中更应严格控制。装配时，焊件必须用夹具或定位焊缝可靠地固定。定位焊使用的焊条要与焊件材料性能相符，其位置一般应在第一道焊缝的背面，长度一般不大于30 mm。定位焊缝应平整，且不允许有裂纹、夹渣等缺陷。

对直缝的焊件装配，须在接缝两端加装引弧板和引出板。引弧板和引出板的大小应足以能堆积焊剂，并使引弧点和弧坑落在正常焊缝之外。如焊件纵缝开一定形状的坡口，则引弧板和引出板也应开相应的坡口。图4-15为纵缝焊接时，对引弧板和引出板的要求。

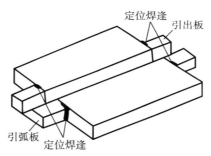

图4-15　纵缝焊接时的引弧板和引出板

焊接环焊缝时，引弧部位被正常焊缝重叠，熄弧在已焊成的焊缝上进行，不需另外加装引弧板和引出板。

（3）焊丝表面清理与焊剂烘干。埋弧焊用的焊丝要严格清理，焊丝表面的油、锈及拔丝用的润滑剂都要清理干净，以免污染焊缝造成气孔。

焊剂在运输及储存过程中容易吸潮，所以使用前应经烘干去除水分。一般焊剂须在250 ℃温度下烘干，并保温1 h。限用直流焊接的焊剂使用前必须经350 ℃~400 ℃烘干，并保温2 h，烘干后应立即使用。回收使用的焊剂应过筛清除焊渣等杂质后才能使用。

（4）焊机的检查与调试。焊前应检查接到焊机上的动力线、焊接电缆接头是否松动，接地线是否连接妥当。导电嘴是易损件，一定要检查其磨损情况和是否夹持可靠。焊机要进行调试，检查仪表指示及各部分动作情况，并按要求调好预定的焊接参数。

启动焊机前，应再次检查焊机和辅助装置的各种开关、旋钮等的位置是否正确无误，离合器是否可靠接合。检查无误后，再按焊机的操作顺序进行焊接操作。

2. 埋弧焊操作技术

埋弧焊操作技术包括引弧、收弧、焊丝端的位置、焊缝的排列顺序，引弧板和引出板的设置等，焊接操作上必须熟练掌握这些技术，才能保证埋弧焊过程顺利地完成。

（1）引弧及收弧。埋弧焊的引弧方法有钢绒球引弧法、尖焊丝引弧法、刮擦引弧法和焊丝回抽法等，工业生产中最常用、最可靠的引弧方法是焊丝回抽引弧法。

焊丝回抽引弧法必须使用具有焊丝回抽功能的焊机，引弧时，通常先将光洁的焊丝端向下缓慢送给，直到焊丝与焊件表面正好接触为止，然后撒上焊剂准备引弧。启动接通焊接电源时，因焊丝与焊件短接，焊丝与焊件之间的电压接近于零，可将此信号反馈到送丝电动机的控制线路，使电动机反转回抽焊丝而引燃电弧，当电弧电压上升到给定值时，电动机换向正转并以设定的速度向下送丝，开始正常的焊接过程。采用这种引弧法时应注意焊丝端无残留熔渣，焊件表面上氧化皮和锈斑，否则不易引弧成功。

埋弧焊时，由于焊接熔池体积较大，收弧后会形成较大的弧坑，如不做适当填补，弧坑处往往会形成放射性的收缩裂纹。在某些焊接性较差的钢中，这种弧坑裂纹会向焊缝主体扩展而必须返修补焊。为在焊接结束前的收弧过程中对弧坑进行填补，在埋弧焊设备中大都装有收弧程序开关。即先按停止行走按钮，焊接小车或焊件停止行走，而焊接电源未切断，焊丝继续向下送给，待电弧继续燃烧一段时间后再按停止焊接按钮，切断电源，同时焊丝停止给送。这样可对弧坑做适当填补，从而消除了弧坑裂纹。对于重要的焊接部件，必须采用这种收弧技术。

（2）焊丝位置的调整。埋弧焊时，焊丝相对于焊缝和焊件的位置也很重要。不合适的焊丝位置会引起焊缝成型不良，导致咬边、夹渣和未焊透等缺陷的形成。因此，焊接过程中应随时调整焊丝的位置，使其始终保持在所要求的正确位置上。焊丝的位置包括焊丝中心线与接缝中心线的相对位置，焊丝相对于接头平面的倾斜角，焊丝相对于焊接方向的倾斜以及多丝焊时焊丝之间的距离和相对的倾斜。

在薄板对接焊和厚板开坡口焊缝的根部焊接时，焊丝的中心垂线必须对准接缝的中心线，如图4-16（a）所示。如焊丝偏离接缝中心线超过容许范围，则很可能产生未焊透，如图4-16（b）所示。在焊接不等厚对接接头时，焊丝应适当向较厚侧焊件偏移一定距离，以使接头两侧均匀熔合，如图 4 - 16（c）所示。

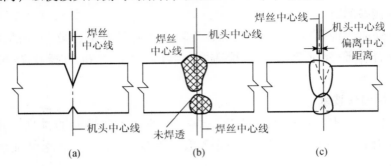

图 4 - 16 焊丝与接缝的相对位置

（a）正确；（b）不正确；（c）正确

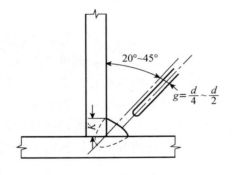

图 4 - 17　T 形接头平角焊时焊丝的位置

g - 偏移量；d - 焊丝直径；K - 焊脚尺寸

埋弧焊的角焊缝主要出现在 T 形接头和搭接接头中。在 T 形接头的平角焊时，焊丝的位置如图 4 - 17 所示。焊丝中心线应向焊件底板平移 1/4 ~ 1/2 焊丝直径的距离（视平板和立板的厚度差而定）。在焊制焊脚尺寸较大的角焊缝时，应选用较大的焊丝偏移量。不恰当的焊丝位置可能会引起 T 形接头立板侧的咬边，或可能形成外形不良、焊脚尺寸不等的角焊缝。

T 形接头平角焊时，焊丝相对于立板平面位置的倾斜角约为到 20° ~ 45°，正确的角度视 T 形接头的立板和底板的相对厚度而定，焊丝应靠近厚度较大的部件。

当焊件易于翻转时多采用船形位置焊接。在船形位置焊接时，通常将焊丝放在垂直位置并与焊件相交成 45°，如图 4 - 18（a）所示。在要求较深的熔透时，焊件的倾斜度可调整到图 4 - 18（b）所示的倾斜角度。为防止咬边，焊丝亦可略作倾斜。

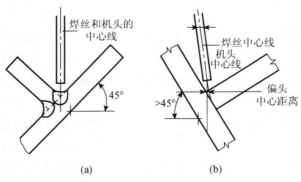

图 4 - 18　船形位置焊接时焊丝的位置

（a）船形位置焊接的角度；（b）较深熔透时的角度

在厚板深坡口对接焊时，除了根部焊缝需对中接缝中心外，填充层焊道焊接时，焊丝与坡口侧壁的距离应大致等于焊丝的直径，如图4-19所示。焊接过程中应始终保持焊丝与坡口侧壁的间距在容许范围内。如果间距太小，则很易产生咬边，如太大，则会出现未熔合。在实际生产中，厚壁深坡口接头会经常由于焊丝与坡口侧壁的间距掌握不当而出现上述缺陷。

在较先进的埋弧焊装置中，装有焊接机头的自动跟踪系统，焊丝与侧壁间距调定后，焊丝的位置可通过自动跟踪机构始终保持在最佳的焊接位置，从而获得高质量的无缺陷的焊缝，另一方面也减轻了焊工的劳动强度。

多丝埋弧焊中最常用的是纵列焊丝双丝埋弧焊，该焊接方法每根焊丝由单独的送丝机构送进，并由独立的焊接电源供电。纵列焊丝双丝埋弧焊的焊接电源，一般只能采用直流和变流联用，如两个电源均为直流电源则电弧偏吹现象十分严重。通常将前置焊丝接直流电源，有利于增加熔深，后置焊丝接交流电源，有利于焊缝成型。另外，焊丝相对于焊件保持正确的位置更为重要，与单丝焊相比，这种双丝埋弧焊还增加了焊丝间距和焊丝间倾斜角等参数，增加了操作的复杂性。图4-20为纵列焊丝双丝纵缝埋弧焊时，两焊丝间的相对位置。

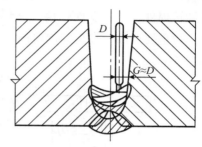

图4-19　多道焊焊丝与坡口侧壁间的距离
G-焊丝与坡口侧壁间距离；D-焊丝直径

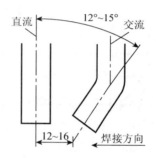

图4-20　双丝焊焊丝的位置

3．对接接头的埋弧焊

（1）对接接头双面埋弧焊。双面焊是埋弧焊对接接头最主要的焊接技术，适用于中厚板的焊接。这种方法须由焊件的两面分别施焊，焊完一面后翻转焊件再焊另一面。由于焊接过程全部在平焊位置完成，因而焊缝成型和焊接质量较易控制，焊接参数的波动小，对焊件装配质量的要求不是太高，一般都能获得满意的焊接质量。在焊接双面埋弧焊第一面时，既要保证一定的熔深，又要防止熔化金属的流溢或烧穿焊件。所以焊接时必须采取一些必要的工艺措施，以保证焊接过程顺利进行。按采取的不同措施，可将双面埋弧焊分为以下几类。

①不留间隙双面焊。这种焊接法就是在焊第一面时焊件背面不加任何衬垫或辅助装置，因此也叫悬空焊接法。为防止液态金属从间隙中流失或引起烧穿，要求焊件在装配时不留间隙或只留很小的间隙（一般不超过1 mm）。第一面焊接时所用的焊接参数不能太大，只需使焊缝的熔深达到或略小于焊件厚度的一半即可。而焊接反面时由于已有了第一面的焊缝作依托，且为了保证焊件焊透，便可用较大的焊接参数进行焊接，要求焊缝的熔深应达到焊件厚

度的60%~70%。这种焊接法一般不用于厚度太大的焊件焊接。

②预留间隙双面焊。这种焊接法是在装配时，根据焊件的厚度预留一定的装配间隙，进行第一面的焊接时，为防止熔化金属流溢，接缝背面应衬以焊剂垫（见图4-21）或临时工艺垫板（见图4-22），并须采取措施使其在焊缝全长都与焊件贴合，并且压力均匀。第一面的焊接参数应保证焊缝熔深超过焊件厚度的60%~70%。焊完第一面后翻转焊件，进行反面焊接，其焊接参数可与第一面焊接时相同，但必须保证完全熔透。对重要产品，在反面焊接前需进行清根处理，此时焊接参数可适当减小。

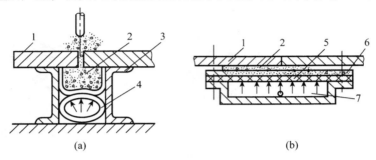

图4-21 焊剂垫结构示意图

（a）软管式；（b）橡胶膜式

1-焊件；2-焊剂；3-帆布；4-充气软管；5-橡胶膜；6-压板；7-气室

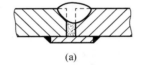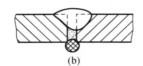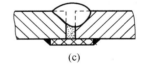

（a）　　　　　　　　　（b）　　　　　　　　　（c）

图4-22 临时工艺垫板结构示意图

（a）薄钢带垫；（b）石棉绳垫；（c）石棉板垫

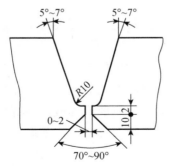

**图4-23 厚板焊条电弧焊封底
多层埋弧焊典型坡口**

③开坡口双面焊。对于不宜采用较大热输入焊接的钢材或厚度较大的焊件，可采用开坡口双面焊。坡口形式由焊件厚度决定，通常焊件厚度小于22 mm时开"Y"形坡口；大于22 mm时开X形坡口。开坡口的焊件焊接第一面时，可采用焊剂垫。当无法采用焊剂垫时可用悬空焊，此时坡口应加工平整，同时保证坡口装配间隙不大于1 mm，以防止熔化金属流溢。

④焊条电弧焊封底双面焊。对无法使用衬垫或不便翻转的焊件，也可采用焊条电弧焊先仰焊封底，再用埋弧焊焊正面焊缝的方法。这类焊缝可根据板厚情况开或不开坡口。一般厚板焊条电弧焊封底多层埋弧焊的典型坡口见图4-23，保证封底厚度大

于 8 mm，以免埋弧焊时烧穿。由于焊条电弧焊熔深浅，所以在正面进行埋弧焊时必须采用较大的焊接参数，以保证焊件熔透。板厚大于 40 mm 时宜采用多层多道埋弧焊。此外，对于重要构件，常采用 TIG 焊打底，再用埋弧焊焊接的方法，以确保底层焊缝的质量。

（2）对接接头单面埋弧焊。双面埋弧焊虽然获得广泛应用，但由于施焊时焊件需翻转，给生产带来很大麻烦，也使生产率大大降低。在对接接头中采用单面埋弧焊，可用强迫成型的方法实现单面焊双面成型，因而可免除焊件翻转带来的问题，大大提高生产率，减轻劳动强度，降低生产成本。但用这种方法焊接时，电弧功率和热输入大，接头的低温韧性较差，通常适用于中、薄板的焊接。

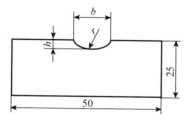

图 4 - 24　铜衬垫的截面形状

对接接头单面埋弧焊，是使用较大焊接电流将焊件一次熔透的焊接方法。由于焊接熔池较大，只有采用强制成型的衬垫，使熔池在衬垫上冷却凝固，才能达到一次成型。按衬垫的形式可将其分为以下几种焊接。

①在铜衬垫上焊接。铜衬垫是有一定宽度和厚度的纯铜板，在其上加工出一道成型槽（截面形状如图 4 - 24，截面尺寸见表 4 - 17），并采用机械方法使它贴紧在焊件接缝的下面，就能托住熔池金属，控制焊缝背面成型。

表 4 - 17 铜衬垫的截面尺寸　　　　　　　　　　　mm

焊件厚度	槽宽 b	槽深 h	槽曲率半径 r
4 ~ 6	10	2.5	7.0
6 ~ 8	12	3.0	7.5
8 ~ 10	14	3.5	9.5
12 ~ 14	18	4.0	12

焊接厚度为 1 ~ 3 mm 的薄板时不留装配间隙，直接在铜衬垫上焊接。焊接更厚的焊件时，为了改善背面成型条件，常采用焊剂 - 铜垫法。使用这种方法时焊件可以不开坡口，但需留合适的装配间隙。焊接前先在铜衬垫的成型槽中铺上一层薄焊剂，焊接时这部分焊剂既可避免因局部区段铜衬垫没有贴紧而使熔池金属流溢，又可保护铜衬垫免受电弧的直接作用。这种焊接法对焊件装配质量、焊接参数要求不是十分严格。

根据铜衬垫尺寸及贴紧方式不同，在铜衬垫上焊接可分为龙门压力架固定式和随焊车联动的移动式两种。固定式需沿焊缝全长安置反面的成型铜衬垫，为使铜衬垫板贴紧焊件背面，除龙门压力架压紧外还可用压缩空气带动顶杆将铜衬垫向上顶紧，如图 4 - 25 所示。移动式则将一个长度较短的水冷铜衬垫安在接缝背面的拉紧滚轮架上，

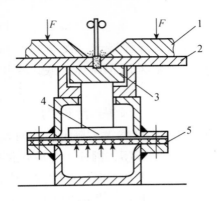

图 4 - 25　固定式铜衬垫的顶紧机构

1 - 压板；2 - 焊件；3 - 铜衬垫；

4 - 顶杆；5 - 橡胶帆布

利用装在焊车上的钢制薄片通过坡口间隙使其贴紧并随焊接小车一起移动，其结构如图 4 - 26 所示。

②在焊剂垫上焊接。利用充气橡皮软管衬托的焊剂垫，也可防止熔池金属的流溢，达到单面焊双面成型的目的。用这种方法焊接时，使用的焊剂垫结构与前述图 4 - 21 相同。

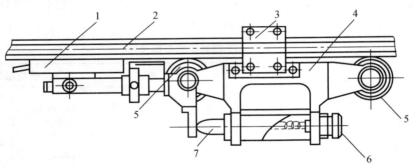

图 4 - 26　移动式水冷铜滑块机构

1 - 铜滑块；2 - 焊件；3 - 拉片；4 - 拉紧滚轮架；

5 - 滚轮；6 - 夹紧调节装置；7 - 顶杆

为使背面焊缝成型均匀整齐，要求焊剂垫的衬托压力必须适当且均匀，焊件装配间隙必须整齐。薄板焊接时，为防止因变形而造成焊剂垫贴紧程度变差，一般用压力架式电磁平台等办法将焊件紧紧吸附在电磁平台上，使焊件保持平整。

对于焊件位置不固定的曲面焊缝，可采用热固化焊剂垫法焊接。这种方法是将热固化焊剂制成柔性板条。使用时将此板条紧贴在焊件接缝的背面，并用磁铁夹具等固定（见图 4 - 27）。由于这种焊剂垫中加入了一定比例的热固化物质，当温度升高到 100 ℃ ~ 150 ℃时焊剂垫固化成具有一定刚性的板条，用以在焊接时支承熔池和帮助焊缝成型。

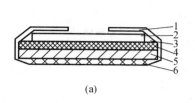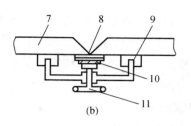

图4-27 热固化焊剂垫的构造和装配示意图

（a）构造 ；（b）装配示意图

1-双面粘贴带；2-热收缩薄膜；3-玻璃纤维布；4-热固化焊剂；5-石棉布；

6-弹性垫；7-焊件；8-焊剂垫；9-磁铁；10-托板；11-调节螺钉

③在永久性垫板或锁底上焊接。当焊件结构允许焊后保留永久性垫板时，厚度在10 mm以下的焊件可采用永久性垫板单面焊的方法。垫板必须紧贴焊件表面，垫板与工件板面间的间隙不得超过1 mm。厚度大于10 mm的焊件，可采用锁底接头焊接的方法（如图4-28），钢垫板的尺寸见表4-18。

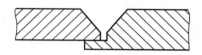

图4-28 锁底对接焊接

表4-18 对接用的永久钢垫板 mm

板厚 δ	垫板厚度	垫板宽度
2~6	0.5δ	$4\delta+5$
6~10	$(0.3~0.4)\delta$	

（3）对接接头环缝埋弧焊。环缝埋弧焊是制造圆柱形容器最常用的一种焊接形式，它一般先在专用的焊剂垫上焊接内环缝，如图4-29所示，然后再在滚轮转胎上焊接外环缝。由于简体内部通风较好，为改善劳动条件，环缝坡口通常不对称布置，将主要焊接工作量放在外环缝，内环缝主要起封底作用。焊接时，通

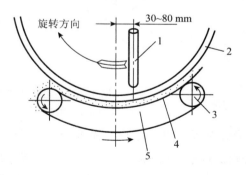

图4-29 内环缝埋弧焊焊接示意图

1-焊丝；2-焊件；3-辊轮；4-焊剂垫；5-传动带

常采用机头不动，让焊件匀速转动的方法进行焊接，焊件转动的切线速度即是焊接速度。环缝埋弧焊的焊接工艺参数可参照平板双面对接的焊接参数选取。焊接操作技术也与平板对接埋弧焊时的基本相同。

为了防止熔池中液态金属和熔渣从转动的焊件表面流失，无论焊接内环缝还是外

环缝,焊丝位置都应逆焊件转动方向偏离中心线一定距离,使焊接熔池接近于水平位置,以获得较好成型。焊丝偏置距离随所焊筒体直径而变,一般为 30~80 mm,如图 4-30 所示。

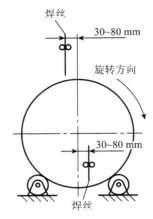

图 4-30 环缝埋弧焊焊丝偏移位置示意图

4. 角焊缝的埋弧焊

埋弧焊的角焊缝主要出现在 T 形接头和搭接接头中,用埋弧焊时可采用船形焊和横角焊两种形式。小焊件及焊件易翻转时多用船形焊;大焊件及不易翻转时则用横角焊。

(1) 船形焊缝埋弧焊。船形焊示意图如图 4-31 所示。它是将装配好的焊件旋转一定的角度,相当于在呈 90°的 V 形坡口内进行平对接焊。由于焊丝为垂直状态,熔池处于水平位置,因而容易获得理想的焊缝形状。一次成型的焊脚尺寸较大,而且通过调整焊件旋转角度(即图 4-31 中的 α 角)就可有效地控制角焊缝两边熔合面积的比例。当板厚相等(即 $\delta_1 = \delta_2$ 时),可取 $\alpha = \beta_1 = \beta_2 = 45°$,为对称船形焊,此时焊丝与接头中心线重合,熔池对称,焊缝在两板上的焊脚相等。当板厚不相等如 $\delta_1 < \delta_2$ 时,取 $\alpha < 45°$,此为不对称船形焊,焊丝与接头中心线不重合,使焊丝端头偏向厚板,因而熔合区偏向厚板一侧。

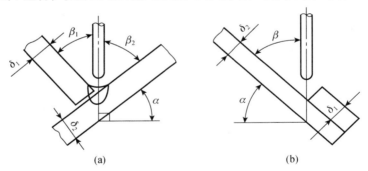

图 4-31 船形焊缝埋弧焊示意图
(a) T 形接头;(b) 搭接接头

船形焊对接头的装配质量要求较高,要求接头的装配间隙不得超过 1~1.5 mm。否则,便需采取工艺措施,如预填焊丝、预封底或在接缝背面设置衬垫等。以防止熔化金属从装配间隙中流失。选择焊接参数时应注意电弧电压不能过高,以免产生咬边。此外焊缝的成型系数不大于 2 才有利于焊缝根部焊透,也可避免咬边现象。

(2) 横角焊缝埋弧焊。当采用 T 形接头和搭接接头焊件太大,不便翻转或因其他原因不能进行船形焊时,可采用焊丝倾斜布置的横角焊来完成,其示意图如图 4-32 所示。横角焊在生产中应用很广,其优点是对接头装配间隙不敏感,即使间隙达到 2~3 mm,也不必采取防止液态金属流失的措施,因而对接头装配质量要求不严格。横角焊时由于熔池不在水平位置,熔池中的液体会属因自重的关系不利于立板侧的焊缝成型，使焊接时可能达到的焊脚尺寸受到限制，因而单道焊的焊脚尺寸很难超过8 mm，更大的焊脚需采用多道焊焊接。

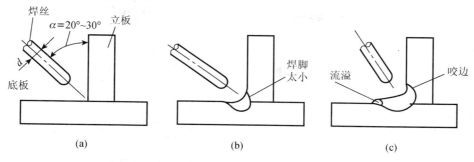

图4－32　横角焊焊缝埋弧示意图

（a）示意图；（b）焊丝与立板间距过大；（c）焊丝与立板间距过小

横角焊时焊丝与焊件的相对位置对焊缝成型影响很大，当焊丝位置不当时，易产生咬边或使立板产生未熔合。为保证焊缝的良好成型，焊丝与立板的夹角 α 应保持在15°～45°范围内（一般为20°～30°）。选择焊接参数时应注意电弧电压不宜太高，这样可减少焊剂的熔化量而使熔渣减少，以防止熔渣流溢。使用较细焊丝可减小熔池体积，有利于防止熔池金属的流溢，并能保证电弧燃烧的稳定。

4.3.4　埋弧焊的常见缺陷及防止

埋弧焊常见缺陷如表4－19所示。

表4－19　埋弧焊常见缺陷的产生原因及防止方法

缺陷名称		产生原因	防止方法
焊缝表面成型不良	宽度不均匀	1．焊接进度不均匀 2．焊丝送给速度不均匀 3．焊丝导电不良	1．找出原因排除故障 2．找出原因排除故障 3．更换导电嘴衬套（导电块）
	堆积高度过大	1．电流太大而电压过低 2．上坡焊时倾角过大 3．环缝焊接位置不当（相对于焊件的直径和焊接速度）	1．台阶焊接参数 2．调整上坡焊倾角 3．相对于一定的焊件直径和焊接速度，确定适当的焊接位置
	焊缝金属满溢	1．焊接速度过慢 2．电压过大 3．下坡焊时倾角过大 4．环缝焊接位置不当 5．焊接时前部焊剂过少 6．焊丝向前弯曲	1．调节焊速 2．调节电压 3．调整下坡焊倾角 4．相对一定的焊件直径和焊接速度，确定适当的焊接位置 5．调整焊剂覆盖状况 6．调节焊丝矫直部分
	中间凸起而两边凹陷	焊剂圈过低并有粘渣，焊接时熔渣被粘渣拖压	提高焊剂圈，使焊剂覆盖高度达30～40 mm

缺陷名称	产生原因	防止方法
气孔	1. 接头未清理干净 2. 焊剂潮湿 3. 焊剂（尤其是焊剂垫）中混有垃圾 4. 焊剂覆盖层厚度不当或焊剂斗阻塞 5. 焊丝表面清理不够 6. 电压过高	1. 接头必须清理干净 2. 焊剂按规定烘干 3. 焊剂必须过筛、吹灰、烘干 4. 调节焊剂覆盖层高度，疏通焊剂斗 5. 焊丝必须清理，清理后应尽快使用 6. 调整电压
裂纹	1. 焊件、焊丝，焊剂等材料配合不当 2. 焊丝中含碳、硫量较高 3. 焊接区冷却速度过快而致热影响区硬化 4. 多层焊的第一道焊缝截面过小 5. 焊缝成型系数太小 6. 角焊缝熔深太大 7. 焊接顺序不合理 8. 焊接刚度大	1. 合理选配焊接材料 2. 选用合格焊丝 3. 适当降低焊速以及焊前预热和焊后缓冷 4. 焊前适当预热或减小电流，降低焊速（双面焊适用） 5. 调整焊接参数和改进坡口 6. 调整焊接参数和改变极性（直流） 7. 合理安排焊接顺序 8. 焊前预热及焊后缓冷
焊穿	焊接参数或其他工艺因素不当	选择适当焊接参数
咬边	1. 焊丝位置或角度不正确 2. 焊接参数不当	1. 调整焊丝 2. 调节焊接参数
未熔合	1. 焊丝未对准 2. 焊缝局部弯曲过甚	1. 调整焊丝 2. 精心操作
未焊透	1. 焊接参数不当（如电流过小，电弧电压过大） 2. 坡口不合适 3. 焊死未对准	1. 调整焊接 2. 修正坡口 3. 调节焊丝
内部夹渣	1. 多层焊时，层间清渣不干净 2. 多层分道焊时，焊丝位置不当	1. 层间清渣彻底 2. 每层焊后发现咬边夹渣必须清除修复

4.4　埋弧焊的其他方法

4.4.1　附加填充金属的埋弧焊

在满足焊接接头力学性能的前提下，提高熔敷速度就可以提高生产率。在常规埋弧焊方法中，如果要提高熔敷速度，就要加大焊接电流，亦即加大电弧功率。其结果是焊接熔池变大，母材熔化量随之增加，导致焊缝化学成分发生变化，同时热影响区扩大并使接头性能恶化。

采用附加填充金属的埋弧焊，是一种既能提高熔敷速度，又不使接头性能变差的一种有效方法，这种方法使用的焊接设备和焊接工艺与普通埋弧焊基本相同。其基本做法是在坡口中预先加入一定数量的填充金属再进行埋弧焊，所加的填充金属可以是金属粉末，也可以是金属颗粒或切断的短焊丝。在常规埋弧焊中，只有10%～20%电弧能量用于填充焊丝的熔化，其余的能量消耗于熔化焊剂和母材以及使焊接熔池的过热。因此，可以将过剩的能量用于熔化附加的填充金属，以提高焊接生产率。单丝埋弧焊时熔敷速度可提高60%～100%；深坡口焊接时，可减少焊接层数，减小热影响区，降低焊剂消耗。附加填充金属的埋弧焊接法，由于熔敷率高，稀释率低，很适宜于表面堆焊和厚壁坡口焊缝的填充层焊接。

附加填充金属的方法不仅可以提高生产率，还可以用来获得特定成分的焊缝金属。例如，在坡口中附加高铬和镍的金属粉末，配用低碳钢焊丝进行埋弧焊，可以得到不锈钢的熔敷金属。图4-33是附加填充金属埋弧焊的示意图。这种方法适合于平焊、角焊，一般在水平位置焊接。此法可以是单面焊，也可以是双面焊。双面焊时，可以不开坡口而预留一定间隙（即采用I形坡口），也可以加工成一定的坡口形式。

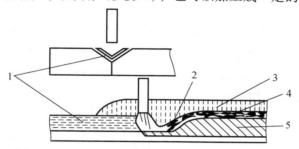

图4-33　附加填充金属埋弧焊示意图
1-附加填充金属；2-熔池；3-焊渣；4-焊缝；5-母材

4.4.2　多丝埋弧焊

多丝埋弧焊是一种既能保证合理的焊缝成型和良好的焊接质量，又可以提高焊接生产率的有效方法。采用多丝单道埋弧焊焊接厚板时可实现一次焊透，其总的热输入量要比单丝多层焊时少。因此，多丝埋弧焊与常规埋弧焊相比具有焊接速度快、耗能省、填充金属少等优点。

多丝埋弧焊主要用于厚板的焊接，通常采用在焊件背面使用衬垫的单面焊双面成型的焊接工艺。目前生产中应用最多的是双丝埋弧焊和三丝埋弧焊。按焊丝的排列方式可分为纵列式、横列式和直列式三种，如图4-34所示。从焊缝的成型看，纵列式的焊缝深而窄；横列式的焊缝浅面宽；直列式的焊缝熔合比小。

双丝埋弧焊可以合用一个焊接电源，也可以用两个独立的焊接电源。前者设备简单，但其焊接过程稳定性差（因为电弧是交替燃烧和熄灭），要单独调节每一个电弧的功率较困难；后者设备较复杂，但两个电弧都可以单独调节功率，而且还可以采用不同的电流种类和极性，焊接过程稳定，可获得更理想的焊缝成型。双丝埋弧焊应用较多的是纵列式。用这种方法焊接时，前列电弧可用足够大的电流以保证熔深；后随电

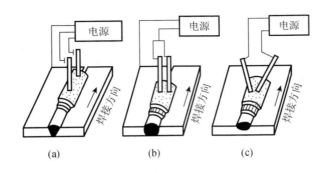

图4-34　多丝埋弧焊示意图

（a）纵列式；（b）横列式；（c）直列式

弧则采用较小电流和稍高电压，主要用来改善焊缝成型。这种方法不仅可大大提高焊接速度，而且还因熔池体积大，存在时间长，冶金反应充分而使产生气孔的倾向大大减小。此外，这种方法还可通过改变焊丝之间的距离及倾角来调整焊缝形状。当焊丝间距小于35 mm时，两根焊丝在电弧作用下合并形成一个单熔池；焊丝间距大于100 mm时，两根焊丝在分列电弧作用下形成双熔池，如图4-35所示。在分列电弧中，后随电弧必须冲开已被前一电弧熔化而尚未凝固的熔渣层。这种方法适合于水平位置平板拼接的单面焊双面成型工艺。

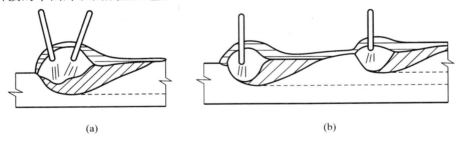

（a）　　　　　　　　　　　　　　　　（b）

图4-35　纵列式双丝埋弧焊示意图

（a）单熔池；（b）双熔池（分列电弧）

4.4.3　窄间隙埋弧焊

窄间隙埋弧焊是近年来新发展起来的一种高效率的焊接方法。它主要适用于一些厚板结构，如厚壁压力容器、原子能反应堆外壳、涡轮机转子等的焊接。这些焊件壁厚很大，若采用常规埋弧焊方法，需开U形或双U形坡口，这种坡口的加工量及焊接量都很大，生产效率低且不易保证焊接质量。采用窄间隙埋弧焊时，坡口形状为简单的I形或坡口角度较小（一般为1.5°~3°），不仅可大大减小坡口加工量，而且由于坡口截面积小，焊接时可减小焊缝的热输入和熔敷金属量，节省焊接材料和电能，并且易实现自动控制。

窄间隙埋弧焊一般为单丝焊，间隙大小取决于所焊工件的厚度。当焊件厚度为

50~200 mm时，间隙宽度为14~20 mm左右；当焊件厚度在200~350 mm时，间隙宽度为20~30 mm。焊接时可采用"中间一道"法或"两道一层"法，如图4-36所示。"两道一层"法容易保证焊缝侧壁熔合良好，得到质量优良的焊接接头，因此应用较多。

4.4.4 带极埋弧堆焊

对于大面积堆焊而言，焊条电弧焊和丝极自动堆焊不但效率低，而且在堆焊层与基层母材结合处往往易产生缺陷，因此带极埋弧焊技术应运而生。

带极埋弧焊是由多丝（横列式）埋弧焊发展而成的。它用矩形截面的钢带取代圆形截面的焊丝作电极，不仅可提高填充金属的熔化量，提高焊接生产率，而且可增大焊缝成型系数，即在熔深较小的条件下大大增加焊道宽度，很适合于多层焊时表层焊缝的焊接，尤其适合于埋弧堆焊。

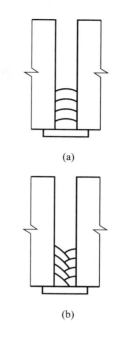

图4-36 窄间隙埋弧焊示意图
（a）"中间一道"法；（b）"两道一层"法

带极埋弧堆焊主要利用带极与母材之间产生的电弧熔化带极、焊剂和母材，在母材表面形成堆焊层的一种焊接方法，如图4-37所示。带极埋弧堆焊的稀释率要比普通的MIC/MAG焊、丝极埋弧焊、焊条电弧焊小，并且焊缝表面光滑平滑，熔敷效率高。

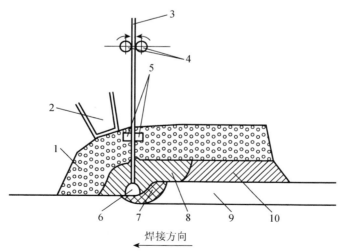

图4-37 带极堆焊示意图
1-焊剂；2-焊剂斗；3-焊带；4-驱动轮；5-导电块；6-电弧；
7-液态熔敷金属；8-液态焊渣；9-熔敷金属；10-焊渣

复习思考题

1. 什么是埋弧焊？埋弧焊的工作原理是什么？具有哪些特点？

2. 自动埋弧焊设备有哪几部分组成？各自的作用是什么？

3. 埋弧焊焊剂的作用是什么？如何正确选择和使用焊剂？

4. 影响埋弧焊焊接接头质量的因素有哪些？

5. 埋弧焊一般工艺过程是什么？什么是焊缝的成型系数和焊缝的熔合比？它们各影响着什么？

6. 埋弧焊的主要焊接参数对焊缝形状的影响及原因是什么？

7. 埋弧焊焊接时，焊丝或焊件倾斜对焊缝形状的影响及原因是什么？

8. 埋弧焊常见缺陷的产生原因及其防止方法有哪些？

9. 为什么埋弧焊时允许使用比焊条电弧焊大得多的电流和电流密度？

10. 带极埋弧焊有何特点？适用于什么场合？

11. 窄间隙埋弧焊有哪些优点？适用于哪些场合？

第5章
熔化极气体
保护电弧焊

5.1　熔化极气体保护焊概述

气体保护电弧焊是用外加气体作为电弧介质并保护电弧和焊接区的电弧焊，简称气体保护焊。合适的保护气体流量，使之形成稳定的层流气帘，有效地防止大气的侵入，是气体保护焊获得优质接头的重要因素之一。

气体保护焊是一种高效、节能、节材的焊接方法，容易实现自动化焊接，便于观察熔池和焊接区，特别适合于焊接薄板，但气体保护焊不如手弧焊灵便，在现场施工时，需采取相应的防风措施。

熔化极气体保护电弧焊（简称为熔化极气体保护焊，英文简称GMAW）是采用连续等速送进的可熔化焊丝与焊件之间的电弧

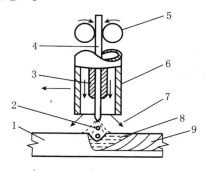

图5-1　熔化极气体保护焊示意图

1-母材；2-电弧；3-导电嘴；4-焊丝；5-送丝轮；

6-喷嘴；7-保护气体；8-熔池；9-焊缝金属

作为热源来熔化焊丝与母材金属，并向焊接区输送保护气体，使电弧、熔化的焊丝、熔池及附近的母材金属免受周围空气的有害作用。连续送进的焊丝金属不断熔化并过渡到熔池，与熔化的母材金属融合形成焊缝金属，从而使工件相互连接起来的一种焊接方法。其焊接过程如图5-1所示。熔化极气体保护焊是目前发展最快的一种电弧焊方法，具有广阔的应用前景。

5.5.1　熔化极气体保护焊的分类

熔化极气体保护焊，通常根据保护气体种类和焊丝形式的不同进行分类，如图5-2所示。若按操作方式，熔化极气体保护焊可分为自动焊和半自动焊两大类。

5.5.2　熔化极气体保护焊的特点

熔化极气体保护焊与渣保护焊方法（如焊条电弧焊与埋弧焊）相比较，在工艺性、生产率与经济效果等方面有着下列优点。

（1）GMAW法可以焊接所有的金属和合金。

（2）克服了焊条电弧焊法焊条长度的限制。

（3）能进行全位置焊，而埋弧焊却不能。易实现机械化和自动化。

（4）电弧的熔敷率比焊条电弧焊高，焊接速度比焊条电弧焊高。

（5）焊丝能连续送进，所以得到长焊缝没有中间接头。

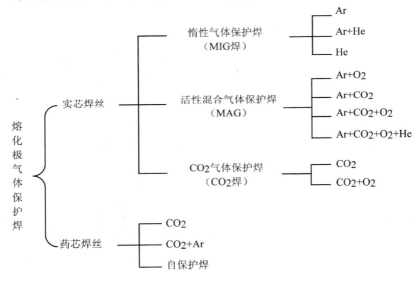

图5-2　熔化极气体保护焊分类

（6）当采用射流过渡时，可以得到比焊条电弧焊更深的熔深，所以可以减少填充金属，并得到等强度的焊缝。

（7）由于产生的熔渣少，可以降低焊后清理工作量。

（8）它是低氢焊方法，焊接接头质量好。

（9）焊接操作简单，容易操作和使用。

熔化极气体保护焊的主要缺点如下。

（1）焊接设备复杂，价格较贵又不便于携带。

（2）因焊枪较大，在狭窄处的可达性不好，因此影响保护效果。

（3）室外焊接应采取防风措施，否则易产生气孔。

（4）CMAW 是明弧焊，且电流密度大，焊接时应注意预防辐射和弧光。

5.5.3 熔化极气体保护焊的应用

熔化极气体保护焊适用于焊接大多数金属和合金，最适于焊接碳钢和低合金钢、不锈钢、耐热合金、铝及铝合金、铜及铜合金及镁合金。其中镁、铝及其合金、不锈钢等，通常只能用这种方法才能较经济地焊出令人满意的焊缝。

对于高强度钢、超强铝合金、锌含量高的铜合金、铸铁、奥氏体锰钢、钛和钛合金及高熔点金属，熔化极气体保护焊要求将母材预热和焊后热处理，采用特制的焊丝，控制保护气体要比通常情况下更加严格。

对低熔点的金属如铅、锡和锌等，不宜采用熔化极气体保护焊。表面包覆这类金属的涂层钢板也不适宜采用这类焊接方法。

熔化极气体保护焊可焊接的金属厚度范围很广，最薄约 1mm，最厚几乎不受限制。

在焊接位置方面，熔化极气体保护焊的适应性也较强。像其他电弧焊方法一样，平焊和横焊时焊接效率最高；在其他位置施焊时，其效率至少不低于焊条电弧焊。

5.2 熔化极气体保护焊设备与材料

5.2.1 熔化极气体保护焊设备

熔化极气体保护焊设备可分为半自动焊和自动焊两种类型。焊接设备主要有焊接电源、送丝系统、焊枪和行走系统（自动焊）、供气系统和冷却系统、控制系统五部分组成。焊接电源用来提高焊接过程所需的能量，维持焊接电弧的稳定燃烧。送丝机将焊丝从焊丝盘中拉出并将其送给焊枪。焊丝通过焊枪时，通过与铜导电嘴的滑动接触而带电，导电嘴将电流从焊接电源输送给电弧。供气系统提供焊接时所需要的保护气体，它是通过焊枪喷嘴将电弧、熔池及焊丝端部保护起来。冷却水系统用于水冷焊枪的冷却。控制系统主要是控制和调整焊接程序、开始和停止输送保护气体和冷却水、启动和停止焊接电源接触器，以及按要求控制送丝速度和焊接小车行走方向与焊接速度。

1. 焊接电源

熔化极气体保护电弧焊通常采用直流焊接电源，焊接电源的额定功率取决于各种用途所需要的电流范围。熔化极气体保护焊所需求的电流通常在 50 ~ 500 A 之间，特种应用要求 1 500 A。电源的负载持续率通常为 60% ~ 100%（对于便携式焊机可为30%），空载电压通常为 55 ~ 85 V。

（1）焊接电源的外特性。熔化极气体保护焊的焊接电源按其特性类型可分为平特性（恒压）、陡降型（恒流）和缓降型三种。

当采用惰性气体或活性气体作为保护气体，焊丝直径小于 1.6 mm 时，常常选用平特性电源配用等速送丝系统。当焊丝直径较粗（大于 2.0 mm）时，生产中一般采用下降外特性电源，配用变速送丝系统。

（2）焊接电源的动特性。焊接电源的动特性是指当负载状态发生瞬时变化时，弧焊电流和输出电压与时间的关系，用以表征对负载瞬变的反应能力。在熔化极气体保护焊工艺中，如果电源不能适应负载变化的需要，则将破坏焊接过程的稳定性，引起强烈的飞溅和不良焊缝成型。

通常，晶闸管整流焊机的动特性采用直流电感进行调解。此外，还可采用分别控制短路阶段和燃弧阶段的状态控制法，即适当降低短路阶段的电源电压和提高燃弧阶段的电源电压，达到类似于直流电感的作用。

逆变式焊机，由于其工作频率高（可达 20 kHz），响应速度高，能充分满足短路过渡的需要。这时也采取状态控制法。控制短路阶段的主要出发点是降低焊接飞溅。首先在短路初期抑制电流上升速度，维持较低的电流（约几十安），而防止瞬时短路和避免大颗粒飞溅。然后迅速提高短路电流，当达到某一设定之后，立刻改变电流上升率，以较小的短路电流上升速率增大电流，以便降低短路峰值电流和减小飞溅。控制燃弧阶段的主要出发点是提高燃弧能量，以便改善焊缝成型。

（3）电源输出参数的调节。熔化极气体保护焊电源的主要技术参数有：输入电压（相数、频率、电压）、额定焊接电流、额定负载持续率、空载电压、负载电压范围、焊接电流范围、电源外特性曲线类型（平特性、陡降外特性和缓降外特性）等。根据焊接工艺的需要确定对焊接电源技术参数的要求，然后选用能满足要求的焊接电源。

焊接时，可根据工艺需要对电源的输出参数、电弧电压及焊接电流及时进行调节。

①电弧电压。电弧电压是指焊丝端头和工件之间的电压降，而并不是电源输出端的电压（电源电压表指示的电压）。电弧电压的调节，可根据电源的不同外特性通过改变电压给定信号、空载电压、控制系统的电压给定信号等方法来实现。

②焊接电流。平特性电源的电流大小主要通过调节送丝速度来实现。对于陡降特性电源则主要通过调节电源外特性来实现。

2. 送丝系统

送丝系统通常是由送丝机（包括电动机、减速器、校直轮和送丝轮）、送丝软管及焊丝盘等组成。盘绕在焊丝盘上的焊丝经过校直轮后，再经过安装在减速器输出轴上的送丝轮，最后经过送丝软管送到焊枪（推丝式）。或者焊丝先经过送丝软管，然后再经过送丝轮送到焊枪（拉丝式）。根据送丝方式不同，送丝系统可分为三种类型，如图 5 - 3 所示。

（1）推丝式。推丝式是半自动熔化极气体保护焊应用最广泛的送丝方式之一。这种送丝方式的焊枪结构简单、轻便、操作和维修都比较方便。但焊丝送进的阻力较大，随着软管的加长，送丝稳定性变差，一般送丝软管长为 3 ~ 5 m。

（2）拉丝式。拉丝式可分为三种形式。一种是将焊丝盘与焊枪分开，两者通过送

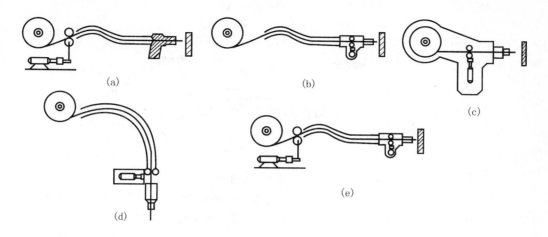

图 5 - 3　送丝方式示意图

（a）推丝式；（b），（c），（d）拉丝式；（e）推拉丝式

丝软管连接。另一种是将焊丝盘直接安装在焊枪上。这两种都适用于细丝半自动焊，但前一种操作比较方便。还有一种是不但焊丝盘与焊枪分开，而且送丝电动机也与焊枪分开，这种送丝方式可用于自动熔化极气体保护电弧焊。

（3）推拉丝式。这种送丝方式的送丝软管最长（可达 15 m 左右），扩大了半自动焊操作距离。送进焊丝时既靠后面送丝机的推力，又靠前面送丝机的拉力。但是拉丝速度应稍快于推丝，做到以拉丝为主。这样在送丝过程中，始终能保持焊丝在软管中处于拉直状态。这种送丝方式常被用于半自动熔化极气体保护电弧焊。

3. 焊枪

熔化极气体保护焊用焊枪可分为进行手工操作（半自动焊）和自动焊（安装在机械装置上）。这些焊枪包括用于大电流、高生产率的重型焊枪和适用于小电流、全位置焊的轻型焊枪。

熔化极气体保护焊用焊枪还可分为水冷或气冷及鹅颈式（如图 5 - 4 所示）或手枪式（如图 5 - 5 所示）等，这些形式既可以制成重型焊枪，也可以制成轻型焊枪。

熔化极气体保护焊用焊枪主要由导电嘴、气体保护喷嘴、焊接软管和导丝管、气管、水管、焊接电缆、控制开关等元件组成。

4. 供气系统与冷却水系统

供气系统如图 5 - 6 所示。供气系统中通常需安装预热器、减压阀、流量计和气阀等。如果气体纯度不够，还需要串接高压干燥器和低压干燥器，以吸收气体中的水分，防止焊缝中生成气孔。

水冷式焊枪的冷却水系统由水箱、水泵、冷却水管和水压开关组成。水箱里的冷却水经水泵流经冷却水管和水压开关后流入焊枪，然后经冷却水管再回流入水箱，形成冷却水循环。水压开关的作用是保证当冷却水未流经焊枪时，焊接系统不能启动焊接，以保护焊枪，避免过热而烧坏。

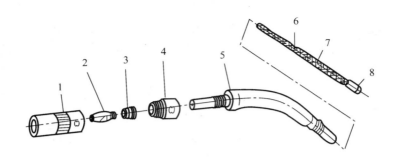

图 5 - 4　鹅颈式焊枪及其结构

1 - 喷嘴；2 - 焊丝嘴；3 - 分流器；4 - 绝缘接头；5 - 枪体；

6 - 弹簧软管；7 - 塑料密封层；8 - 带 O 形密封圈的铜接头

5. 控制系统

控制系统由基本控制系统和程序控制系统组成。基本控制系统的作用是在焊前或焊接过程中调节焊接电流、电压、送丝速度和气体流量的大小，主要包括焊接电源输出调节系统、送丝速度调节系统、小车或（工作台）行走速度调节系统和气体流量调节系统。程序控制系统的主要作用如下。

（1）控制焊接设备的启动和停止、控制电磁气阀动作。

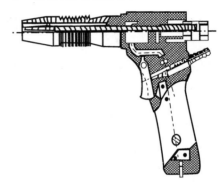

图 5 - 5　手枪式焊枪

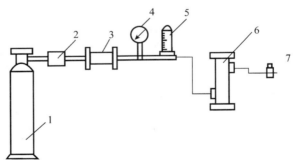

图 5 - 6　供气系统示意图

1 - 气泵；2 - 预热器；3 - 高压干燥器；4 - 气体减压阀；

5 - 气体流量计；6 - 低压干燥器；7 - 气阀

（2）实现提前送气和滞后断气，使焊接区受到良好的保护。

（3）控制水压开关动作，保证焊枪受到良好的冷却。

（4）控制引弧和熄弧。

（5）控制送丝和小车（或工作台）移动。

程序控制是自动切换的。半自动焊焊接启动开关装在焊枪上。当焊接启动开关闭合后，整个焊接过程按照设定的程序自动进行。程序控制的控制器由延时控制器、引弧控制器和熄弧控制器等组成。程序控制系统将焊接电源、送丝系统、焊枪和行走系统、供气和冷却水系统有机地组合在一起，构成一个完整的、自动控制的焊接设备系统。

除程序系统外，高档焊接设备还有参数自动调节系统。其作用是当焊接参数受到外界干扰而发生变化时可自动调节，以保护有关焊接参数的恒定，维持正常稳定的焊接过程。

5.2.2 熔化极气体保护焊材料

在熔化极气体保护电弧焊中采用的材料有焊丝和保护气体。焊丝、母材和保护气体的化学成分决定了焊缝金属的化学成分。而焊缝金属的化学成分又决定着焊件的化学性能和力学性能。选择保护气体和焊丝时，通常要考虑以下因素。

（1）母材的成分和力学性能。

（2）对焊缝力学性能的要求。

（3）母材的状态和清洁度。

（4）焊接的位置。

（5）期望的熔滴过渡形式。

1. 焊丝

熔化极气体保护电弧焊用焊丝的有关标准为：焊接用铜丝 GB/T 8110—1995、铝及铝合金焊丝 GB/T 10858—1989 和铜及铜合金焊丝 GB/T 9460—1988。在这些标准中规定了焊丝的型号、化学成分和力学性能。

熔化极气体保护电弧焊用焊丝的化学成分一般与母材的化学成分相近，并且具有良好的焊接工艺性能和焊缝性能。焊丝金属的化学成分可以稍微与母材不同以补偿在焊接电弧中发生的损失或者为向焊接熔池中提供脱氧剂。某些情况下，焊丝成分与母材相比有少许变化。然而，在实际应用中，为获得满意的焊接性能和焊缝金属性能还可能要求焊丝成分与母材成分不同。例如对于熔化极气体保护焊焊接锰青铜、铜－锌合金时，最满意的焊丝为铝青铜或铜－锰－镍－铝合金。

与其他焊接方法相比，熔化极气体保护电弧焊用焊丝直径是很小的。焊丝的平均直径为 1.0～1.6 mm。为了防止焊丝表面锈蚀和减小送丝阻力，以便确保焊丝可以连续而平顺地通过送丝软管和焊枪，通常应在焊丝表面镀铜或涂防护油等。

2. 保护气体

保护气体的主要作用是防止空气的有害作用，实现对焊缝和近缝区的保护。熔化极气体保护焊用的保护气体通常分为惰性气体和活性气体两大类，按照气体的化学性质又可分为惰性、还原性、氧化性三类，主要有氩气、氦气、氮气、氢气、二氧化碳气体等。

金属在单一的气体保护下进行焊接，有时不能得到满意的焊接效果，如飞溅大、焊缝成型不良及气体成本高等；为此，近年来发展了混合气体保护焊，即在一种气体中加入一定比例的另一种气体，以提高电弧的稳定性和改善焊接效果，并已在生产中逐步推广应用。焊接用气体及其适用范围见表5－1。

表 5 – 1　焊接用气体及其适用范围

焊接材料	保护气体	体积分数	化学性质	焊接方法	备注
铜及铜合金	Ar		惰性	熔化极和钨极	熔化极时产生稳定的射流电弧；但板厚大于 5~6 mm 时则需预热
	Ar + He	Ar/He　50/50 或 30/70	惰性	熔化极和钨极	输入热量比纯 Ar 大，可以减少预热温度
	N_2		惰性	熔化极	增大了输入热量，可降低预热温度或取消预热，但有飞溅及烟雾
	Ar + N_2	Ar/N_2　80/20	氧化性	熔化极	输入热量比纯 Ar 大，但有一定的飞溅
铝及铝合金	Ar		惰性	熔化极和钨极	钨极用交流，熔化极直流反接，有阴极破碎作用，焊缝表面光洁
	Ar + He	熔化极（He 20%~90%）钨极（多种混合比值至 He75% + Ar25%）	惰性	熔化极和钨极	电弧温度高。适用焊接厚铝板，可增加熔深，减少气孔。熔化极时，随着 He 的比例增大，有一定飞溅
钛、锆及其合金	Ar		惰性	熔化极和钨极	
	Ar + He	Ar/He　75/25			可增加热量输入。适用于射流电弧、脉冲电弧及短路电弧
碳钢及低合金钢	Ar + O_2	加 O_2，(1%~2%) 或 20%	氧化性	熔化极	用于射流电弧，对焊缝要求较高的场合
	Ar + CO_2	Ar/CO_2　85/15 或　50/50　或 75/25	氧化性	熔化极	有良好的熔深，可用于短路、射流及脉冲电弧
	Ar + CO_2 + O_2	Ar/CO_2/O_2 80/15/5	氧化性	熔化极	有较佳的熔深，可用于射流、脉冲及短路电弧
	CO_2		氧化性	熔化极	适用于短路电弧，有一定飞溅
	CO_2 + O_2	加 O_2 20%~25%	氧化性	熔化极	用于射流及短路电弧

焊接材料	保护气体	体积分数	化学性质	焊接方法	备注
不锈钢及高强钢	Ar		惰性	钨极	焊接薄板
	Ar + O$_2$	加 O$_2$，(1~2)%，	氧化性	熔化极	用于射流电弧及脉冲电弧
	Ar + O$_2$ + CO$_2$	加 O$_2$ (1~2)%，加 CO$_2$5%	氧化性	熔化极	用于射流电弧、脉冲电弧及短路电弧
镍基合金	Ar		惰性	熔化极和钨极	对于射流、脉冲及短路电弧均适用，是焊接镍基合金的主要气体
	Ar + He	加 He 15%~20%	惰性	熔化极和钨极	增加热量输入
	Ar + H$_2$	加 H$_2$ 小于6%	还原性	钨极	有利于抑制 CO 气孔

5.3 MIG 焊和 MAG 焊

5.3.1 MIG 焊和 MAG 焊概述

熔化极惰性气体保护焊，是以连续送进的焊丝作为熔化电极，采用惰性气体作为保护气的电弧焊方法，简称 MIG 焊。MIG 焊常用的惰性保护气体有 Ar 气、He 气或 Ar 气和 He 气的混合气体，图5-7为分别采用 Ar、He、He + Ar 三种保护气体焊接大厚度铝合金时的焊缝剖面形状示意图，可见纯 Ar 保护时的"指状"熔深，在混合气体保护下得到了改善。另外，氮（N$_2$）与铜及铜合金不起化学作用，因而对于铜及铜合金，氮气相当于惰性气体，因此可用于铜及其合金的焊接。N$_2$气可单独使用，也常与 Ar 混合使用。与采用 Ar + He 的混合气体比较，N$_2$来源广泛，价格便宜，焊接成本低；但焊接时有飞溅，外观成型不如 Ar + He 保护时好。

与其他焊接方法相比，除前述特点外，还有以下特点。

（1）采用 Ar、He 或 Ar + He 作为保护气体，几乎可焊接所有金属，尤其适合于焊接铝及铝合金、铜及铜合金等有色金属。

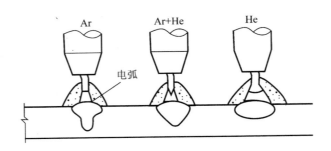

图5-7 Ar、He、He+Ar 三种保护气体的焊缝剖面形状（直流反接）

（2）由于用焊丝作电极，可采用高密度电流，因而母材熔深大，填充金属熔敷速度快，用于焊接铝、铜等金属厚板时生产率比钨极惰性气体保护焊（TIG 焊）高，焊件变形比 TIG 焊小。

（3）MIG 焊可采用直流反接，焊接铝及铝合金时有良好的"阴极清理"氧化膜作用。

（4）MIG 焊接铝及铝合金时，亚射流电弧的固有自调节作用较为显著。

由于 He 气价格昂贵，因此生产中最常用 Ar 气作为保护气体。为此本节重点介绍熔化极氩弧焊。

熔化极活性混合气体保护焊，是采用在惰性气体 Ar 中加入一定量的活性气体（如 O_2、CO_2 等）作为保护气体的一种熔化极气体保护电弧焊方法，简称 MAG 焊。采用活性混合气体作为保护气体具有下列作用。

（1）提高熔滴过渡的稳定性。

（2）稳定阴极斑点，提高电弧燃烧的稳定性。

（3）改善焊缝熔深形状及外观成型。

（4）增大电弧的热功率。

（5）控制焊缝的冶金质量，减少焊接缺陷。

（6）降低焊接成本。

对于某一种成分的活性混合气体，并不一定具有上述全部作用，但在某些情况下可以兼有其中的若干作用。

5.3.2 MIG 焊和 MAG 焊工艺

MIG 焊工艺主要包括焊前准备和工艺参数的选择两部分。MAG 焊的工艺内容和工艺参数的选择原则与 MIG 焊相似。其不同之处是在 Ar 气中加入了一定量的具有脱氧去氢能力的活性气体，因而焊前清理就没有 MIG 焊要求那么严格。

1. 焊前准备

焊前准备工作主要是进行设备检查、焊件坡口加工、焊件和焊丝表面清理及焊件组装等。熔化极氩弧焊对于焊件和焊丝表面的清理要求严格。为确保焊接质量，避免焊接过程不稳定和焊缝缺陷，焊前应将焊丝、焊件接口及焊缝附近20 mm内表面上的氧化膜、油脂、锈迹和水分等清理干净，常用的清理方法有机械清理和化学清理。机械清理用铜丝刷或不锈钢丝刷、砂布、刮刀等清理，化学清理用丙酮、汽油、三氯乙烯、四氯化碳等有机溶剂清洗。对于铝及铝合金、钛及钛合金等有色金属焊件，清理后应立即进行焊接，以免清理过的表面又生成氧化膜。

2. 焊接工艺参数的选择

焊接工艺参数主要有焊丝直径、焊接电流、电弧电压、焊接速度、保护气流量、焊丝伸出长度、喷嘴直径等。

（1）焊丝直径。首先应根据焊件的厚度及熔滴过渡形式来选择焊丝直径。细焊丝以短路过渡为主，较粗焊丝以射流过渡为主。细焊丝主要用于焊接薄板和全位置焊接，而粗焊丝多用于厚板平焊位置。焊丝直径的选择见表 5-2。

表 5-2　焊丝直径的选择

焊丝直径 /mm	熔滴过渡形式	可焊板厚 /mm	焊缝位置	焊丝直径 /mm	熔滴过渡形式	可焊板厚 /mm	焊缝位置
0.5~0.8	短路过渡	0.4~3.2	全位置	1.6	短路过渡	3~12	全位置
	射流过渡	2.5~4	水平		射流过渡（CO_2焊）	>8	水平
1.0~1.4	短路过渡	2~8	全位置	2.5~5.0	射流过渡（MAG焊）	>8	水平
	射流过渡（CO_2焊）	2~12	水平		射流过渡（CO_2焊）	>10	水平
	射流过渡（MAG焊）	>6	水平		射流过渡（MAG焊）	>10	水平

（2）焊接电流。焊接电流是最重要的焊接参数，应根据焊件厚度、焊接位置、焊丝直径及熔滴过渡形式来选择。焊丝直径一定时，可以通过选用不同的焊接电流范围以获得不同的熔滴过渡形式，如要获得连续喷射过渡，其电流必须超过某一临界电流值。焊丝直径增大其临界电流值也会增加。

在焊接铝及铝合金时，为获得优质的焊接接头，熔化极氩弧焊一般采用亚射流过渡，此时电弧发出"咝咝"兼有熔滴短路时的"啪啪"声，且电弧稳定，气体保护效果好，飞溅少，熔深大，焊缝成型美观，表面鱼鳞纹细密。

图 5-8 为不同熔滴过渡形式对应的焊丝直径及使用焊接电流范围。

（3）电弧电压。电弧电压主要影响熔滴的过渡形式及焊缝成型，要想获得稳定的熔滴过渡，除了正确选用合适的焊接电流外，还必须选择合适的电弧电压与之相匹配。图 5-9 表示 MIG 焊时电弧电压和焊接电流之间的关系。若超出图中所示范围，容易产生焊接缺陷，如电弧电压过高，则可能产生气孔和飞溅，如电弧电压过低，则有可能短接。

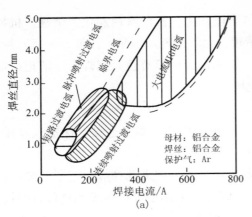 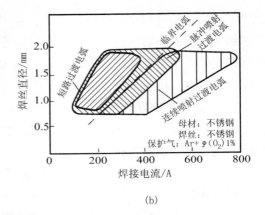

图 5-8　不同熔滴过渡形式对应的焊丝直径及使用焊接电流范围

（a）铝合金；（b）不锈钢

（4）焊接速度。焊接速度不能过大也不能过小，否则，很难获得满意的焊接效果，焊接速度和焊接电流有密切关系。

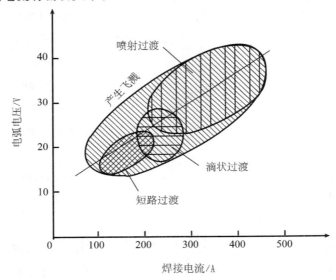

图 5-9　MIG 焊时电弧电压和焊接电流之间的关系

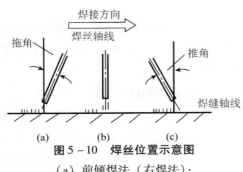

图 5-10　焊丝位置示意图

（a）前倾焊法（右焊法）；

（b）垂直焊法；（c）后倾焊法（左焊法）

（5）焊丝位置。焊丝和焊缝的相对位置会影响焊缝成型，焊丝的相对位置有前倾、后倾和垂直三种（如图 5-10）。当焊丝处于前倾焊法时形成的熔深大，焊道窄，余高也大；当处于后倾焊法时形成的熔深小，余高也小；垂直焊法介于两者之间。各种焊法对焊缝形状和熔深的影响如图 5-11 所示。对于半自动熔化极氩弧焊，焊接时一般采用左焊法，便于操作者观察熔池，当倾角在 15° ~ 20°之间时熔深最大，但焊枪倾角一般不超过 25°。

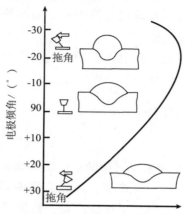

图 5 – 11　焊枪倾角对熔深的影响

（6）喷嘴直径和喷嘴端部至焊件的距离。由于熔化极氩弧焊对熔池的保护要求较高，焊接速度又高，如果保护不良，焊缝表面便起皱皮，所以喷嘴直径比钨极氩弧焊的要大，为 20 mm 左右，氩气流量也大，在 30 ~ 60 L/min 范围之内。自动熔化极氩弧焊的焊接速度一般为 25 ~ 150 m/h，半自动熔化极氩弧焊的焊接速度一般为 5 ~ 60 m/h。

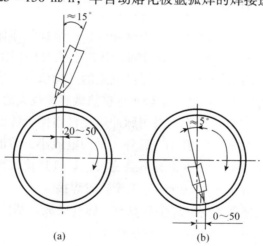

图 5 – 12　熔化极自动氩弧焊环缝焊时焊枪和焊件的相对位置
（a）外缝焊接；（b）内缝焊接

喷嘴端部至焊件的距离也应保持在 12 ~ 22 mm 之间。从气体保护效果方面来看，距离是越近越好。但距离过近容易使喷嘴接触到熔池表面，反而恶化焊缝成型，并且飞溅易损坏喷嘴。在环缝自动焊接时，焊丝置于逆焊件旋转的方向，而且应先焊外缝，后焊内缝。焊枪和焊件相对位置如图 5 – 12 所示。若偏移量过大，熔深变小而熔宽增大；若偏反了方向，则熔深和余高增加，而熔宽变窄。

在选择焊接工艺参数时，应先根据焊件厚度、坡口形状选择焊丝直径，再由熔滴过渡形式确定焊接电流，并配以合适的电弧电压，其他参数的选择应以保证焊接过程稳定及焊缝质量为原则。另外，在焊接过程中，焊前调整好的工艺参数仍需要随时进行调整，以便获得良好的焊缝成型。

综上所述，各焊接工艺参数之间并不是独立的，而是需要相互之间配合，以获得稳定的焊接过程及良好的焊接质量。

5.3.3 特种 MIG 焊和 MAG 焊

1. 脉冲 MIG 焊

脉冲 MIG 焊是利用脉冲电弧来控制熔滴过渡的熔化极惰性气体保护焊方法。由于采用可控的脉冲电流取代恒定的直流电流，可以方便地调节电弧能量，控制焊丝的熔滴过渡，从而扩大了应用范围，提高了焊接质量，特别适合于热敏金属材料和薄、超薄板焊件及薄壁管子的全位置焊接。

脉冲熔化极惰性气体保护焊具有以下特点。

（1）具有较宽的焊接参数调节范围。由于焊接电流由较大的脉冲电流 I_p 和较小的基值电流 I_b 组成，在平均电流 I_a 小于连续射流过渡熔化极惰性气体保护焊的临界电流值 I_c 时，也可实现稳定的射流过渡焊接，而且电流的调节范围可以从几十安培到几百安培，调节范围较宽。

（2）可以精确控制电弧的能量。对于脉冲熔化极惰性气体保护焊来说，焊接电流可以由脉冲电流、基值电流、脉冲电流时间、基值电流时间四个参数来进行调节，从而可以在保证焊缝成型的前提下，降低焊接电流的平均值，减小电弧的热输入，焊缝热影响区和焊件变形都较小，因此，适合于焊接热敏感性较大的金属材料。

（3）适于焊接薄板和全位置焊。采用脉冲熔化极惰性气体保护焊焊接时，无论仰焊或立焊熔滴都呈轴向过渡，飞溅小。另外，平均电流小，熔池体积小，且熔池在基值电流期间可冷却结晶，所以液体金属不易流失，焊接热输入可精确控制，因而可用于焊接铝合金薄板（厚度 1.6~2.0 mm）及全位置焊接。

脉冲熔化极惰性气体保护焊的焊接参数有：脉冲电流、基值电流、脉冲电流时间、基值电流时间、脉冲频率、焊丝直径、焊接速度等。

（1）脉冲电流是决定熔池形状及熔滴过渡形式的主要参数，为了保证熔滴呈射流过渡，必须使脉冲电流值高于连续射流过渡的临界电流值，但也不能过高，以免出现旋转射流过渡。

在平均电流和送丝速度不变的情况下，随着脉冲电流的增大，熔深也相应增大。反之，熔深减小。因此可以通过调节脉冲电流的大小来调节熔深的大小。随着焊件厚度增加，为了保证焊缝根部焊透，脉冲电流也应增大。

（2）基值电流主要作用是在脉冲电流休止期间，维持电弧稳定燃烧。同时有预热母材和焊丝的作用，为脉冲电流期间熔滴过渡做准备。调节基值电流也可调节母材的热输入，基值电流增大，母材热输入增加；反之，减小。

基值电流的选择要合适，过大会导致脉冲焊接的特点不明显，甚至在间歇期也可能有熔滴过渡现象发生；过小则电弧不稳定。

（3）脉冲电流持续时间和脉冲电流一样是控制母材热输入的主要参数，时间长，母材的热输入就大；反之，热输入就小。在其他参数不变的条件下，只改变脉冲电流和脉冲电流持续时间，就可获得不同的熔池形状。

（4）脉冲频率的大小主要由焊接电流来决定，应该保证熔滴过渡形式呈射流过渡，力求一个脉冲至少过渡一个熔滴。脉冲频率的选择有一定范围，过高会失去脉冲焊接的特点，过低焊接过程不稳定。熔化极脉冲氩弧焊的频率范围一般为 30 ~ 120 次/s。

（5）脉宽比就是脉冲电流持续时间和脉冲周期之比，反应脉冲焊接特点的强弱，过大，特点小明显，过小，影响电弧稳定性。

选择脉冲熔化极惰性气体保护焊工艺参数必须考虑母材的性能、种类以及焊缝的空间位置。

2. 窄间隙 MIG 焊

窄间隙 MIG 焊是焊接大厚板对接焊缝的一种高效率的特种焊接技术。窄间隙 MIG 焊的接头形式为对接接头，开 I 形坡口或小角度 V 形坡口，间隙范围为 6 ~ 15 mm，采用单道多层或双道多层焊，可焊厚度为 30 ~ 300 mm 之间，见图 5 - 13。

（1）细丝窄间隙焊　细丝窄间隙焊一般采用的焊丝直径为 0.8 ~ 1.6 mm，接头间隙在 6 ~ 9 mm 之间，为了提高生产率，采用双丝或三丝，每根焊丝都有独立的送丝系统、控制系统和焊接电源。焊接电源一般采用的是直流反极性，熔深大，能够保证焊透，裂纹倾向性小。细丝窄间隙焊由于焊丝细，必须采用导电嘴在坡口内的焊枪，且导电管要求绝缘、水冷。另外，由于接头坡口深而窄，要向坡口底部输送保护气体有困难，

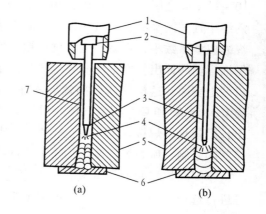

图 5 - 13　窄间隙 MIG 焊示意图
（a）细丝；（b）粗丝
1 - 喷嘴；2 - 导电嘴；3 - 焊丝；4 - 电弧；
5 - 焊件；6 - 衬垫；7 - 绝缘导管

为了提高保护效果，必须采用特殊的送气装置，否则，保护效果差，易产生气孔。保护气体一般采用的是混合气体，混合比例大约为 Ar80% + $CO_2$20%。细丝窄间隙焊由于热输入低，熔池体积小，可以全位置焊接，且残余应力和焊件变形都小。采用的是多道焊，后道焊缝对前道焊缝有回火作用，而前道焊缝对后道焊缝又有预热作用，所以焊缝金属的晶粒细小均匀，焊缝的力学性能好。

为了保证每一道焊层与坡口两侧均匀熔合，焊丝在坡口内应采取摆动措施。常用的摆动送丝方式如图 5 - 14 所示。

（2）粗丝窄间隙焊。粗丝窄间隙焊一般采用焊丝直径为 2 ~ 4.8 mm，接头间隙在

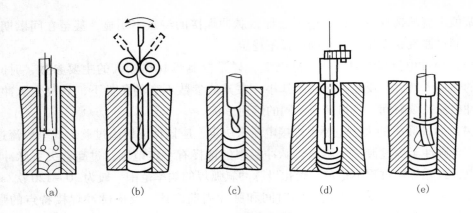

图 5 - 14　窄间隙焊接的送丝方式示意图

（a）双丝纵列定向法；（b）波状焊丝法；

（c）麻花焊丝法；（d）偏心旋转焊丝法；（e）导电嘴倾斜法

10~15 mm 之间。焊丝可以用单丝，也可用多丝。焊接电源一般采用直流正极性，熔滴细小且过渡平稳，飞溅小，焊缝成型系数大，裂纹倾向性小。若用反极性，熔深大，焊缝成型系数小，容易产生裂纹；粗丝窄间隙焊焊接时，导电嘴可不伸入间隙，为了保证焊丝的伸出长度不变。导电嘴应随着焊缝的上升而提高，但喷嘴应始终保持在坡口的上表面，这样气体保护效果才好，否则，保护效果差，容易产生缺陷。保护气体为 CO_2 或 Ar 和 CO_2 混合气体。粗丝窄间隙焊焊接时，因导电嘴在坡口表面，焊丝的伸出长度较长，焊接规范参数也较大，故热输入大，焊接生产率高。由于受焊丝的伸出长度的限制，所焊焊件厚度小于 152 mm，只适合于平焊位置的焊缝。

　　窄间隙焊接的工艺参数必须根据它的母材性质、焊接位置、焊缝性能和焊接变形等进行选择。钢材窄间隙焊接的典型工艺参数如表 5 - 3 所示。

表 5 - 3　窄间隙焊接的典型工艺参数

送丝方式	波状焊丝法	波状焊丝法	麻花焊丝法	偏心旋转焊丝法	双丝纵列定向法	导电嘴倾斜法
焊接位置	平	平	平	平	横	横角
焊丝直径 /mm	1.2	1.2	2.0×2	1.2	1.2，1.6	1.6
保护气体	Ar + $CO_2$20%	Ar + $CO_2$20%	Ar + CO_2 10%~20%	Ar + $CO_2$20%	Ar + $CO_2$20%	CO_2
坡口形状	I 形（9 mm）	V 形	I 形（14 mm）	I 形	I 形	I 形
间隙	—	—	—	16~18	10~14	13
焊接电流 /A	280~300	260~280	480~550	300	前丝 170 后丝 140	320~380

送丝方式	波状焊丝法	波状焊丝法	麻花焊丝法	偏心旋转焊丝法	双丝纵列定向法	导电嘴倾斜法
电弧电压/V	28~32	29~30	30~32	33	21~23	32~38
焊接速度	22~25	18~22	20~35	25	18~20	25~35
摆动	—	250~900 次/min	—	最大 150Hz	—	有 45 次/min

窄间隙 MIG 焊目前主要用于焊接低碳钢、低合金高强度铜、高合金钢和铝、钛合金等。应用领域以锅炉、石油化工行业的压力容器为最多，其次是机械制造和建筑结构，再次是管道海洋构造，造船和桥梁等。窄间隙 MIG 焊的主要特点如下。

①焊接时，因接头不需开坡口或开小角度 V 形坡口，减少了填充金属量，焊后又不清渣，故节省时间和材料，提高焊接生产率。

②焊缝热输入较低，热影响区小，焊接应力和焊件变形都小，裂纹倾向小，焊缝机械性能高。

③可用于平焊、立焊、横焊及全位置焊接。

④窄间隙 MIG 焊焊接时，熔池和电弧观察比较困难，要求焊枪的位置能方便地进行调整。

3．变极性脉冲 MIG 焊

变极性脉冲 MIG 焊也称为 ACPMIG 焊，是近年来在现代电力电子技术及控制技术的基础上，发展起来的一种焊接新工艺。一般脉冲 MIG 焊采用直流反接（DCEP）焊接。直流正接（DCEN）时，由于不易引弧，熔滴过渡不稳定，没有阴极清理作用，因而一般不予使用。但采用 MIG 焊在 DCEP 下焊接薄板时，要提高焊速就必须增加电流，这易导致焊件的烧穿，成为限制 MIG 焊生产率的主要因素。在 MIG 焊直流正接时，在同样电流下焊丝熔化系数显著增大，而母材熔深大为减小。

ACPMIG 焊时，可以利用焊接电流极性的比率来控制焊缝熔深。DCEP 极性时，PMIC 焊电弧穿透力强，焊缝熔深大；DCEN 极性时，电弧穿透力弱，焊缝熔深浅。利用 ACPMIG 焊的 DCEP 和 DCEN 极性交替切换，使 ACPMIG 焊的电弧力及电弧热可调整介于直流正接和直流反接之间，焊缝熔深向浅的方向发展。将 ACPMIG 焊时的基值电流改为直流正极性，并采用焊接电流极性比率控制，例如使直流正接性为 20%，在不影响熔滴过渡的前提下，可以提高焊丝熔化率 40%~60%，焊速可增加 70% 以上，而不产生烧穿。ACPMIG 焊的这一特点非常适合焊接薄板，尤其是对铝板的焊接。

另外焊接薄板时，在一般 MIG 焊时，焊接电流较小，电弧挺度弱，易产生磁偏吹，会破坏焊接过程的稳定性。而 ACPMIG 焊可以克服直流电弧的磁偏吹，有利于稳定焊接过程及提高焊接质量。

4. TIME 焊

TIME（Transferred Ionized Molten Energy，传递电离熔化能）是一种高效率、高熔敷率、低成本的焊接方法。TIME 焊于 20 世纪 80 年代研制成功后，于 90 年代得到推广应用。

TIME 焊是在原有的 MIG 焊基础上，通过增大焊丝伸出长度，采用 TIME 气即四元保护气体（$O_2 0.5\%$、$CO_2 8\%$、$He 26.5\%$、$Ar 65\%$）和大的送丝速度，实现高速和高熔敷率的焊接新工艺。由于焊丝伸出长度增大，可充分利用焊丝伸出长度上的电阻热。He 气为惰性气体，它具有传热系数大，与 Ar 气相比，在相同的电弧长度下，电弧电压较高，电弧温度高，母材热输入大。在 TIME 气体中加入 CO_2 和 O_2 的目的是，CO_2 受热分解，对电弧有冷却作用，使电弧电压增高，同时它们均为氧化性气体，一方面降低了液态金属的黏度和表面张力，减少了熔滴尺寸，改善了焊缝金属的润湿性；另一方面又克服了电弧漂移现象，使得 TIME 焊在大电流下得到稳定的熔滴过渡，保证焊缝成型良好。与原有 MIG 焊相比，当送丝速度提高到 50m/min 时，熔滴过渡形式变为旋转射流过渡，焊接过程稳定，焊缝成型由典型射流过渡的指状熔深变为碗状熔深，减少了焊缝缺陷，改善了焊缝质量。

TIME 气体对各成分的配合比偏差要求很高，对于 O_2 最大允许偏差为 0.02%，其他气体成分偏差最大不能超过 4%。

TIME 焊可以焊接低碳钢、低合金钢、细晶结构钢、耐热钢、低温钢、高屈服强度钢和特种钢等。目前已应用于船舶、潜艇、汽车、金属结构、压力容器、坦克等制造工业中。

5. 双丝 MAG 焊（MAX 法）

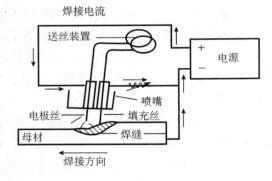

图 5 - 15　双丝 MAG 焊原理图

双丝 MAG 焊的基本原理是利用熔池过热多余的热量来熔化填充焊丝增加熔敷率。此外，用大电流提高焊接速度。其基本原理如图 5 - 15 所示。

在双丝 MAG 焊时，前面的焊丝产生电弧，称之熔化极焊丝；后面的焊丝为填充焊丝，它直接插入熔池。前丝的导电嘴与后丝的导丝嘴平行，并且相邻配置在一个喷嘴内。填充焊丝插入由熔化极焊丝的电弧所形成的熔池中，以熔池多余的热量来融化填充焊丝。在大焊接电流和焊接速度的条件下，由于填充焊丝吸收了熔池的热量，使母材热影响区变窄，减少了变形，改善了焊缝成型。在焊接过程中，焊接电流一小部分流经填充焊丝到地线端而形成回路，使得通过熔化极焊丝和填充焊丝的电流方向相反，熔滴在反向电流产生的排斥力作用下向前倾斜，电弧被推向前方。填充焊丝即使与熔化极焊丝相邻，也不会产生飞溅，且能使填充焊丝顺利地送入到熔池中。

双丝 MAG 方法已成功用于铝及铝合金的焊接。它不但可实现高速焊接，并且在大电流下也不产生起皱现象，还可实现薄板的稳定可靠高速焊接。

5.4　二氧化碳气体保护电弧焊

二氧化碳气体保护电弧焊（以下简称 CO_2 焊）是 20 世纪 50 年代初期发展起来的一种焊接技术，目前已经发展成为一种重要的焊接方法。之所以如此，主要是因为 CO_2 焊比其他电弧焊方法有更大的适应性、更高的效率、更好的经济性以及更容易获得优质的焊接接头。

CO_2 气体保护电弧焊的过程如图 5－16 所示。

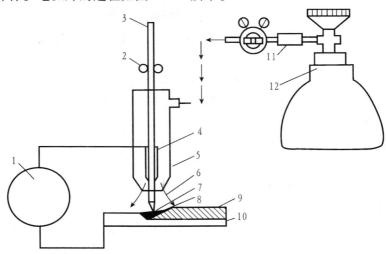

图 5－16　CO_2 气体保护焊过程示意图

1－焊接电源；2－送丝滚轮；3－焊丝；4－导电嘴；5－喷嘴；6－CO_2 气体；

7－电弧；8－熔池；9－焊缝；10－焊件；11－预热干燥器；12－CO_2 气瓶

在采用 CO_2 气体保护焊的初期，由于 CO_2 气体的氧化性问题，难以保证焊接质量。后来在焊接黑色金属时，采用含有一定量脱氧剂的焊丝或采用带有脱氧剂成分的药芯焊丝，使脱氧剂在焊接过程中参与冶金反应进行脱氧，就可以消除 CO_2 气体氧化作用的影响。加之 CO_2 气体还能充分隔绝空气中氮对熔化金属的有害作用，更能促使焊缝金属获得良好的冶金质量。因此，目前 CO_2 气体保护焊，除不适于焊接容易氧化的有色金属及其合金外，可以焊接碳钢和合金结构钢构件，甚至还用来焊接不锈钢并也取得了较好的效果。

5.4.1 CO_2气体保护电弧焊的特点和分类

1. CO_2气体保护焊的特点

（1）高效节能。CO_2气体保护焊是一种高效节能的焊接方法，例如水平对接焊10 mm厚的低碳钢板时，CO_2气体保护焊的耗电量比焊条电弧焊低2/3左右，与埋弧焊相比也略低些。同时考虑到高生产率和原材料价格低廉等特点，CO_2气体保护焊的经济效益是很高的。

（2）生产效率高。用粗丝（焊丝直径大于1.6 mm）焊接时可以使用较大的电流，实现射滴过渡。CO_2气体保护焊的焊丝熔化系数大，焊件的熔深也很大，可以不开或只开较小的坡口焊接；另外，由于基本上没有焊渣，焊后不需要清渣，节省了许多工时，因此可以较大地提高焊接生产率。

（3）焊接变形小。用细丝（焊丝直径不大于1.6 mm）焊接时可以使用较小的电流，实现短路过渡方式。这时电弧对焊件是间断加热，电弧稳定，热量集中，焊接热输入小，适合于焊接薄板。同时焊接变形也很小，甚至不需要焊后校正工序，还可以用于全位置焊接。

（4）抗锈能力强。CO_2气体保护焊是一种低氢型焊接方法，抗锈能力较强，焊缝的含氢量极低，所以焊接低合金钢时，不易产生冷裂纹，同时也不易产生氢气孔。

（5）成本低。CO_2气体保护焊所使用的气体和焊丝价格便宜，来源广泛，焊接设备在国内已定型生产，为该法的应用创造了十分有利的条件。

（6）易实现自动化。CO_2气体保护焊是一种明弧焊接法，便于监视和控制电弧和熔池，有利于实现焊接过程的机械化和自动化。用半自动焊焊接曲线焊缝和空间位置焊缝也十分方便。

但是，CO_2气体保护焊与焊条电弧焊及埋弧焊相比，也存在以下不足之处。

①焊接过程中金属飞溅较多，焊缝外形较为粗糙，特别是当焊接参数匹配不当时，飞溅就更严重。

②不能焊接易氧化的金属材料，且不适于在有风的地方施焊。

③焊接过程弧光较强，尤其是采用大电流焊接时，电弧的辐射较强，故要特别重视对操作人员的劳动保护。

④设备比较复杂，需要有专业人员负责维修。

2. CO_2焊分类

CO_2焊通常是按采用的焊丝直径来分类。当焊丝直径小于或等于1.6 mm时，称为细焊丝CO_2焊，主要用短路过渡形式焊接薄板材料。常用这种焊接方法焊接厚度小于3 mm的低碳钢和低合金结构钢。当焊丝直径大于1.6 mm时，称为粗焊丝CO_2气体保护焊，一般采用大的焊接电流和高的电弧电压来焊接中厚板，熔滴以颗粒形式过渡。

按操作方式，CO_2气体保护焊可分为自动焊及半自动焊两种。对于较长的直线焊缝和规则的曲线焊缝，可采用自动焊。而对于不规则的或较短的焊缝，则采用半自动焊，也是现在生产中用得最多的形式。

　　为了适应现代工业某些特殊应用的需要，目前在生产中除了上面提到的一般性 CO_2 气体保护焊方法之外，还派生出下列的一些方法：如 CO_2 电弧点焊、CO_2 气保护立焊、CO_2 保护窄间隙焊、CO_2 加其他气体（如 $CO_2 + O_2$）的保护焊，以及 CO_2 气体与焊渣联合保护焊等。

5.4.2　CO_2 气体保护焊设备及材料

1. CO_2 气体保护焊设备

　　CO_2 气体保护焊所用设备有半自动焊设备和自动焊设备两类。在实际生产中，半自动焊设备使用比较多。半自动 CO_2 气体保护焊设备由焊接电源、送丝系统、焊枪、供气系统和控制系统等几部分组成。按国标 GB/T10249—1988 的规定，半自动 CO_2 焊机型号为 NBC－×××，图 5－17 所示。图 5－18 为 NBC－350 型 CO_2 气体保护焊焊机外形示意图。

图 5－17　半自动 CO_2 焊机型号表示方法

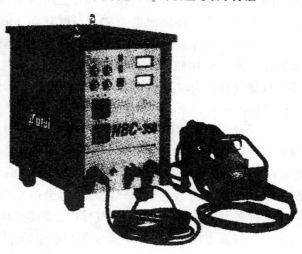

图 5－18　NBC－350 型 CO_2 气体保护焊机

　　同样，自动 CO_2 焊机的型号为 NZC－×××，其符号含义与 NBC－××× 相同，其中不同的是 Z 代表自动焊。

　　CO_2 焊机按额定电流的大小分，主要有这样几种型号：NBC－160、NBC－200、

NBC－250、NBC－315（300）、NBC－400、NBC－500 和 NBC－630 等。额定电流较小的焊机适用于细丝，而额定电流较大的焊机适用于较粗的焊丝。无论是半自动焊过还是自动 CO_2 气体保护焊，焊丝的送进基本上是连续的，连续工作时间较长，所以额定负载持续率规定为 60% 或 100%。通常半自动焊时大都为 60%，而自动焊时为 100%。

CO_2 气体保护焊焊机类型很多，主要由焊接电源、送丝机、焊枪、气路系统和控制系统等组成。焊接电源有整流式、抽头式、IGBT 逆变式等。

2. CO_2 气体保护焊材料

（1）CO_2 气体。焊接用的 CO_2 气体应该有较高的纯度，一般技术标准规定是：CO_2 含量大于 99.5%。焊接时对焊缝质量要求越高，则对 CO_2 气体纯度要求也越高。

CO_2 是一种无色气体，易溶于水，其水溶液稍有酸味，密度为空气的 1.5 倍，沸点为 -78 ℃。在不加压力下冷却时气体将直接变成固体（称为干冰），增加温度，固态 CO_2 又直接变成气体，固态 CO_2 不适于在焊接中使用，因为空气里的水分不可避免地会冷凝在干冰的表面，使 CO_2 气体中带有大量的水分。CO_2 气体受到压缩后变成无色液体，其密度随温度有很大变化。当温度低于 -11 ℃时比水重；当温度高于 -11 ℃时比水轻。在 0 ℃ 和 101.3 kPa 大气压力下，1 kg 液体的 CO_2 可汽化成 509 L 的 CO_2 气体。通常，容量为 40 L 的标准钢瓶内，可以灌入 25 kg 的液态 CO_2。所以，一瓶液态 CO_2 可以汽化成 12 725 L 的 CO_2 气体。若焊接时气体消耗量为 20 L/min，则一瓶液态 CO_2 可连续使用 10 h 左右。

CO_2 气瓶外表涂浅灰色并标有"CO_2"字样。25 kg 液态 CO_2 约占钢瓶容积的 80%，其余 20% 左右的空间则充满了汽化的 CO_2。气瓶压力表上所指示的压力值，就是这部分气体的饱和压力。此压力的大小和环境温度有关。温度升高，饱和压力增高；温度降低，饱和气压亦降低。因此，放置 CO_2 气瓶时应防止靠近热源或让烈日曝晒，以避免发生爆炸事故。需要指出的是，利用瓶口压力表来估算瓶内 CO_2 气体的贮量是不正确的。因为压力表的读数仅能反映在当时温度下瓶内的饱和压力，并不表示液态 CO_2 的贮量。只有当液态 CO_2 已全部汽化后，瓶内 CO_2 气体的压力才随 CO_2 气体的消耗而逐渐下降，这时压力表的读数才反映瓶内气体的贮量。因此，要估算瓶内 CO_2 气体的贮量时，通常是用称钢瓶重量的办法。

CO_2 气体中主要的有害杂质是水分和氮气。氮气一般含量较小，危害大的是水分。液态 CO_2 中可溶解约占重量（质量分数）0.05% 的水，多余的水则成自由状态沉于瓶底。溶于液态 CO_2 中的水可蒸发成水蒸气混入 CO_2 气体中，影响 CO_2 气体纯度，进而会影响焊缝的塑性，甚至会使焊缝出现气孔。水的蒸发量与瓶中 CO_2 气的压力有关。随着压力的降低，水的分解压相对增大，CO_2 气体中的含水量也增加。在室温下，当气瓶压力低于 980 kPa（10 个工程大气压）时，除溶解于 CO_2 液体中的水分外，沉于瓶底的多余的水都要蒸发，从而大大地提高了 CO_2 气体中的含水量，这时就不能用于焊接了。

虽然目前国内已能生产焊接专用的 CO_2 气体。但市售的 CO_2 气体主要是酿造厂、化工厂的副产品，含水分较高而且不稳定。为了获得优质焊缝，应对这种瓶装 CO_2 气体进行提纯，以减少瓶内的水分和空气，提高输出的 CO_2 气体纯度。常用提纯措施如下。

（1）鉴于在温度高于 -11 ℃时，液态 CO_2 比水轻，所以可把灌气后的气瓶倒立静置 $1\sim2$ h，以使瓶内处于自由状态的水分沉积于瓶口部，然后打开瓶口气阀，放水 $2\sim3$ 次即可，每次放水间隔时间约 30 min 左右。放水结束后仍将气瓶放正。

（2）经放水处理后的气瓶，在使用前需先放气 $2\sim3$ min，放掉瓶内上部纯度低的气体，然后再套接输气管。

（3）在焊接气路系统中设置高压干燥器和低压干燥器，以进一步减少 CO_2 气体中的水分。干燥剂常选用硅胶或脱水硫酸铜，干燥剂可经加热烘干重复使用。

（4）CO_2 气体保护焊焊丝必须含有足够数量的 Mn、Si 等脱氧元素，以减少焊缝金属中的含氧量和防止产生气孔，焊丝的含碳量要低（通常要求小于 0.11%）以减少气孔与飞溅。

CO_2 气体保护焊焊丝的型号及化学成分参见 GB/T8110—1995《气体保护电弧焊用碳钢、低合金钢焊丝》。

目前国内常用的 CO_2 气体保护焊用焊丝直径为 0.6 mm、0.8 mm、1.0 mm、1.2 mm、1.6 mm、2.0 mm、2.4 mm、3.0 mm、4.0 mm 和 5.0 mm 等。半自动焊时主要是采用细焊丝。焊丝应当具有一定的硬度和刚度，一方面防止焊丝被送丝滚轮压扁或压出深痕；另一方面，焊丝从导电嘴送出后保证有一定的挺直度。所以不论是推式、拉式还是推拉式送丝，都要求焊丝以冷拔状态供货，而不应采用退火焊丝。焊丝表面常采用镀铜方法来防止生锈，且有利于焊丝的储存与改善导电性。

5.4.3 CO_2 气体保护电弧焊工艺

1. 焊前准备
焊前准备工作包括坡口设计、坡口加工及焊件装配等。

（1）坡口设计。CO_2 气体保护焊采用细颗粒过渡时，电弧穿透力较大，熔深较大，容易烧穿焊件，所以对装配质量要求较严格。坡口开得要小一些，钝边适当大些，对接间隙不能超过 2 mm。如用直径 1.6 mm 的焊丝钝边可留 $4\sim6$ mm，坡口角度可减小到 45°左右。板厚在 12 mm 以下开 I 形坡口；大于 12 mm 的板材可以开较小的坡口。但是，坡口角度过小易形成"梨"形熔深，在焊缝中心可能产生裂纹。尤其在焊接厚板时，由于拘束应力大，则这种倾向更大，必须十分注意。

CO_2 气体保护焊采用短路过渡时熔深浅，不能按细颗粒过渡方法设计坡口。通常允许较小的钝边，甚至可以不留钝边。又因为这时的熔池较小，熔化金属温度低、黏度大，搭桥性能良好，所以间隙大些也不会烧穿。如对接接头，允许间隙为 3 mm。要求较高时，装配间隙应小于 3 mm。

采用细颗粒过渡焊接角焊缝时，考虑到熔深大的特点，其焊脚尺寸 K 可以比焊条电弧焊时减小 10%～20%，如图 5-19 所示。因此，CO_2 气体保护焊比焊条电弧焊具有高的效率和小的材料消耗。

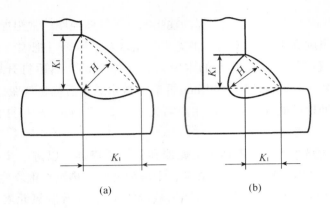

图 5 – 19　平角焊焊缝的熔深

（a）焊条电弧焊；（b）CO_2 气体保护焊

（2）坡口加工。坡口加工的方法主要有机械加工、气割和碳弧气刨等。CO_2 气体保护焊时对坡口精度的要求比焊条电弧焊高。

定位焊之前应将坡口周围 10～20 mm 范围内的油污、铁锈、氧化皮、油漆及其他脏物除掉，则将严重影响焊接质量。6 mm 以下薄板上的氧化膜对焊接质量几乎无影响；焊厚板时，氧化皮能影响电弧稳定性、恶化焊缝成型和生成气孔。为了去除氧化皮中的水分和油污，焊前最好先用火焰充分烘烤一下，否则会在焊件冷却时会生成水珠，一旦水珠进入坡口间隙将产生相反的效果。

（3）定位焊缝。定位焊是为了防止变形和维持预定的坡口而先进行的点固焊。定位焊缝本身易生成气孔和夹渣，也是随后进行 CO_2 气体保护焊时产生气孔和夹渣的主要原因，所以必须认真地焊接定位焊缝。定位焊可采用 CO_2 气体保护焊和焊条电弧焊。用焊条电弧焊焊接的定位焊缝，如果渣清除不净，会引起电弧不稳和产生缺陷。

定位焊缝的选位也很重要，应尽可能使定位焊缝分布在焊缝的背面。当背面难以施焊时，可在正面焊一条短焊缝，焊接时此处就不要再焊了。

定位焊缝的长度和间距，应视焊件厚度决定。薄板的定位焊缝应细而短，长度为 3～50 mm，间距为 30～150 mm；中厚板的定位焊缝间距可达 100～150 mm。为增加定位焊缝的强度，应适当增大定位焊缝及其长度，一般为 15～50 mm。若为熔透焊缝时，点固处难以实现反面成型，应从反面进行点固。

使用夹具定位时，应考虑磁偏吹问题。因此，夹具的材质、形状、位置和焊接方向均应注意。

2. 焊接参数的选择

CO_2 气体保护焊的焊接参数较多，主要包括焊丝直径、焊接电流、电弧电压、焊接速度、焊丝伸出长度、电流极性、焊接回路电感值和气体流量等。在 CO_2 焊中，为了获得稳定的焊接过程，应根据不同的熔滴过渡方式来选择焊接参数。熔滴过渡通常有即短路过渡和细滴过渡两种形式。短路过渡焊接在我国应用最为广泛。

（1）短路过渡 CO_2 焊工艺参数。短路过渡时，采用细焊丝、低电压和小电流。熔滴细小而过渡频率高，电弧非常稳定，飞溅小，焊缝成型美观。主要用于焊接薄板及全位置焊接。焊接薄板时，生产率高、变形小，焊接操作容易掌握，对焊工技术水平要求不高。因而短路过渡的 CO_2 焊易于在生产中得到推广应用。

短路过渡 CO_2 焊工艺参数主要：焊丝直径、焊接电流、电弧电压，焊接速度、保护气体流量、焊丝伸出长度及电感值等。

①焊丝直径。短路过渡焊接采用细焊丝，常用焊丝直径为 0.6～1.6 mm，随着焊丝直径的增大，飞溅颗粒相应增大。

焊丝的熔化速度随焊接电流的增加而增加，在相同电流下焊丝越细，其熔化速度越高。在细焊丝焊接时，若使用过大的电流，也就是使用很大的送丝速度，将引起熔池翻腾和焊缝成型恶化。因此各种直径焊丝的最大电流要有一定的限制。

②焊接电流。焊接电流是重要的焊接参数，是决定焊缝厚度的主要因素。电流大小主要决定于送丝速度，随着送丝速度的增加，焊接电流增加。焊接电流的大小还与焊丝的外伸长及焊丝直径等有关。短路过渡形式焊接时，由于使用的焊接电流较小，因而飞溅较小，焊缝厚度较浅。

③电弧电压。短路过渡的电弧电压一般在 17～25 V 之间。因为短路过渡只有在较低的弧长情况下才能实现，所以电弧电压是一个非常关键的焊接参数，如果电弧电压选得过高（如大于 29 V），则无论其他参数如何选择，都不能得到稳定的短路过渡过程。

短路过渡时焊接电流均在 200 A 以下，这时电弧电压均在较窄的范围（2～3 V）内变动。电弧电压与焊接电流的关系可用下式来计算：

$$U = 0.04I + (16 \pm 2)$$

电弧电压的选择与焊丝直径及焊接电流有关，它们之间存在着协调匹配的关系。短路过渡时不同直径焊丝相应选用的焊接电流、电弧电压的数值范围可参考表 5-4。

表 5-4 不同直径的焊丝选用的焊接电流和电弧电压

焊丝直径/mm	电弧电压/V	焊接电流/A	焊丝直径/mm	电弧电压/V	焊接电流/A
0.5	17～19	30～70	1.2	19～23	90～200
0.8	18～21	50～100	1.6	22～26	140～300
1.0	18～22	70～120	—	—	—

④焊接速度。焊接速度对焊缝成型、接头的力学性能及气孔等缺陷的产生都有影响。在焊接电流和电弧电压一定的情况下，焊接速度加快时，焊缝厚度、宽度和余高均会减小。

另外，焊接速度过快时，会在焊趾部出现咬肉，甚至出现驼峰焊道。相反，焊接速度过慢时，焊道变宽，在焊趾部会出现满溢。

通常半自动 CO_2 焊时，熟练焊工的焊接速度为 30～60 cm/min。

⑤保护气体流量。气体保护焊时，保护效果不好将发生气孔，甚至使焊缝成型变坏。在正常焊接情况下，保护气体流量与焊接电流有关，在 200 A 以下的薄板焊接时气体流量为 10 ~ 15 L/min，在 200 A 以上的厚板焊接时气体流量为 15 ~ 25 L/min。

影响气体保护效果的主要因素是保护气体流量不足、喷嘴高度过大、喷嘴上附着大量飞溅物和强风。特别是强风的影响十分显著，在强风的作用下，保护气流被吹散，使得熔池、电弧甚至焊丝端头暴露在空气中，破坏保护效果。风速在 1.5 m/s 以下时，对保护作用无影响。当风速大于 2 m/s 时，焊缝中的气孔明显增加。

⑥焊丝伸出长度。短路过渡焊接时采用的焊丝都比较细，因此焊丝伸出长度对焊丝熔化速度的影响很大。在焊接电流相同时；随着伸出长度增加，焊丝熔化速度也增加。换句话说，当送丝速度不变时，伸出长度越大，则电流越小。将使熔滴与熔池温度降低，造成热量不足，而引起未焊透。直径越细、电阻率越大的焊丝这种影响越大。

另外，伸出长度太大，电弧不稳，难以操作，同时飞溅较大，焊缝成型恶化，甚至破坏保护而产生气孔。相反，焊丝伸出长度过小时，会缩短喷嘴与焊件间的距离，飞溅金属容易堵塞喷嘴。同时，还妨碍观察电弧，影响焊工操作。

适宜的焊丝伸出长度与焊丝直径有关，焊丝伸出长度大约等于焊丝直径的 10 倍左右。

⑦电感值。一般来说，短路频率高的电弧，其燃烧时间很短，因此熔深小。适当增大电感，虽然频率降低，但电弧燃烧时间增加，从而增大了母材熔深。所以调节焊接回路中的电感量，可以调节电弧的燃烧时间，从而控制母材的熔深。

在某些工厂中，由于焊接电缆比较长，常常将一部分电缆盘绕起来。必须注意，这相当于在焊接回路中串入了一个附加电感，由于回路电感值的改变，使飞溅情况、母材熔深都将发生变化。因此，焊接过程正常后，电缆盘绕的圈数就不宜变动。

另外，在焊接回路中串接电抗器，还可以起滤波作用，可以使整流后的电压和电流波形脉动小一些。

⑧电流极性。CO_2 焊一般都采用直流反极性。这时电弧稳定，飞溅小，焊缝成型好。并且焊缝熔深大，生产率高。而正极性时，在相同电流下，焊丝熔化速度大大提高，大约为反极性时的 1.6 倍，而熔深较浅，余高较大且飞溅很大。只有在堆焊及铸铁补焊时才采用正极性，以提高熔敷速度。

（2）细滴过渡 CO_2 焊工艺参数。细滴过渡 CO_2 焊时，电弧电压比较高，焊接电流比较大。此时电弧是持续的，不发生短路熄弧的现象。焊丝的熔化金属以细滴形式进行过渡，所以电弧穿透力强，母材熔深大。适合于进行中等厚度及大厚度焊件的焊接。

①电弧电压与焊接电流。为了实现滴状过渡，电弧电压必须选取在 34 ~ 45 V 范围内。焊接电流则根据焊丝直径来选择。对应于不同的焊丝直径，实现细滴过渡的焊接电流下限是不同的。表 5 - 5 列出了几种常用焊丝直径的电流下限值。这里也存在着焊接电流与电弧电压的匹配关系，在一定焊丝直径下，选用较大的焊接电流，就要匹配较高的电弧电压。因为随着焊接电流增大，电弧对熔池金属的冲刷作用增加，势必恶

化焊缝的成型。只有相应提高电弧电压，才能减弱这种冲刷作用。

表 5-5 细滴过渡的电流下限及电压范围

焊丝直径/mm	电流下限/A	电弧电压/V	焊丝直径/mm	电流下限/A	电弧电压/V
1.2	300		3.0	650	
1.6	400	34~35	4.0	750	34~35
2.0	500		—	—	—

②焊接速度。细滴过渡 CO_2 焊的焊接速度较高。与同样直径焊丝的埋弧焊相比，焊接速度高 0.5~1 倍。常用的焊速为 40~60 m/h。

③保护气体流量。应选用较大的气体流量来保证焊接区的保护效果。保护气流量通常比短路过渡的 CO_2 焊提高 1~2 倍。常用的气流量范围为 25~50 L/min。

在短路过渡和细滴过渡的 CO_2 焊中间，还有一种介于两者之间的过渡形式，被称为"混合过渡 CO_2 焊"或"半短路过渡 CO_2 焊"。通常以短路过渡为主伴有部分的细滴过渡，其电流和电压的数值比短路过渡大，比细滴过渡小。这种过渡形式的 CO_2 焊在短路过渡的基础上，焊接生产率及焊接熔透能力都有所提高。但由于熔滴过渡频率低，熔滴尺寸较大，因此飞溅较严重，生产中一般不被采用。

3. CO_2 焊的操作技术

（1）细丝短路过渡手工焊接。细丝手工短路过渡焊可用于厚 1~4 mm 钢板不开坡口的全位置单面焊接。

①持枪姿势和要领。面对焊缝，脚呈开步或半开步。右手握焊枪，手腕能自由活动，左手持面罩。由于焊枪较重，枪上接有焊接电缆、控制电缆、气管、水管及送丝软管等，操作易疲劳，会影响焊接质量焊接时应利用肩部、腿部等可利用部位，减轻手臂的负荷，使手臂处于自然状态，灵活操纵焊枪移动。图 5-20 为 CO_2 气体保护焊不同位置焊接时姿势。

图 5-20 不同位置焊接时姿势
（a）蹲位平焊；（b）坐位平焊；（c）立位平焊；（d）站位平焊

②引弧工艺。在起弧处提前送气 2~3 s，将待焊处的空气排除。先点动送出一段焊丝，焊丝伸出约 6~8 mm（小于喷嘴与焊件间应保持的距离），将焊枪保持合适的倾角，焊丝端部与焊件距离为 2~4 mm，启动开关，焊丝下送，焊丝与焊件短路后引燃电弧。当焊丝以一定速度冲向焊件表面时，往往把焊枪顶起，结果使焊枪远离焊件，

从而破坏了正常保护。所以，焊工应该注意保持焊枪到焊件的距离。

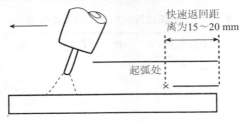

快速返回距离为15～20 mm

起弧处

图 5 – 21 倒退引弧法示意图

CO_2焊时习惯的引弧方式是焊丝端头与焊接处划擦的过程中按焊枪按钮，通常称为"划擦引弧"。这时引弧成功率较高。引弧后必须迅速调整焊枪位置、焊枪角度及导电嘴与焊件间的距离。引弧处由于焊件的温度较低，熔深都比较浅，特别是在短路过渡时容易引起未焊透。为防止产生这种缺陷，可以采取倒退引弧法，如图 5 – 21 处往往出现凹陷，称为弧坑。CO_2焊比一般焊条电弧焊用的焊接电流大，所以弧坑也大。弧坑处易产生火口裂纹及缩孔等缺陷。为此，应设法减小弧坑尺寸。目前主要应用的方法如下。

a. 采用带有电流衰减装置的焊机时，填充弧坑电流较小，一般只为焊接电流的50%～70%，易填满弧坑。最好以短路过渡的方式处理弧坑。这时，电弧沿弧坑的外沿移动焊枪，并逐渐缩小回转半径，直到中间停止。

b. 没有电流衰减装置时，在弧坑未完全凝固的情况下，应在其上进行几次断续焊接。这时只是交替按压与释放焊枪按钮，而焊枪在弧坑填满之前始终停留在弧坑上，电弧燃烧时间应逐渐缩短。

c. 使用工艺板，也就是把弧坑引到工艺板上，焊完之后去掉它。

另外，CO_2气体保护焊收弧时与焊条电弧焊不同，不要习惯地把焊枪抬起，否则会破坏熔池的有效保护，易产生气孔等缺陷。

③焊道的接头方法。接头的好坏直接影响焊接质量，接头处理方法见图 5 – 22。无摆动焊接时，可在收弧前方约 10～20 mm 处引弧，然后将电弧快速移到接头处，待熔化金属与原焊缝相连后，立即将电弧引向前方进行正常焊接，见图 5 – 22（a）（图中1、2、3表示焊接顺序，下同）；摆动焊接时，也在收弧处前方约 20 mm 处引弧，然后以直线方式快速将电弧引向接头处，待熔化金属与原焊缝相连后，再从接头中心开始摆动并向前移动，同时逐渐加大摆幅转入正常焊接，见图 5 – 22（b）。

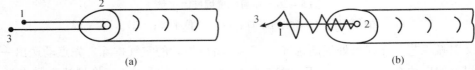

(a)   (b)

图 5 – 22　接头的处理方法

（a）无摆动焊；（b）摆动焊

CO_2气体保护焊按焊枪的移动方向分为右焊法和左焊法两种，右焊法的焊枪由左向右移动，焊接电弧指向已焊部分，见图5-23（a）。这种焊法熔池的可见度和CO_2气体保护效果好，焊缝成型美观。缺点是看不清焊缝间隙，往往容易焊偏。

左焊法的焊枪由右向左移动，焊接电弧指向未焊部分，见图5-23（b）。这种焊法电弧对焊件金属有预热作用，能得到较大的熔池深度，焊缝形状得到改善。左焊法虽然观察熔池比较困难，但能清楚地看到焊缝间隙，掌握焊接方向，不易焊偏。一般CO_2气体手工焊时大多采用左焊法。

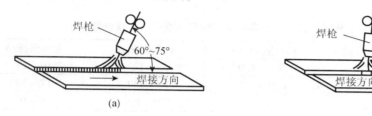

图5-23 右焊法和左焊法

（a）右焊法；（b）左焊法

④不同焊接位置的操作技术。

a. 平焊。薄板水平位置对接焊时，一般习惯采用左焊法，因左焊法便于观察，不易焊偏。在T形接头平焊时，左焊法和右焊法均可采用，但右焊法的焊缝饱满。对于长焊缝应预先进行固定焊，焊点间距200～300 mm为宜。施焊时为防止焊件翘曲变形，可用压板或夹具压平、夹紧。为了改善焊缝成型，减小堆高和增加熔池宽度，通常可采取提高焊接电流和电弧电压、加大坡口间隙、焊枪做横向摆动等措施。

无垫板的单面焊双面成型（悬空焊）焊接时对焊工的技术水平要求较高，对坡口精度、装配质量和焊接参数也提出了严格要求。坡口间隙对单面焊双面成型的影响很大。

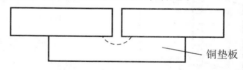

图5-24 加垫板的熔透焊

坡口间隙小时，焊丝应对准熔池的前部，增大穿透能力，使焊缝焊透；坡口间隙大时，为防止烧穿，焊丝应指向熔池中心，并进行适当摆动。坡口间隙为0.2～1.4 mm时，一般采用直线式焊接或小幅摆动。当坡口间隙为1.2～2.0 mm时，采用月牙形的小摆幅摆动，在焊缝中心稍快些移动，而在两侧做片刻停留。当坡口间隙更大时，摆动方式应在横向摆动的基础上增加前后摆动，这样可避免电弧直接对准间隙，防止烧穿。不同板厚推荐的根部间隙值见表5-6。

采用细焊丝短路过渡焊接时，典型单面焊双面成型的焊接参数见表5-7。

加垫板的单面焊双面成型比悬空焊接容易控制，而且对焊接参数的要求也不十分严格。垫板材料通常为纯铜板，如图5-24所示。为防止铜垫板与焊件焊到一起，最好采用水冷铜垫板。加垫板时单面焊双面成型的典型焊接参数见表5-8。

223

表 5-6 不同板厚推荐的根部间隙值   mm

板厚	根部间隙	板厚	根部间隙
0.8	<0.2	4.5	<1.6
1.6	<0.5	6.0	<1.8
2.3	<1.0	10.0	<2.0
3.2	<1.6	—	—

表 5-7 细丝短路过渡时典型单面焊双面成型的焊接参数

板厚/mm	坡口形式	焊丝直径/mm	焊接电流/A	电弧电压/V
<1.6	I 形	0.8~1.0	60~120	16~19
1.6~3.2	I 形	0.9~1.2	80~150	17~20
>6	V 形	1.2	120~130	18~19

表 5-8 加垫板焊接的典型焊接参数

板厚/mm	根部间隙/mm	焊丝直径/mm	焊接电流/A	电弧电压/V
0.8~1.6	0~0.5	0.9~1.2	80~140	18~22
2.0~3.2	0~1.0	1.2	100~180	18~23
4.0~6.0	0~1.2	1.2~1.6	200~420	23~38
8.0	0.5~1.6	1.6	350~450	34~42

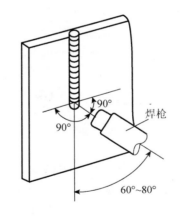

图 5-25 向下立焊时焊枪角度

b. 立焊。立焊要求焊件有较高的装配质量，坡口要对齐平，避免烧穿。通常细丝半自动短路过渡焊接采用向下立焊（即自上而下焊接），其特点是焊缝成型美观，熔池浅。向下立焊的操作关键是保持熔池不流淌。向下立焊时，焊枪角度见图 5-25，电弧要始终对准熔池前方，与焊缝轴线成 60°~80° 角，利用 CO_2 气流及电弧的吹力托住熔池。如果液态金属流到电弧前方，便很容易产生焊瘤和未焊透现象，发生这种情况时，应立即加快焊枪移动，将焊丝往上抬，依靠电弧力和气流力将熔池推上去。

向下立焊时焊枪不摆动，否则熔池难以保持，易引起熔化金属流淌和未焊透。若需要得到较大的熔宽，则应采用横向多道焊。

c. 横焊。横焊时，由于熔池金属受重力的作用，焊缝容易下垂，造成焊缝上方易产生咬边，下方易产生焊瘤和未焊透缺陷。横焊要求采用小焊接电流、小电弧电压的短路过渡焊接，薄板焊接时通常采用单道横焊，一律使用左焊法，焊丝与焊道夹角为 75°~85°，焊丝与焊道水平线夹角为 5°~15°，见图 5-26。焊枪应做直线式或小幅摆动式移动，以防温度过高，熔滴下淌。

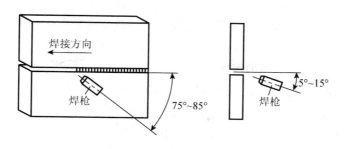

图 5-26 单道横焊时焊枪角度

d. 仰焊。仰焊操作难度较大，焊接时熔池金属受重力作用易下坠。薄板单面仰焊时，为保证焊透，焊件应留 1.4 ~ 1.6 mm 的间隙，使用直径 0.8 ~ 1.2 mm 的焊丝，采用短路过渡焊接。焊接电流 120 ~ 130 A，电弧电压 18 ~ 19 V。

焊接时，焊丝应对准间隙中心，焊枪角度见图 5-27。为了保证焊缝成型好，熔滴过渡容易，可采用右焊法，焊枪做直线式或小幅摆动式移动，并适当增加 CO_2 气体流量，靠电弧力和气流吹力托住熔池，焊接速度不能太慢，否则熔池金属会下垂流淌，使焊缝表面凹凸不平。应根据熔池状况，及时调整焊接速度和焊枪摆动方式，注意避免熔滴下坠。

（2）粗丝长弧焊接。直径大于 1.6 mm 的粗焊丝进行 CO_2 气体保护焊时，采用长弧颗粒过渡焊接，可根据焊缝位置，调整焊枪角度，改变焊接速度。粗丝长弧焊时，由于熔池深，其热影响区较窄，因而焊件的钝边可为 4 ~ 6mm，

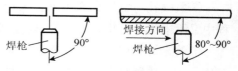

图 5-27 仰焊时焊枪角度

坡口角度可减小到 45°左右。一道焊缝焊完后，应注意将收尾处的弧坑填满。如果在收尾时立即断弧则会形成弧坑，并使收尾处的强度减弱，易造成应力集中而产生裂纹。所以在收弧时应在弧坑处稍停留，然后缓慢抬起焊枪，在熔池凝固前必须继续送气。

为了改善粗丝长弧焊焊缝成型，可在焊接坡口上撒上一层薄薄的埋弧焊焊剂，使焊缝表面发亮，成型美观。

直径 2.0 mm 及以上的焊丝，主要采用机械化焊接，以改善劳动条件和提高生产效率。为提高电弧引燃的可靠性，焊接时通常采用慢送丝引弧。

4. CO_2 焊的焊接缺陷及防止

（1）气孔。CO_2 焊时，由于熔池表面没有熔渣覆盖，CO_2 气流又有冷却作用，因而熔池凝固比较快。如果焊接材料或焊接工艺处理不当，可能会出现 CO 气孔、氮气孔和氢气孔。

①CO 气孔。在焊接熔池开始结晶或结晶过程中，熔池中的 C 与 FeO 反应生成的 CO 气体来不及逸出，而形成 CO 气孔。这类气孔通常出现在焊缝的根部或近表面的部位，且多呈针尖状。

CO 气孔产生的主要原因是焊丝中脱氧剂不足，并且含 C 量过多。要防止产生 CO

气孔，必须选用含足够脱氧剂的焊丝，且焊丝中的含碳量要低，抑制 C 与 FeO 的氧化反应。如果母材的含碳量较高，则在工艺上应选用较大热输入的焊接参数，增加熔池停留的时间，以利于 CO 气体的逸出。

由此可见，在 CO_2 焊中，只要焊丝选择适当，产生 CO 气孔的可能性是很小的。

②氮气孔。在电弧高温下。熔池金属对 N_2 有很大的溶解度。但当熔池温度下降时，N_2 在液态金属中的溶解度便迅速减小，就会析出大量 N_2，若未能逸出熔池，便生成 N_2 气孔。N_2 气孔常出现在焊缝近表面的部位，呈蜂窝状分布，严重时还会以细小气孔的形式广泛分布在焊缝金属之中。这种细小气孔往往在金相检验中才能被发现，或者在水压试验时被扩大成渗透性缺陷而表露出来。

氮气孔产生的主要原因是保护气层遭到破坏，使大量空气侵入焊接区。造成保护气层破坏的因素有：使用的 CO_2 保护气体纯度不合要求；CO_2 气体流量过小；喷嘴被飞溅物部分堵塞；喷嘴与焊件距离过大及焊接场地有侧向风等。要避免 N_2 气孔，必须改善气保护效果。要选用纯度合格的 CO_2 气体，焊接时采用适当的气体流量参数；要检验从气瓶至焊枪的气路是否有漏气或阻塞；要增加室外焊接的防风措施。此外，在野外施工中最好选用含有固氮元素（如 Ti、A1）的焊丝。

③氢气孔。氢气孔产生的主要原因是，熔池在高温时溶入了大量氢气，在结晶过程中又不能充分排出，留在焊缝金属中成为气孔。

氢的来源是焊件、焊丝表面的油污及铁锈，以及 CO_2 气体中所含的水分。油污为碳氢化合物，铁锈是含结晶水的氧化铁。它们在电弧的高温下都能分解出氢气。氢气在电弧中还会被进一步电离，然后以离子形态很容易溶入熔池。熔池结晶时，由于氢的溶解度陡然下降，析出的氢气如不能排出熔池，则在焊缝金属中形成圆球形的气孔。

要避免 H_2 气孔，就要杜绝氢的来源。应去除焊件及焊丝上的铁锈、油污及其他杂质，更重要的要注意 CO_2 气体中的含水量。因为 CO_2 气体中的水分常常是引起氢气孔的主要原因。

CO_2 气体具有氧化性，可以抑制氢气孔的产生，只要焊前对 CO_2 气体进行干燥处理，去除水分，清除焊丝和焊件表面的杂质，产生氢气孔的可能性很小。

(2) 飞溅。飞溅是 CO_2 焊最主要的缺点，严重时甚至要影响焊接过程的正常进行。产生飞溅的主要原因如下。

①气体爆炸引起的飞溅。熔滴过渡时，由于熔滴中的 FeO 与 C 反应产生的 CO 气体，在电弧高温下急剧膨胀，使熔滴爆破而引起金属飞溅。

②由电弧斑点压力而引起的飞溅。因 CO_2 气体高温分解吸收大量电弧热量，对电弧的冷却作用较强，使电弧电场强度提高，电弧收缩，弧根面积减小，增大了电弧的斑点压力，熔滴在斑点压力的作用下十分不稳定，形成飞溅。用直流正接法时，熔滴受斑点压力大，飞溅也大。

③短路过渡时由于液态小桥爆断引起的飞溅。当熔滴与熔池接触时，由熔滴把焊丝与熔池连接起来，形成液体小桥。随着短路电流的增加，使液体小桥金属迅速地加

热，最后导致小桥金属发生汽化爆炸，引起飞溅。

④焊接参数选择不当。在实际生产中，通常采用以下措施来减少飞溅。

●正确选择焊接参数。

☆焊接电流与电弧电压。CO_2 焊时，不同直径的焊丝，其飞溅率和焊接电流之间的关系如图 5 – 28 所示。在短路过渡区飞溅率较小，细滴过渡区飞溅率也较小，而混合过渡区飞溅率最大。以直径 1.2 mm 焊丝为例，电流小于 150 A 或大于 300 A 飞溅率都较小，介于两者之间则飞溅率较大。在选择焊接电流时应尽可能避开飞溅率高的混合过渡区。电弧电压则应与焊接电流匹配。

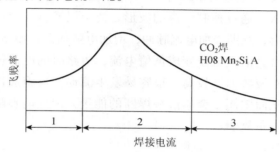

图 5 – 28 CO_2 焊飞溅损失与电流的关系

1 – 短路过渡区；2 – 混合过渡区；3 – 细滴过渡区

☆焊丝伸出长度。一般焊丝伸出长度越长，飞溅率越高。例如直径 1.2 mm 焊丝，焊丝伸出长度从 20 mm 增至 30 mm，飞溅率约增加 5%。所以在保证不堵塞喷嘴的情况下，应尽可能缩短焊丝伸出长度。

☆焊枪角度。焊枪垂直时飞溅量最少，倾斜角度越大，飞溅越多。焊枪前倾或后倾最好不超过 20°。

●细滴过渡时在 CO_2 中加入 Ar 气。CO_2 气体的物理性质决定了电弧的斑点压力较大，这是 CO_2 焊产生飞溅的最主要原因。在 CO_2 气体中加入 Ar 气后，改变了纯 CO_2 气体的物理性质。随着 Ar 气比例增大，飞溅逐渐减少。

混合气体的成本虽然比纯 CO_2 气体高，但可从材料损失降低和节省清理飞溅的辅助时间上得到补偿。所以采用 CO_2 + Ar 混合气体，总成本还有减低的趋势。另外，CO_2 + Ar 混合气体的焊缝金属低温韧性值也比纯 CO_2 气体高。

●短路过渡时限制金属液桥爆断能量。短路过渡 CO_2 焊接时，当熔滴与熔池接触形成短路后，如果短路电流的增长速率过快，使液桥金属迅速地加热，造成了热量的聚集，将导致金属液桥爆裂而产生飞溅。因此必须设法使短路液桥的金属过渡趋于平缓。目前具体的方法有如下几种。

☆在焊接回路中串接附加电感。电感越大，短路电流增长速度越小。焊丝直径不同，串接相同的电感值时，短路电流增长速度不同。焊丝直径粗，短路电流增长速度大；焊丝直径细，短路电流增长速度小。短路电流增长速度应与焊丝的最佳短路频率相适应，细焊丝熔化快，熔滴过渡的周期短，因此需要较大的电流增长速度，要求串接的附加电感值较小。粗焊丝熔化慢，熔滴过渡的周期长，则要求较小的电流增长速度，应串接较大的附加电感。这种方法的优点是设备简单，效果明显。缺点是控制不够精确，适量调整不易。因而只能在一定程度上减少飞溅。

☆电流切换法。在每个熔滴过渡过程中，液桥缩颈达到临界尺寸之前，允许短路电流有较大的自然增长，以产生足够的电磁收缩力。一旦缩颈尺寸达到临界值，便立即进行电流切换，迅速将电流从高值切换到低值，使液桥缩颈在小电流下爆断。就消除了液桥爆断产生飞溅的因家。据试验，若将电流从400 A降至30 A，飞溅率可降低至2% ~3%。

☆电流波形控制法。通过控制电流的波形，使金属液桥在较低的电流时断开，液桥断开、电弧再引燃后，立即施加电流脉冲，增加电弧热能，使熔化金属的温度提高。而在将临短路时，再由高值电流改变成低值电流，短路时的电流值较低，但处于高温状态的熔滴形成的短路液桥温度较高，很容易发生流动，再施加很少的能量就能实现金属的过渡与爆断。从而限制了金属液桥爆断的能量，因此能够降低金属飞溅。电流波形控制法的缺点是设备复杂。

●采用低飞溅率焊丝。

☆超低碳焊丝。在短路过渡或细滴过渡的CO_2焊中，采用超低碳的合金钢焊丝，能够减少由CO气体引起的飞溅。

☆药芯焊丝。由于熔滴及熔池表面有熔渣覆盖，并且药芯成分中有稳弧剂，因此电弧稳定，飞溅少。通常药芯焊丝CO_2焊的飞溅率约为实芯焊丝的1/3。

☆活化处理焊丝。在焊丝的表面涂有极薄的活化涂料，如Cs_2CO_3与K_2CO_3的混合物，采用直流正极性焊接。这种稀土金属或碱土金属的化合物能提高焊丝金属发射电子的能力，从而改善CO_2电弧的特性，使飞溅大大减少。但由于这种焊丝储存、使用比较困难，所以应用还不广泛。

5.4.4 特种 CO_2 气体保护电弧焊

1. CO_2 点焊

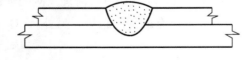

图 5-29　CO_2 点焊焊点形状

CO_2点焊是在CO_2气体保护下，利用焊丝和焊件间燃烧的高温电弧热量，将搭接接头上板的整个厚度和下板的局部厚度熔化，形成铆钉状的焊点，从而把两块钢板连接起来。也称为CO_2电铆焊，见图5-29。

CO_2点焊适用于薄板框架结构的焊接。在汽车制造、农业机械、化工机械等部门中有着广泛的应用。它与电阻点焊相比有以下优点。

（1）不需要特殊的加压装置，焊接设备简单，使用方便、灵活。

（2）对焊件表面质量要求不高。

（3）对上、下板之间的装配精度要求不严格。

（4）不受焊点距离和板厚的限制，适用性强。

（5）焊接质量好，焊点强度比电阻点焊高。

在进行水平位置 CO_2 点焊时，如果上、下板厚度均在 1 mm 以下，为提高抗剪强度，防止烧穿，点焊时应加垫板。若上板很厚（大于 6 mm），熔透上板所需的电流又不足时，可先将上板开一个锥孔，然后再施焊（即"塞焊"）。仰面位置 CO_2 点焊时，为防止熔池金属下落，应尽量采用大电流、低电压、短时间极大的气体流量的焊接参数。对于垂直位置 CO_2 点焊，其焊接时间比仰焊时要更短。CO_2 点焊常用的接头形式如图5-30所示。

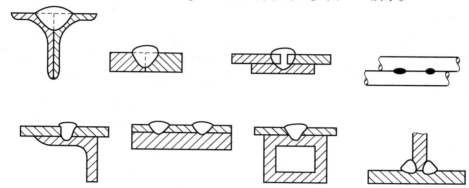

图 5-30　CO_2 点焊的接头形式

2. CO_2 气电立焊

气电立焊是厚板立焊时，在接头两侧使用成型器具（固定式或移动式冷却块）保持熔池形状，强制焊缝成型的一种电弧焊，通常加 CO_2 气体保护熔池。其优点是可不开坡口焊接厚板，生产率高，成本低。

气电立焊设备主要由焊接电源、导电嘴、水冷滑块、送丝机构、焊丝摆动机构和供气装置等组成。

图5-31是气电立焊的示意图，它利用水冷滑块挡住熔化金属，使之强迫成型，以实现立向位置焊接，保护气体可采用单一的 CO_2 气体也可采用混合气体（如 $CO_2 + Ar$），焊丝连续向下送入由焊件坡口面和两个水冷滑块面形成的凹槽中，在焊丝与母材金属之间形成电弧，并不断熔化和流向电弧下的熔池中。随着熔池上升，电弧与水冷滑块也随着上移，原先的凹槽被熔化金属填充，形成焊缝。

气电立焊通常用于较厚的低碳钢和中碳钢等材料的焊接，也可用于奥氏体不锈钢和其他合金的焊接。板材厚度在 12~80 mm 之间最为适宜。

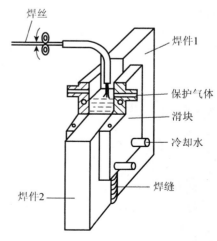

图 5-31　CO_2 气电立焊示意图

229

通常熔深（气电立焊的熔深是指对接接头侧面母材的熔入深度）随焊接电流增加而减小，即焊缝熔宽减小，同时焊接电流增加，送丝速度、熔敷率和接头填充速度（即焊接速度）将提高，焊接电流通常在 750～1 000 A 范围内。随电弧电压增高，熔深增大，而焊缝宽度增加，电弧电压通常是 30～55 V 之间。焊丝伸出长度为 38～40 mm，因此焊丝熔化速度较高。板材厚度大于 30 mm 的焊件一般要做横向摆动，摆动速度为 7～8 mm/s。导电嘴在距每侧冷却滑块约 10 mm 处停留（停留时间在 1～3 s），以抵消水冷滑块对金属的冷却作用，使焊缝表面完全熔合。

3. 双层气流 CO_2 保护脉冲焊

最近发展出层内通 Ar 气，外层通 CO_2 气的双层气体保护焊，以少量内层 Ar 气，获得了可与富 Ar 混合气体保护焊媲美的高质量焊接接头。此外还使用了脉冲焊技术，具有电弧功率大、生产率高、热输入低等优点。因此在焊接高强钢中厚板和铸钢件时可以获得较高的技术经济效益。已成功地应用于汽轮机隔板拼焊、气缸体（材料为 ZG230－450 铸钢）焊接及大型齿轮焊接（齿圈为 35CrMoA 调质锻钢与轮毂 ZG230－450 铸钢的焊接）。

由于 CO_2 气体保护焊焊接时的熔滴过渡特性，至今还很难在纯 CO_2 电弧气氛下进行脉冲焊。因此只能在富氩的 CO_2 气体保护焊时使用脉冲焊技术，实质上已基本上属于 MIG 焊范畴。并且富氩的气氛，已失去了 CO_2 气体保护焊热效率高、成本低的优点。而这种双层气流保护的脉冲焊，具有 MIG 及 CO_2 气体保护焊两者的优点。实际上是两种气体保护焊方法的结合。双层气流的气体流量见表 5－9。

表 5－9　双层气体保护焊枪的气体流量

内层气体	流量/（L·min^{-1})	外层气体	流量/（L·min^{-1})
Ar	3～4.5	CO_2	15

5.5　熔化极药芯焊丝电弧焊

5.5.1　药芯焊丝的特点及分类

1. 药芯焊丝的特点

药芯焊丝又称管状焊丝或粉芯焊丝，是继焊条和实芯焊丝之后的又一类焊接材料，它是由金属外皮和芯部药粉两部分构成的。药芯焊丝中药芯的成分与焊条药皮的成分相似，有稳弧剂、造渣剂、脱氧剂及渗合金等，药芯在焊接过程中起着和焊条药皮相同的作用。

药芯焊丝是 21 世纪最具发展前景的高技术焊接材料。以其工艺性能好，力学性能高，熔敷速度快，焊接质量好，综合成本低的特点受到广泛关注。药芯焊丝作为新型焊接材料具有如下的优点。

（1）工艺性能好。在焊接过程中，通过药芯产生造气、造渣以及一系列冶金反应，改变了电弧气氛的物理化学性质，对熔滴过渡形态、熔渣表面张力等物理性能产生影响，明显地改善了焊接工艺性能，焊缝成型好。药芯焊丝 CO_2 气体保护焊时，可实现熔滴的喷射过渡，飞溅少，并且可全位置焊接。

（2）高效节能。焊接时，焊接电流可通过薄的金属外皮，其电流密度较高，焊丝熔化速度快。熔敷速度明显高于焊条，并略高于实芯焊丝。生产效率约为焊条电弧焊的 3~4 倍。在焊接过程中，连续地施焊使得焊机空载损耗大为减少；较大的电流密度，增加了电阻热，提高了热利用率，使能源有效利用率提高，可节能 20%~30%。

（3）药芯成分易于调整。药芯焊丝可以通过外皮金属和药芯成分两种途径调整熔敷金属的化学成分。特别是通过改变药芯焊丝中的药芯成分和比例，可获得各种不同渣系、合金系的药芯焊丝以满足焊接不同成分钢材的需要。尤其对于低合金高强度钢的焊接，其优势是实芯焊丝无法比拟的。

（4）综合成本低。焊接生产成本应由焊接材料、辅助材料、人工费用、能源消耗、生产效率、焊丝熔敷率等项指标综合构成。采用药芯焊丝电弧焊焊接相同厚度（中厚板以上）的焊件，单位长度焊缝其综合成本明显低于焊条，且略低于实芯焊丝，经济效益显著。

但药芯焊丝也有其不足之处，主要表现在以下几点。

（1）制造设备及工艺复杂。药芯焊丝生产设备以及生产工艺的复杂程度，在加工精度、控制精度、设备高技术含量、操作人员素质等多方面的要求，远大于焊条，和实芯焊丝的生产。获得优质药芯焊丝产品的关键在于药粉配方技术和制造工艺。对于药芯焊丝的生产设备的一次性投入费用也高。

（2）药芯焊丝的质量对焊接过程的稳定性和焊缝成型有很大影响。药芯焊丝中各种成分的粉剂混合必须均匀，粉剂的填充率和致密度要求高。否则，必然对焊接过程的稳定性和焊缝的质量产生很大影响。

（3）药芯焊丝粉剂易吸潮。从防潮性能方面药芯焊丝不如镀铜实芯焊丝抗潮性好。药芯焊丝外表容易锈蚀，粉剂容易吸潮，使用前必须在 250 ℃~300 ℃温度下烘干。否则，粉剂中吸收的水分将会在焊缝中引起气孔。在受潮后烘干恢复其性能方面，药芯焊丝不如焊条，受潮较重的药芯焊丝或是无法烘干（塑料盘），或是烘干效果不理想，影响其使用性能。建议不要长期大量保存药芯焊丝，最多保存半年。

2. 药芯焊丝的结构

药芯焊丝的截面形状是多种多样的，见图 5 - 32。但简要地可以分成两大类：简单断面的"O"形和复杂断面的折迭形。折叠形中又分为"T"形、"E"形、"梅花形"和"中间填丝形"等。

3. 药芯焊丝的分类

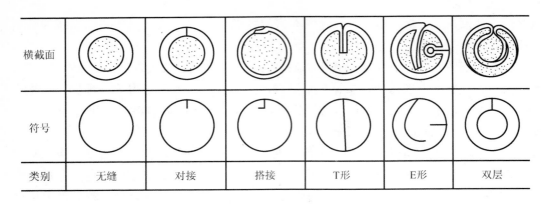

横截面						
符号						
类别	无缝	对接	搭接	T形	E形	双层

图 5-32　药芯焊丝的几种截面形状

根据焊接过程中外加保护方式，药芯焊丝可分为气体保护焊用、焊剂保护用药芯焊丝及自保护药芯焊丝。气体保护焊用药芯焊丝根据保护气体的种类，可细分为 CO_2 气体保护焊、熔化极惰性气体保护焊、混合气体保护焊以及钨极氩弧焊用药芯焊丝。焊剂保护用药芯焊丝主要应用于埋弧堆焊。自保护药芯焊丝是在焊接过程中不需要外加保护气或焊剂的一类焊丝，过焊丝芯部药粉中造渣剂、造气剂在电弧高温作用下产生的气、渣对熔滴和熔池进行保护。

按药芯焊丝金属外皮所用材料可分为低碳钢、不锈钢以及镍药芯焊丝。

按芯部药粉类型药芯焊丝分类可分为有渣型和无渣型。无渣型又称金属粉芯焊丝，主要用于埋弧焊，高速 CO_2 气体保护焊药芯焊丝也多为金属粉型。有渣型药芯焊丝按熔渣的碱度分为酸性渣和碱性渣两类。

药芯焊丝按被焊钢种分类，可分为低碳、低合金钢用药芯焊丝、低合金高强度钢用药芯焊丝、低温钢用药芯焊丝、耐热钢用药芯焊丝、不锈钢用药芯焊丝和镍及镍合金用药芯焊丝。

药芯焊丝按被焊接结构类型分类，可分为一般结构用药芯焊丝、船用药芯焊丝、锅炉、压力容器用药芯焊丝和硬面堆焊药芯焊丝。

按药芯的成分可分为金红石-有机物型、碳酸盐-萤石型、萤石型、金红石型和金红石-萤石型。前三种主要用于无 CO_2 气体保护的药芯焊丝，而后两种用于 CO_2 气体保护焊。

5. 5. 2　熔化极药芯焊丝电弧焊的焊接参数

熔化极药芯焊丝电弧焊的焊接参数主要包括：焊接电流、电弧电压、焊接速度、焊丝伸出长度以及气体保护焊时的保护气流量等。焊接参数对焊接过程的影响及其他变化规律趋势，对药芯焊丝和实心焊丝基本相同。

1. 焊接电流、电弧电压

在药芯焊丝电弧焊过程中焊接电流、电弧电压对焊缝几何形状（熔宽、熔深）的影响规律与实心焊丝基本一致。略有差别的是焊接电流、电弧电压对药芯焊丝熔滴过渡形态的影响，如图 5-33 所示。

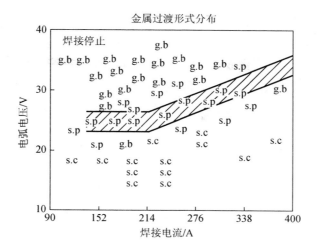

图5－33　焊接电流、电弧电压对药芯焊丝熔滴过渡形态的影响

s.p－喷射过渡；g.b－滴状过渡；s.c－短路过渡

　　焊接电流、电弧电压对直径1.6 mm的E71T－1型药芯焊丝三种熔滴过渡形态的关系，图中阴影部分为喷射过渡。如图5－32所示焊接电流的使用范围很大，而电弧电压的可变范围则较小，且随着电流的增加，电弧电压应适当增加，大电流焊接时，电弧电压应足够高。这一规律对选择焊接参数有着重要的指导意义。

　　2．焊丝伸出长度

　　自保护药芯焊丝电弧焊时，焊丝伸出长度范围较宽，一般为25～70 mm。直径在3.0 mm以上的粗丝，焊丝伸出长度甚至接近100 mm。为保证焊丝端部更好地指向熔池，焊枪导电嘴前端常加有绝缘护套。焊丝伸出长度选择不当时，除了易于产生气孔外，对自保护药芯焊丝的焊缝金属的力学性能也会产生影响，特别是焊缝金属的韧性。

　　3．保护气体流量

　　选择气体保护药芯焊丝进行焊接时，保护气体流量也是重要的焊接参数之一。保护气体流量的选择可根据焊接电流的大小、气体喷嘴的直径和保护气体的种类等因素确定，图5－34所示其三者的关系。

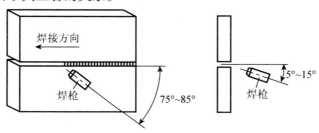

图5－34　保护气体流量选择参考图

4. 焊接速度

当焊接电流电弧电压确定后，焊接速度不仅对焊缝几何形状产生影响，而且对焊接质量也有影响。半自动药芯焊丝焊接时，焊接速度通常在 30～50 cm/min 范围内。焊接速度过快易导致熔渣覆盖不均匀，焊缝成型变坏，在有漆层或有污染表面的钢板上焊接时，焊接速度过快易产生气孔，焊接速度过小，熔融金属容易先行，导致熔合不良等缺陷的产生。药芯焊丝的全自动焊接时，焊接速度可达 1 m/min 以上。

复习思考题

1. 为什么熔化极氩弧焊焊接低碳钢、低合金钢和不锈钢时不采用纯氩为保护气体？

2. 熔化极氩弧焊焊接不锈钢时应采用什么混合气体？为什么？其混合比为多少？

3. 熔化极脉冲氩弧焊有何工艺特点？主要脉冲参数是什么？如何选择？

4. TIME 焊的基本原理是什么？TIME 焊有何特点？

5. 双丝高速焊有哪几种方法？各有何特点？

6. 熔化极氩弧焊焊接铝及其合金产生起皱现象的原因是什么？应采取什么措施？

7. 熔化极气体保护焊设备有哪几部分组成？

8. CO_2 气体保护焊有哪些特点？

9. 为什么说 CO_2 气体保护焊是一种高效节能的焊接方法？

10. 焊接用 CO_2 气体有哪些特性？如何正确使用 CO_2 气体？

11. CO_2 气体保护焊可能出现哪几种类型的气孔？如何防止？

12. CO_2 气体保护焊减少飞溅的措施有哪些？

13. 当前最广泛使用的 CO_2 气体保护焊的熔滴过渡形式是哪一种？焊接工艺上有哪些特点？

14. CO_2 气体保护焊焊前在工艺上要做哪些准备？

15. 药芯焊丝有何特点？

第6章 钨极惰性气体保护焊

钨极惰性气体保护电弧焊是指使用纯钨或活化钨作电极的非熔化极惰性气体保护焊方法，简称 TIG 焊。钨极惰性气体保护焊可用于几乎所有金属及其合金的焊接，可获得高质量的焊缝。但由于其成本较高，生产率低，多用于焊接铝、镁、钛、铜等有色金属及合金，以及不锈钢、耐热钢等材料。

6.1 TIG 概述

6.1.1 TIG 焊的原理

TIG 焊是在惰性气体的保护下，利用钨极与焊件间产生的电弧热熔化母材和填充焊丝（也可以不加填充焊丝），形成焊缝的焊接方法，如图 6-1 所示。焊接时保护气体从焊枪的喷嘴中连续喷出，在电弧周围形成保护层隔绝空气，保护电极和焊接熔池以及临近热影响区，以形成优质的焊接接头。

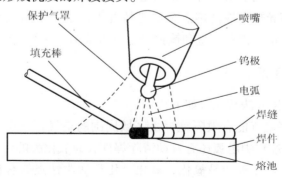

图 6-1 TIG 焊示意图

6.1.2 TIG 焊的分类

根据不同的分类方式，TIG 焊的大致分类如图 6 – 2。

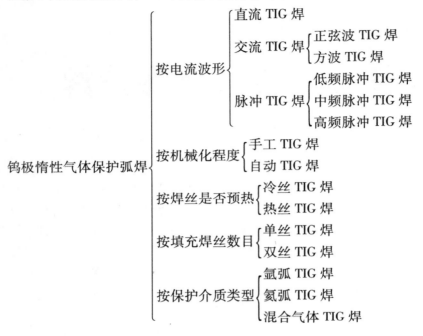

钨极惰性气体保护弧焊
- 按电流波形
  - 直流 TIG 焊
  - 交流 TIG 焊
    - 正弦波 TIG 焊
    - 方波 TIG 焊
  - 脉冲 TIG 焊
    - 低频脉冲 TIG 焊
    - 中频脉冲 TIG 焊
    - 高频脉冲 TIG 焊
- 按机械化程度
  - 手工 TIG 焊
  - 自动 TIG 焊
- 按焊丝是否预热
  - 冷丝 TIG 焊
  - 热丝 TIG 焊
- 按填充焊丝数目
  - 单丝 TIG 焊
  - 双丝 TIG 焊
- 按保护介质类型
  - 氩弧 TIG 焊
  - 氦弧 TIG 焊
  - 混合气体 TIG 焊

图 6 – 2　TIG 焊的分类

通常根据工件材料种类、厚度、产品要求以及生产率等条件选择不同的 TIG 焊方法。如直流 TIG 焊适合不锈钢、耐热钢、铜合金、钛合金等材料。交流 TIG 焊用于铝及铝合金、镁合金、铝青铜等。脉冲 TIG 焊用来焊接薄板（0.3 mm 左右）、全位置管道焊接、高速焊以及对热敏感性强的一些材料。热丝、双丝 TIG 焊主要是为了提高焊接生产率。直流氦弧焊几乎可以焊接所有金属，尤其适用于大厚度（大于 10 mm）铝板。在焊接厚板、高导热率或高熔点金属等情况下，也可采用氦气或氮氩混合气做保护气体。在焊接不锈钢、镍基合金和镍铜合金时可采用氩 – 氢混合气作保护气体。

6.1.3 TIG 焊的特点

TIG 焊与其他焊接方法相比有如下特点。

（1）可焊金属多氩气能有效隔绝焊接区域周围的空气，它本身又不溶于金属，不和金属反应；TIG 焊过程中电弧还有自动清除焊件表面氧化膜的作用。因此，可成功地焊接其他焊接方法不易焊接的易氧化、氮化、化学活泼性强的有色金属、不锈钢和各种合金。

（2）适应能力强钨极电弧稳定，即使在很小的焊接电流下也能稳定燃烧；不会产生飞溅，焊缝成型美观；热源和焊丝可分别控制，因而热输入量容易调节，特别适合于薄件、超薄件的焊接。可进行各种位置的焊接，易于实现机械化和自动化焊接。

（3）焊接生产率低钨极承载电流能力较差，过大的电流会引起钨极熔化和蒸发，其颗粒可能进入熔池，造成夹钨。因而 TIG 焊使用的电流小，焊缝熔深浅，熔敷速度小，生产率低。

（4）生产成本较高由于惰性气体较贵，与其他焊接方法相比生产成本高，故主要用于要求较高产品的焊接。

6.1.4 TIG 焊的电流种类和极性选择

TIG 焊时，焊接电弧正、负极的导电和产热机构与电极材料的热物理性能有密切关系，从而对焊接工艺有显著影响。

1. 直流 TIG 焊

直流 TIG 焊时，电流极性没有变化，电弧连续稳定，按电源极性的不同接法，又可将直流 TIG 焊分为直流正极性法和直流反极性法两种方法。

（1）直流正极性法。直流正极性法焊接时，焊件接电源正极，钨极接电源负极。由于钨极熔点很高，热发射能力强，电弧中带电粒子绝大多数是从钨极上以热发射形式产生的电子。这些电子撞击焊件（负极），释放出全部动能和位能（逸出功），产生大量热能加热焊件，从而形成深而窄的焊缝，见图 6-3（a）。该法生产率高，焊件收缩应力和变形小。另一方面，由于钨极上接受正离子撞击时放出的能量比较小，而且由于钨极在发射电子时需要付出大量的逸出功，所以钨极上总的产热量比较小，因而钨极不易过热，烧损少；对于同一焊接电流可以采用直径较小的钨极。再者，由于钨极热发射能力强，采用小直径钨棒时，电流密度大，有利于电弧稳定。

综上所述，直流正极性有如下特点。

①熔池深而窄，焊接生产率高，焊件的收缩应力和变形都小。

②钨极许用电流大，寿命长。

③电弧引燃容易，燃烧稳定。

总之，直流正极性优点较多，所以除铝、镁及其合金的焊接以外，TIG 焊一般都采用直流正极性焊接。

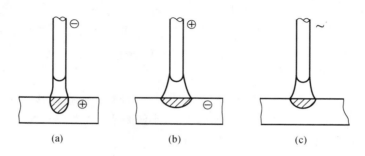

(a)   (b)   (c)

图 6-3 TIG 焊时电流种类与极性对焊缝形状影响示意图

（a）直流正极性；（b）直流反极性；（c）交流

（2）直流反极性法。直流反极性时焊件接电源负极，钨极接正极。这时焊件和钨极的导电和产热情况与直流正极性时相反。由于焊件一般熔点较低，电子发射比较困难，往往只能在焊件表面温度较高的阴极斑点处发射电子，而阴极斑点总是出现在电子逸出功较低的氧化膜处。当阴极斑点受到弧柱中来的正离子流的强烈撞击时，温度很高，氧化膜很快被汽化破碎，显露出纯洁的焊件金属表面，电子发射条件也由此变差。这时阴极斑点就会自动转移到附近有氧化膜存在的地方。如此下去，就会把焊件焊接区表面的氧化膜清除掉，这种现象称为阴极破碎（或称阴极雾化）现象。

阴极破碎现象对于焊接工件表面存在难熔氧化物的金属有特殊的意义，如铝是易氧化的金属，它的表面有一层致密的 Al_2O_3 附着层，它的熔点为 2 050 ℃，比铝的熔点（657 ℃）高很多，用一般的方法很难去除铝的表面氧化层，使焊接过程难以顺利进行。若用直流反极性 TIG 焊则可获得弧到膜除的显著效果，使焊缝表面光亮美观，成型良好。

但是直流反极性时钨极处于正极，TIG 焊阳极产热量多于阴极，大量电子撞击钨极，放出大量热量，很容易使钨极过热熔化而烧损，使用同样直径的电极时，就必须减小许用电流。或者为了满足焊接电流的要求，就必须使用更大直径的电极（见表 6-1）；另一方面，由于在焊件上放出的热量不多，使焊缝熔深浅，见图 6-3（b），生产率低。所以 TIG 焊中，除了铝、镁及其合金的薄件焊接外，很少采用直流反极性法。

表 6-1　电流种类和极性不同时纯钨极的许用电流

钨极直径／mm　电流种类和极性	许用电流/A				
	1~2	3	4	5	6
交流	20~100	100~160	140~220	220~280	250~360
直流正接	65~150	140~180	250~340	300~400	350~450
直流反接	10~30	20~40	30~50	40~80	60~100

2. 交流 TIG 焊

交流 TIG 焊时，电流极性每半个周期交换一次，因而兼备了直流正极性法和直流反极性法两者的优点。在交流负极性半周里，焊件金属表面氧化膜会因"阴极破碎"作用而被清除；在交流正极性半周里，钨极又可以得到一定程度的冷却，可减轻钨极烧损，且此时发射电子容易，有利于电弧的稳定燃烧。交流 TIG 焊时，焊缝形状也介于直流正极性与直流反极性之间，如图 6-3（c）所示。实践证明，用交流 TIG 焊焊接铝、镁及其合金能获得满意的焊接质量。

但是，由于交流电弧每秒钟要 100 次过零点，加上交流电弧在正、负半周里导电情况的差别，又出现了交流电弧过零点后复燃困难和焊接回路中产生直流分量的问题。因此，必须采取适当的措施才能保证焊接过程的稳定进行。

（1）交流正弦波 TIG 焊。铝合金交流正弦钨极氩弧焊的典型电流、电压波形如图 6-4所示，可以看出：电弧电压波形与正弦波相差很大。电弧是非线性电阻。当电弧重新引燃的瞬时，电流很小而电弧电压数值较高，得到如图6-4所示的电弧电压波形。电源电压波形是正弦波形，电弧电流也是正弦波形。交流钨极氩弧焊的电弧主要有两个特点。其一是由于电弧每秒有100次过零，电弧每秒熄灭100次。当焊接电流较小时，在每个半波中焊接电流按正弦波变化，由从小到大而后又逐渐减小为零，则电弧空间温度下降，电弧空间的电离度也随之降低，使电弧的稳定性变差。在每个半波都要重新引燃电弧。在钨极为负的半波，较高温度的钨极发射电子的能力很强，因此当电极极性由铝板为负变成钨极为负时，电弧的再引燃电压 U_{ri-p} 较小，电弧电流过零，电弧的再引燃电压 U_{ri-p} 小于瞬时电源电压值，则电弧可以可靠地再引燃。而当交流电流由钨极为负变成工件为负的瞬间，因电流减小，电弧空间及电极的温度下降，同时铝板的熔点很低，发射电子的能力很差，则电弧再引燃电压数值很高。一般情况下此时的再引燃 U_{ri-n} 很高，要大于该瞬时电源电压数值。此时如不采取特殊的稳弧措施，电弧就要熄灭，因此交流钨极氩弧焊的第一个问题是焊接过程中的稳弧问题。为保证交流电弧稳定燃烧，在交流钨极氩弧焊时，当焊接电流由钨极为负变为铝板为负的瞬间，必须加以高压重新引燃电弧，否则电弧就要熄灭，只有采取稳弧措施，电弧才能稳定燃烧。交流钨极氩弧焊时，铝板与钨极发射电子能力的差异，造成两半波电弧电压数值也有一定的差别，钨极为负半波电弧电压的数值也较低。

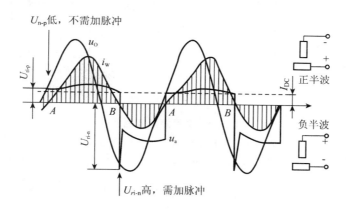

图6-4　交流钨极氩弧焊的电压、电流波形与直流分量

u-电源电压；u_a-电弧电压；i_w-焊接电流；I_{DC}-直流分量

U_{ri-p}-正半波重新引弧电压；U_{ri-n}-负半波重新引弧电压

不仅两半波电弧电压波形有很大的差别，同时其正、负半波电流波形也有很大的差异。当钨极为负半波时，因钨极发射电子能力强，有较大的电流，而铝为负半波时电流较小。又因钨极为负半波的电弧电压低，在较低电压效值时，还可以维持电弧燃烧，而铝为负半波必须用较高的电压数值维持电弧燃烧，因此钨极为负半波比铝为负半波电弧引燃时间长，再加上钨极为负半波时电流的幅值高，导致正负半波电流不对称，在交流焊接回路中存在一个由工件流向钨极的直流分量，即图6-4的 I_{DC}，这种现象称为电弧的"整流作用"。电极和工件的熔点、沸点、导热性相差越大（如钨和铝、镁），上述不对称情况就越严重，直流分量就越大。

直流分量的存在削弱了阴极清理作用，使焊接过程困难，另外，直流分量磁通将使得焊接变压器铁芯饱和而发热，降低功率输出甚至烧毁变压器。为此要降低或消除直流分量，可在焊接回路中串接无极性的电容器组。

（2）交流矩形波 TIG 焊。采用交流矩形电流波形一方面能有效改善交流电弧的稳定性，另一方面能合理分配铝板和工件之间的热量，在满足阴极清理的条件下，能最大限度地减少钨极烧损，并获得满意的熔深。交流矩形波过零后电流增长快，电弧重燃容易。目前已有两种交流矩形电流波形，如图 6-5 所示。

其中，占空比 β 对铝、镁合金的焊接有重要影响，对 β 可用下式表示：

$$\beta = \frac{t_n}{t_n + t_p}$$

式中　　t_n——周期中的负半波时间；

　　　　t_p——周期中的正半波时间。

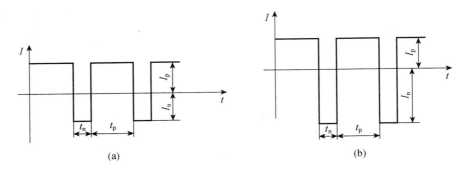

图 6-5　交流矩形波氩弧焊

（a）矩形波变脉宽；（b）变极性

t_n - 负半波时间；I_n - 负半波电流；t_p - 正半波时间；I_p - 正半波电流

当 β 增大时，阴极清理作用加强，但工件得到的热量减少，熔池浅而宽，钨极烧损加大；反之，β 减小时，阴极清理作用稍有减弱，熔深增加，且钨极烧损显著下降。一般可在 10% ~50% 范围内调整。

另外，在工件为负时的电流值对阴极清理作用影响很大。当增大 t_n 半波的电流值时，可进一步减少 t_n 的时间，在满足工件表面去除氧化膜的同时，使交流 TIG 电弧的稳定性大大提高，并将钨极烧损减少到最小程度。这种焊接电流波形称为变极性交流矩形波 TIG 焊。

最近通过实验又发现，在工件为负半波时，其电流数值对阴极清理作用影响更大。如果增大 t_n 半波的电流值，如图 6-5（b）所示，可进一步减少 t_n 时间，满足工件表面去除氧化膜的要求，而使交流氩弧的稳定性大大提高，钨极的烧损减小到最小程度。

矩形波交流氩弧焊具有以下优点。

①由于矩形波过零后电流增长快，再引燃容易，和一般正弦波相比，大大提高了稳弧性能。

②可根据焊接条件选择最小而必要的 β，使其既能满足清理氧化膜的需要，又能获得最大的熔深和最小的钨极损耗。

3. 脉冲 TIG 焊

脉冲 TIG 焊的电流幅值或有效值按一定频率周期性地变化。当每一次脉冲电流通过时，工件被加热熔化形成一个点状熔池，基值电流通过时使熔池冷凝结晶，同时维持电弧燃烧，见图 6-6。因此焊接过程是一个断续的加热过程，焊缝由一个一个点状熔池叠加而成。电流是脉动的，电弧有明亮和暗淡的闪烁现象。由于采用了脉冲电流，故可以减少焊接电流平均值（交流是有效值），降低工件的热输入。通过脉冲电流、脉冲时间和差值电流、基值时间的调节能够方便地调整热输入量大小。

脉冲频率在 0.5~10 Hz 的钨极氩弧焊一般称作"低频脉冲焊"。低频脉冲焊由于电流变化频率很低，对电弧形态上的变化可以有非常直观的感觉，即电弧有低频闪烁现象。峰值时间内电弧燃烧强烈，弧柱扩展；基值时间内电弧暗淡，产热量降低。图 6-7 为低频脉冲焊缝成型示意图。

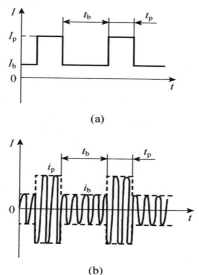

(a)

(b)

图 6-6 钨极脉冲扬琴弧焊电流波形

（a）直流脉冲；（b）交流脉冲

I_p – 直流脉冲电流；i_p – 交流脉冲电流幅值；

I_b – 直流基值电流；i_b – 交流基值电流幅值；

t_p – 脉冲电流持续时间；t_b – 基值电流持续时间

在熔池形成上，当每一个脉冲电流到来时，焊件上就形成一个近似于圆形的熔池，在脉冲持续时间内迅速扩大；当脉冲电流过后进入基值电流期间时，熔池迅速收缩凝固，随后等待下一个脉冲的到来。由此在工件上形成一个一个熔池凝固后相互搭接所构成的焊缝。控制脉冲频率和焊接速度及其他焊接参数，可以保证获得致密性良好、搭接量合适的焊缝。

在低频脉冲 TIG 焊工艺中，通过调节脉冲电流、基值电流的大小及持续时间，可精确地控制对工件的热输入和熔池尺寸，焊缝熔深均匀，热影响区窄，工件变形小，特别适于薄板、全位置管道和单面焊双面成型等的焊接。另外，由于焊接过程是脉冲式加热，熔池金属在高温停留时间短，冷却速度快，可减小热敏感材料产生焊接裂纹的倾向，也适于焊接导热性能和厚度差别较大的工件。

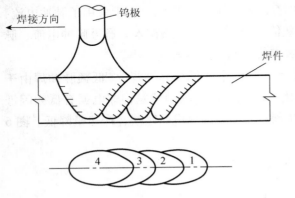

图 6-7   低频脉冲焊缝成型示意图

实践证明，脉冲电流频率超过 5 kHz 后，电弧具有强烈的电磁收缩效果，使得高频电弧的挺度大大增加，即使在小电流情况下，电弧亦有很强的稳定性和指向性，因此对薄板焊接非常有效。随着电流频率的提高，电弧压力也增大，当电流频率达到 10 kHz 时，电弧压力稳定，大约为稳态直流电弧压力的 4 倍。电流频率再增加，电弧压力略有增大。随着电流频率的增加，由于电磁收缩作用和电弧形态产生的保护气流使电弧压缩而增大压力。所以高频电弧具有很强的穿透力，增加焊缝熔深，高频电流对焊接熔池金属有更强的电磁搅拌作用，有利于晶粒细化、消除气孔，得到优良的焊接接头。高频脉冲电弧在 10 A 以下小电流区域仍然非常稳定，可以进行 0.1 mm 超薄板的焊接，特别是对不锈钢超薄件的焊接，焊缝成型均匀美观。

交流脉冲氩弧焊可以得到稳定的交流氩弧，同时通过调节正负半波的占空比既能去除氧化膜，又能得到大的熔深，钨极烧损又最少。

综合上述分析可知，脉冲氩弧焊具有以下几个特点。

（1）焊接过程是脉冲式加热，熔池金属高温停留时间短，金属冷凝快，可减少热敏感材料产生裂纹的倾向性。

（2）焊件热输入少，电弧能量集中且挺度高，有利于薄板、超薄板焊接；接头热影响区和变形小，可以焊接 0.1 mm 厚不锈钢薄片。

（3）可以精确地控制热输入和熔池尺寸，得到均匀的熔深，适合于单面焊双面成型和全位置管道焊接。

（4）高频电弧振荡作用有利于获得细晶粒的金相组织，消除气孔，提高接头的力学性能。

（5）高频电弧挺度大、指向性强，适合高速焊，焊接速度最高可达到 3 m/min，大大提高了生产率。

6.2 TIG 焊设备与材料

6.2.1 TIG 焊设备

TIG 焊设备通常由焊接电源、引弧及稳弧装置、焊枪、供气系统、水冷系统和焊接程序控制装置等部分组成，对于自动 TIG 焊还应包括焊接小车行走机构及送丝装置。

图 6-8 是手工钨极氩弧焊设备系统示意图，其中焊接电源内已包括了引弧及稳弧装置、焊接程序控制装置等，图 6-9 为自动 TIG 焊的焊枪与导丝结构示意图。

1. 焊接电源

钨极氩弧焊无论采用直流还是交流电源，都应具有陡降的外特性，以保证在弧长变化时，减小焊接电流的波动。交流焊机电源常用动圈漏磁式变压器，直流焊机电源可用磁放大器式硅整流电源，交、直流两用焊机常采用饱和电抗器构成单相整流电源。

目前，大多焊接电源均采用 IGBT 逆变技术和微电脑控制技术，该电源可进行遥控，有多种氩弧操作方式，时间独立可调，能实现全位置焊接。

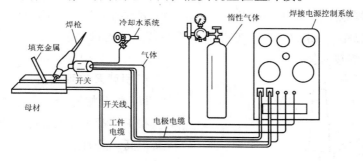

图 6-8 手工 TIG 焊的设备构成

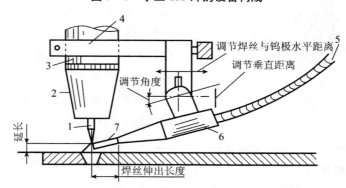

图 6-9 自动 TIG 焊的焊枪与导丝机构

1-钨极；2-喷嘴；3-焊枪；4-调节机构；
5-焊丝导管；6-导丝嘴；7-焊丝

2. 供气与供水系统

供气系统主要包括氩气瓶、减压器（可采用氧气减压器）、流量计及电磁气阀等，如图 6 – 10 所示。氩气瓶构造和氧气瓶相似，外表涂为灰色，并标有"氩气"字样。氩气在钢瓶内为气体状态，容积一般为 40 L，最大压力为 14.7 MPa。钢瓶出口与减压器连接，减压器由进气压力表、减压过滤器、流量调节器等组成，起到降压、调压和稳压的作用，并可方便地调节流量。气体流量计是检测通过气体流量大小的装置。电磁气阀由控制系统控制其启闭，以达到提前送气和滞后断气的要求。

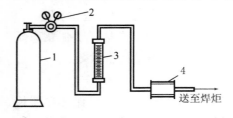

图 6 – 10　TIG 焊的供气系统组成

供水系统主要用来冷却焊枪和钨极。对于手工水冷式焊枪，通常将焊接电缆装入通水软管中做成水冷电缆，这样可大大提高电流密度，减轻电缆重量，使焊枪更轻便。有时水路中还接入水压开关保护装置，保证冷却水接通并有一定压力后才能启动焊机。必要时可采用水泵，将水箱内的水循环使用。

3. 焊枪

焊枪的作用是夹持电极、传导焊接电流和输送保护气体。焊枪有气冷式和水冷式两种。气冷式焊枪结构简单，使用轻巧灵活，主要供小电流（小于 150 A）焊接时使用。水冷式焊枪结构见图 6 – 11，它带有水冷系统，结构较复杂，稍重，主要供大电流（大于 150 A）焊接时使用。

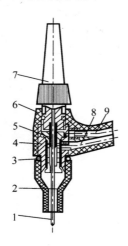

图 6 – 11　PQ1 – 150 水冷式焊枪结构

1 – 钨极；2 – 陶瓷喷嘴；3 – 密封环；4 – 轧头套管
5 – 电极轧头；6 – 枪体塑料压制作；7 – 绝缘帽
8 – 进气管；9 – 冷却水管

4. 引弧及稳弧装置

TIG 焊开始时，由于电弧空间的气体、电极和工件都处于冷态，同时氩气的电离势又很高，又有氩气流的冷却作用，所以开始引弧比较困难，但又不宜使用提高空载电压的方法（提高空载电压对人身安全不利），所以钨极氩弧焊必须使用高频振荡器来引燃电弧。高频振荡器一般仅供焊接时初次引弧，不用于稳弧，引燃电弧后马上切断。对于交流电源，还需使用脉冲稳弧器，以证重复引燃电弧并稳弧。

5. 控制系统

钨极氩弧焊的控制系统是通过控制线路，对供电、供气、引弧与稳弧等各个阶段的动作程序实现控制。图 6 – 12 为交流手工钨极氩弧焊的控制程序方框图。

6.2.2 TIG 焊材料

1. 钨极

钨极按化学成分分类，主要有钨电极、铈钨电极、钍钨电极、镧钨电极、锆钨电极、钇钨电极及复合电极等。钨电极种类、化学成分及特点见表6-2。对钨电极的要求是：电流容量大，施焊损失小，引弧性好，稳弧性好。

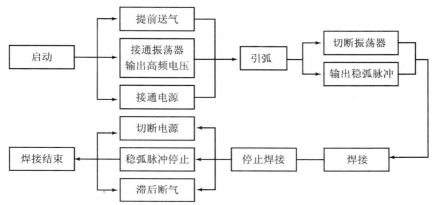

图6-12 交流手工钨极氩弧焊控制程序方框图

2. 保护气体

焊接时，保护气体不仅仅是焊接区域的保护介质，也是产生电弧的气体介质。因此保护气体的特性（如物理特性、化学特性等）不仅影响保护效果也影响到电弧的引燃、焊接过程的稳定以及焊缝的成型与质量。用于 TIG 焊的保护气体大致有三种，使用最广泛的是氩气。因此，通常我们习惯把 TIG 焊简称氩弧焊。其次是氦气，因氦气比较稀缺，提炼困难，价格昂贵，国内用得极少。最后一种是混合气体，由两种不同成分的气体按一定的配比混合后使用。

（1）氩气是惰性气体，几乎不与任何金属产生化学反应，也不溶于金属中。其密度比空气大，而比热容和热导率比空气小。这些特性使氩气具有良好的保护作用，并且具有好的稳弧特性。

（2）氦气也是惰性气体，氦气和氩气相比较，由于其电离电位高、热导率大，在相同的焊接电流和电弧长度下，氦弧的电弧电压比氩弧高（即电弧的电场强度高），使电弧有较大的功率。氦气的冷却效果好，使得电弧能量密度大，弧柱细而集中，焊缝有较大的熔透率，但焊接时引弧较困难。

氦气的相对原子质量轻、密度小，要有效地保护焊接区域，其流量要比氩气大得多。由于价格昂贵，只在某些特殊场合下应用，如核反应堆的冷却棒、大厚度的铝合金等。

（3）在单一气体的基础上加入一定比例的某些气体可以改变电弧形态、提高电弧能量、改善焊缝成型及力学性能、提高焊接生产率。目前用得较多的混合气体有以下几种配比。

表 6-2 钨电极种类、化学成分（质量分数,%）及特点

	牌号	添加的氧化物		杂质含量	钨含量
		种类	含量		
铈钨电极	WCe20	CeO_2	1.8~2.2	<0.20	余量
	铈钨电极电子逸出功低，化学稳定性高，而且允许的电流密度大，没有放射性污染。引弧容易，维弧电流小，在直流小电流的条件下，铈钨电极备受欢迎。适宜于管道和细小部件的焊接、断续焊接				

	牌号	添加的氧化物		杂质含量	钨含量
		种类	含量		
钍钨电极	WTh20	ThO_2	1.7~2.2	<0.20	余量
	钍钨电极电子发射能力强，电弧燃烧较稳定，综合性能优良，尤其是能承受过载电流，是目前美国和其他一些国家应用最广泛的钨电极。但是，应用钍钨电极存在轻微的放射性，所以，某些方面的应用受到了限制。钍钨电极通常用在碳钢、不锈钢、镍及镍合金、钛及钛合金的直流焊接				

	牌号	添加的氧化物		杂质含量	钨含量
		种类	含量		
锆钨电极	WZ3	ZrO_2	0.2~0.4	<0.20	余量
	WZ8	ZrO_2	0.7~0.9	<0.20	余量
	锆钨电极在交流电条件下表现良好，在焊接过程中，电极端部能保持圆球状而且电弧比纯钨电极更稳定，尤其是在高载荷条件下的优越表现，更是其他电极所不能替代的。在必须防止电极污染基体金属的条件下，可以采用这种电极。锆钨电极具有良好的耐腐蚀性。适用于镁、铝及其合金的交流焊接				

	牌号	添加的氧化物		杂质含量	钨含量
		种类	含量		
镧钨电极	WL10	La_2O_3	0.8~1.2	<0.20	余量
	WL15	La_2O_3	1.3~1.7		
	WL20	La_2O_3	1.8~2.2		
	镧钨电极焊接性能优良，导电性能接近 WT20（钍钨电极），焊接过程没有放射性伤害，焊工不需改变任何焊接操作程序，就能方便快捷地用此电极替代钍钨电极。因此，镧钨电极在欧洲和日本成为最受欢迎的 WT20 的替代品				

电极名称	牌号	添加的氧化物		杂质含量	钨含量
		种类	含量		
纯钨电极	WP	—	—	<0.20	余量
	在所有的钨电极中价格最便宜，适合用交流电进行铝、镁及其合金的焊接				

电极名称	牌号	添加的氧化物		杂质含量	钨含量
		种类	含量		
钇钨电极	WY20	Y_2O_3	1.8~2.2	<0.20	
	焊接电弧细长，压缩程度大，尤其是在用中、大焊接电流时焊缝熔深最大。目前主要用于军工和航空航天工业				
复合电极			1.5~3.0	<0.20	
	复合电极是在钨电极中添加了两种或更多的稀钍氧化物，各添加物互为补充，相得益彰，使焊接效果更好				

①氦-氩混合气体。它的特点是电弧燃烧稳定，阴极清理作用好，具有高的电弧温度，工件热输入大，熔透深，焊接速度几乎为氩弧焊的两倍。一般混合体积比例是He（75%~80%）+Ar（25%~20%）（体积分数）。

②氩-氢混合气体。氩气中添加氢气也可提高电弧电压，从而提高电弧热功率，增加熔透，并有防止咬边、抑制 CO 气孔的作用。氩—氢混合气体中氢是还原性气体，诙气体只限于焊接不锈钢、镍基合金和镍铜合金。常用的比例是 $Ar + H_2$（5%~15%）（体积分数），用它焊接厚度为 1.6 mm 以下的不锈钢对接接头，焊接速度比纯氩快50%。含 H_2 量过大易出现氢气孔，焊后焊缝表面很光亮。

6.3 TIG 焊工艺

TIG 焊工艺主要包括焊前清理、工艺参数的选择和操作技术等几个方面。

6.3.1 焊前清理

氩气是惰性气体，在焊接过程中，既不与金属起化学作用，也不溶解于金属中，为获得高质量焊缝提供了良好条件。但是氩气不像还原性气体或氧化性气体那样，它没有脱氧去氢的能力。为了确保焊接质量，焊前对焊件及焊丝必须清理干净，不应残留油污、氧化皮、水分和灰尘等。如果采用工艺垫板，同样也要进行清理，否则它们就会从内部破坏氩气的保护作用，造成焊接缺陷（如气孔）。

（1）清除油污、灰尘。常用汽油、丙酮等有机溶剂清洗焊件与焊丝表面。也可按焊接生产说明书规定的其他方法进行。

（2）清除氧化膜。常用的方法有机械清理和化学清理两种，或两者联合进行。

机械清理主要用于焊件，有机械加工、吹砂，磨削及抛光等方法。对于不锈钢或高温合金的焊件，常用砂带磨或抛光法，将焊件接头两侧 30~50 mm 宽度内的氧化膜清除掉。对于铝及其合金，由于材质较软，不宜用吹沙清理，可用细钢丝轮、钢丝刷或刮刀将焊件接头两侧一定范围的氧化膜除掉。但这些方法生产效率低，所以成批生产时常用化学法。

化学法对于铝、镁、钛及其合金等有色金属的焊件与焊丝表面氧化膜的清理效果好，且生产率高。不同金属材料所采用的化学清理剂与清理程序是不一样的。

清理后的焊件与焊丝必须妥善放置与保管，一般应在 24 h 内焊接完。如果存放中弄脏或放置时间太长，其表面氧化膜仍会增厚并吸附水分，为保证焊缝质量，必须在焊前重新清理。

6.3.2 焊接工艺参数的选择

1. 焊接电流

焊接电流是 TIG 焊的主要参数。在其他条件不变的情况下，电弧能量与焊接电流成正比；焊接电流越大，可焊接的材料厚度越大。因此，焊接电流是根据焊件的材料性质与厚度来确定的。当焊接电流太大时，易引起焊缝咬边、焊漏等缺陷，反之，焊接电流太小时，易形成未焊透焊缝。

2. 电弧电压（或电弧长度）

当弧长增加时，电弧电压即增加，焊缝熔宽和加热面积都略有增大。但弧长超过一定范围后，会因电弧热量的分散使热效率下降，电弧力对熔池的作用减小，熔宽和母材熔化面积均将减小。同时电弧长度还影响到气体保护效果的好坏。一般在保证不短接的情况下，应尽量采用较短的电弧进行焊接。不加填充焊丝焊接时，弧长控制在 1~3 mm 之间为宜，加填充焊丝焊接时，弧长控制在 3~6 mm 之间合适。

3. 焊接速度

当焊接速度过快时，焊缝易产生未焊透、气孔、夹渣和裂纹等缺陷。反之，焊接速度过慢时，焊缝又易产生焊穿和咬边现象。从影响气体保护效果这方面来看，随着焊接速度的增大，从喷嘴喷出的柔性保护气流套，因为受到前方静止空气的阻滞作用，会产生变形和弯曲，如图 6-13 所示。当焊接速度过快时，就可能使电极末端、部分电弧和熔池暴露在空气中，见图 6-13（c），从而恶化了保护作用。此时，为了扩大有效保护范围，可适当加大喷嘴孔径和保护气流量。

鉴于以上原因，在 TIG 焊时，采用较低的焊接速度比较有利。焊接不锈钢、耐热合金和钛及钛合金材料时，尤其要注意选用较低的焊接速度，以便得到较大范围的气保护区域。

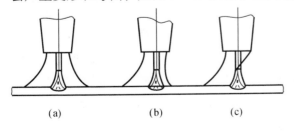

（a）　　　　　　（b）　　　　　　（c）

图 6-13　焊接速度对气体保护效果的影响
（a）静止；（b）正常速度；（c）速度过快

4. 送丝速度与焊丝直径

焊丝的填送速度与焊丝的直径、焊接电流、焊接速度、接头间隙等因素有关。一般焊丝直径大时送丝速度慢，焊接电流、焊接速度、接头间隙大时，送丝速度快。送丝速度选择不当，可能造成焊缝出现未焊透、烧穿、焊缝凹陷、焊缝堆高太高、成型不光滑等缺陷。

焊丝直径与焊接板厚及接头间隙有关。当板厚及接头间隙大时，焊丝直径可选大一些。

5. 保护气体流量和喷嘴直径

保护气流量和喷嘴孔径的选择是影响气保护效果的重要因素。为了获得良好的保护效果，必须使保护气体流量与喷嘴直径匹配，如果喷嘴直径增大，气体流量也应随之增加才可得到良好的保护效果。

另外，在确定保护气流量和喷嘴孔径时，还要考虑焊接电流和电弧长度的影响。当焊接电流或电弧长度增大时，电弧功率增大，温度剧增，对气流的热扰动加强。因此，为了保持良好的保护效果，需要相应增大喷嘴直径和气体流量。

6. 电极直径、端部形状及伸出长度

钨极直径的选择取决于焊件厚度、焊接电流的大小、电流种类和极性。原则上应尽可能选择小的电极直径来承担所需要的焊接电流。此外，钨极的许用电流还与钨极的伸出长度及冷却程度有关，如果伸出长度较大或冷却条件不良，则许用电流将下降。一般钨极的伸出长度为 $5 \sim 10$ mm。

钨极直径和端部的形状影响电弧的稳定性和焊缝成型，因此 TIG 焊应根据焊接电流大小来确定钨极的形状。在焊接薄板或焊接电流较小时，为便于引弧和稳弧可用小直径钨极并磨成约 20°的尖锥角。电流较大时，电极锥角小将导致弧柱的扩散，焊缝成型呈厚度小而宽度大的现象。电流越大，上述变化越明显。因此，大电流焊接时，应将电极磨成钝角或平顶锥形。这样，可使弧柱扩散减小，对焊件加热集中。

在焊接过程中，上述的每一项参数都直接影响焊接质量，而且各参数之间又相互影响，相互制约。为了获得优质的焊缝，除注意各焊接参数对焊缝成型和焊接过程的影响外，还必须考虑各参数的综合影响，使各项参数合理匹配。

TIG 焊时，首先应根据焊件材料的性质与厚度参考现有资料确定适当的焊接电流和焊接速度进行试焊。再根据试焊结果调整有关参数，直至符合要求。

6.3.3 TIG 焊操作技术

TIG 焊可分为手工 TIG 焊和自动 TIG 焊两种。手工钨极氩弧焊在焊接生产中应用很广，其操作技术直接影响到焊接质量。由于焊件厚度，施焊姿势，接头形式等条件不同，操作技术也不尽相同。手工 TIG 焊的基本操作技术如下。

1. 引弧

为了提高焊接质量，通常采用引弧器（在焊机内部）进行引弧，引弧前应提前 $5 \sim 10$ s送气。引弧时，先使焊枪上钨极端头与焊件间保持一定距离，然后接通引弧器电源，在高频振荡电流或高压脉冲电流的作用下，使两极间氩气电离而引燃电弧。这

种引弧方法可靠性高，且由于钨极不与焊件接触，因而钨极不致因短路而烧损，同时还可防止焊缝因电极材料落入熔池而形成夹钨等缺陷。

使用无引弧器的焊机焊接时，可采用短路（接触）引弧法，即钨电极末端与焊件直接短路，然后迅速拉开引燃电弧。此法设备简单，但引弧可靠性较差，还易造成夹钨缺陷。为防止焊缝夹钨缺陷，用短路引弧法时，可先在一块引弧板（紫铜板或石墨板）上引燃电弧，然后再将电弧移到始焊处。

2. 焊接

焊接时，为了得到良好的气保护效果，在不妨碍视线的情况下，应尽量缩短喷嘴到焊件的距离，采用短弧焊接，一般弧长 4~7 mm。焊枪与焊件角度的选择标准以获得好的保护效果，便于填充焊丝为准。平焊，横焊或仰焊时，多采用左焊法。厚度小于 4 mm 的薄板立焊时，采用向下焊或向上焊均可，板厚大于 4 mm 的焊件，多采用向上焊。要注意保持电弧一定高度和焊枪移动速度的均匀性，以确保焊缝熔深、熔宽的均匀，防止产生气孔和夹杂等缺陷；为了获得必要的熔宽，焊枪除做匀速直线运动外，还允许做适当的横向摆动。在需要填充焊丝时，焊丝直径一般不得大于 4 mm，因为焊丝太粗易产生夹渣和未焊透。填充焊丝在熔池前均匀地向熔池送入，切不可扰乱氩气气流。焊丝的端部应始终置于氩气保护区内，以免氧化。不同空间位置的各种接头焊接时，其特点和要求如下。

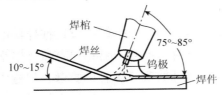

图 6-14　平焊时焊枪角度及填焊丝位置

（1）平焊。进行对接接头和搭接接头平焊时，焊枪与焊件角度为 70°~85°，焊丝与焊件角度为 10°~15°，如图 6-14。焊接过程中，焊枪应保持均匀直线运动，薄板焊接时可不加焊丝，但要求搭接面间无间隙，两板紧密贴合。加焊丝焊接时，熔池宽度为钨极直径的 2.5~3 倍，从熔池上部填丝可防止咬边。带坡口的厚板焊接时，焊枪除直线运动外，还可做适当的横向摆动，但不应跳动。

T 形角接平焊时，焊枪、焊丝与焊件的位置从焊缝方向观察和对接平焊是相同的，在垂直于焊缝方向上，为防止立板焊接咬边和水平板塌陷，焊枪与水平板间角度宜为 45°~60°，如图 6-15（a）所示。当 T 形角接平焊改成船形平焊或船形稍带上坡焊如图 6-15（b）所示，焊枪轴线与两板夹角均为 45°。船形平焊便于操作，并有利于提高焊缝质量。

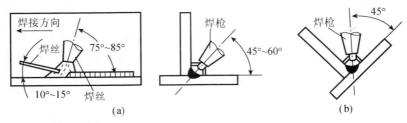

图 6-15　T 形角接焊平焊时焊枪与水平板间角度

（a）T 形角接焊；（b）船形焊

（2）横焊。对接横焊时焊枪角度和填丝位置见图 6 - 16。最佳填丝位置在熔池前面和上面的边缘处。施焊中应防止焊缝上侧出现咬边，下侧出现焊瘤，同时要保持焊枪和上、下两垂直面间角度不等，利用电弧向上的吹力支持液态金属，防止熔滴向下流淌。

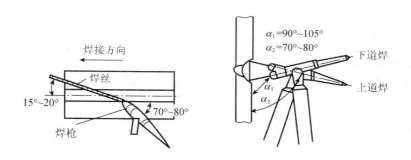

图 6 - 16　横焊时焊枪角度和填丝位置

（3）立焊。板对接立焊的操作方法与平焊类似，焊枪角度填丝位置见图 6 - 17。薄板件对接立焊时，由上向下或由下向上焊接均可。较厚板件立焊接时，一般由下向上焊。施焊中应防止焊缝两侧出现咬边及中间下坠的现象。

（4）环焊缝焊接。管子或圆筒形构件对接或搭接环焊缝焊接时，焊枪角度和填丝位置见图 6 - 18。这时焊接熔池基本上处于平焊位置，操作方便，焊缝成型好。管壁较厚的焊件，可采用上坡焊，不仅可获得较大的熔池深度，还可减少焊接层数。

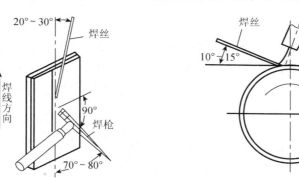

图 6 - 17　立焊时焊枪角度和填丝位置　　　图 6 - 18　环焊缝焊接时焊枪角度和填丝位置

3. 填丝

常用的填丝方法有连续填丝和断续填丝两种。

（1）连续填丝对保护层扰动小，但比较难掌握操作时用左手拇指、食指、中指配合动作送丝，无名指和小指夹住焊丝控制方向，手臂动作不大，要求焊丝平直、均匀连续向前送入熔池前缘熔化。此法主要适用于角接和搭接接头的焊接。

（2）断续填丝是普遍采用的焊接方法左手拇指、食指、中指捏紧焊丝，焊丝末端送到熔池边缘，待焊丝端部熔化的熔滴进入熔池后，将焊丝移出熔池。应注意焊丝末端部不能移出氩气保护区，否则高温焊丝端部会被氧化，氧化物被带入熔池后会降低焊缝的质量。操作时填丝动作要轻，靠手臂和手腕的上、下反复动作将焊丝端部熔滴送入熔池。在全位置焊时多采用此法。断续填丝应注意焊丝不能与钨极接触或直接伸入弧柱中，以免焊丝熔化产生剧烈飞溅或焊丝金属包覆钨极，从而破坏电弧稳定燃烧和氩气的保护作用。

填丝时，焊丝应与工件表面夹角为15°左右，必须等坡口两侧熔化后才能填丝，以免引起熔合不良。填丝从熔池前沿点进或连续送丝，速度要均匀，填丝速度太快，则焊缝余高大；过慢则焊缝下凹或咬边。无论采用哪种填丝方式，送丝速度都要与焊接速度相适应。

填丝时，要使焊丝端头始终在氩气保护区内。不能让焊丝在保护区内搅动，防止卷入空气。不得将焊丝直接放在电弧下面或抬得过高。填丝的正确位置见图6-19。

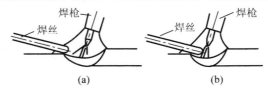

图6-19　填丝的正确位置

（a）正确；（b）不正确

焊接时，可采取如下措施加强气保护效果，提高焊缝质量。

（1）加挡板接头形式不同，氩气流的保护效果也不相同。平对接缝和内角接缝焊接时，气体保护效果较好，如图6-20（a）所示。当进行端接缝和外角接缝焊接时，空气易沿焊件表面向上侵入熔池，破坏气体保护层，如图6-20（b）所示，而引起焊缝氧化。为了改善气体保护效果，可采取预先加挡板的方法，如图6-20（c）所示。也可以用加大气体流量和灵活控制焊枪相对于焊件的位置等方法来改善气体的保护效果。

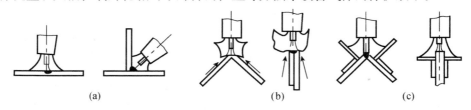

图6-20　焊接接头形式对气体保护效果的影响

（a）保护效果好；（b）保护效果较差；（c）加挡板后改善了保护效果

（2）扩大正面保护区。焊接容易氧化的金属及其合金（如钛合金）时不仅要求保护焊接区，而且对处于高温的焊缝段及近缝区表面也需要进行保护。这时单靠焊枪喷嘴中喷出的气层保护是不够的。为了扩大保护区范围，常在焊枪喷嘴后面安装附加喷嘴，也称拖斗，如图6-21所示。附加喷嘴里可另供气也可不另供气。用于焊接较厚的不锈钢和耐热合金材料时，可不另供气，而利用延长喷嘴喷出的气体在焊缝上停留的时间，达到扩大保护范围的目的，如图6-21（a）所示。这种拖斗耗气不大，比较经济。用于焊接钛合金时，则需另供气，且在拖斗里安装气筛，使氩气在焊接区缓慢平稳地流动，以利于提高保护效果，如图6-21（b）所示。

（3）反面保护。对某些焊件既要求焊缝均匀，同时又不允许焊缝反面氧化。这时就要求在焊接过程中对焊缝反面也进行保护。如焊接不锈钢或钛合金的小直径圆管或密封的焊件时，可直接在密闭的空腔中送进氩气以保护焊缝反面。对于大直径筒形件或平板构件等，可用移动式充气罩；或在焊接夹具的铜垫板上开充气槽，以便送进氩气对焊缝反面保护。通常反面氩气流量是正面氩气流量的30%～50%。

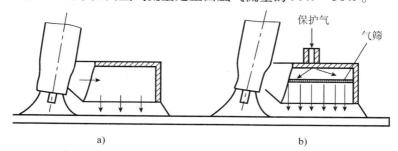

图6-21 附加喷嘴（拖斗）的结构示意图
（a）附加喷嘴不通保护气；（b）附加喷嘴通保护气

4. 接头

接头是两段焊缝交接的地方，极易出现超高、未焊透、夹渣、气孔等焊接缺陷，因此焊接时应尽量避免停弧，减少接头次数。接头处最好磨成斜面，不留死角。停弧后需在原弧坑后面的位置重新引燃电弧，使焊缝重叠约20～30 mm，重叠处一般不加焊丝。电弧要在熄弧处直接加热，直至停弧处开始熔化形成熔池。熔池要贯穿到接头的根部，保证接头熔透，然后再向熔池填加焊丝继续施焊。

5. 收弧

焊缝在收弧处要求不存在明显的下凹以及产生气孔与裂纹等缺陷。为此，在收弧处应添加填充焊丝以使弧坑填满，这对于焊接热裂纹倾向较大的材料时，尤为重要。此外，还可采用电流衰减方法和逐步提高焊枪的移动速度或工件的转动速度，以减少对熔池的热输入来防止裂纹。在焊接拼板接缝时，通常采用引出板将收弧处引出焊件，使得易出现缺陷的收弧处脱离焊件。圆管环焊缝焊接收弧时，应稍拉长电弧，重叠焊缝20～30 mm，重叠部分不加或少加焊丝。

熄弧后，不要立即抬起焊枪，要使焊枪在焊缝上停留3～5 s，待钨极和熔池冷却后，再抬起焊枪，停止供气，以防止焊缝和钨极受到氧化。

除此之外，为提高TIG焊焊焊缝质量，还需注意如下问题。

（1）定位焊是为了保证待焊工件的尺寸要求，并防止工件在焊接过程中受热膨胀引起变形。定位焊缝是将来焊缝的一部分，必须按正式的焊接工艺要求焊接定位焊缝，不允许有缺陷，如果该焊缝要求单面焊双面成型，则定位焊缝必须焊透。如果正式焊缝要求预热、缓冷，则定位焊前亦要预热，焊后要缓冷。

（2）打底焊的焊缝应一气呵成，不允许中途停止。打底层焊缝应有一定厚度，对于壁厚不大于 10 mm 的管子，其厚度不小于 2~3 mm，壁厚大于 10 mm 的管子，其厚度不小于 4~5 mm；打底层焊缝须自检合格后，才能填充盖面。

（3）随时注意观察钨极端部的形状和颜色的变化。焊接过程中如果钨极端部始终能够保持磨好的锥形，焊后钨极端部为银白色，说明保护效果好。如果焊后钨极端部发蓝，加长焊后氩气延迟断气时间，仍不能得到银白色的钨极端部，说明保护效果欠佳。如果焊后钨极端部发黑，局部变细或有瘤状物，说明钨极已被污染，在这种情况下，必须将这段钨极去掉，否则焊缝容易夹钨。

6.4 TIG 焊的其他方法

6.4.1 热丝 TIG 焊

热丝 TIG 焊是为了克服一般 TIG 焊生产率低这一缺点而发展起来的，其原理如图 6-22所示。在普通 TIG 焊的基础上，附加一根焊丝插入熔池，并在焊丝进入熔池之前约 10 cm 处开始，由加热电源通过导电块对其通电，依靠电阻热将焊丝加热至预定温度，以与钨极成 40°~60°角从电弧的后方送入熔池，完成整个焊接过程。

热丝 TIG 焊的熔敷速度可比普通 TIG 焊提高 2 倍，从而使焊接速度增加 3~5 倍，大大提高了生产率。

由于热丝 TIG 焊熔敷效率高，焊接熔池热输入相对减少，所以焊接热影响区变窄，这对于热敏感材料焊接非常有利。

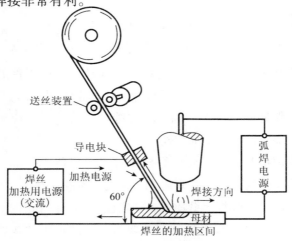

图 6-22 热丝 TIG 焊示意图

热丝 TIG 焊时，由于流过焊丝的电流所产生磁场的影响，电弧产生磁偏吹而沿焊缝做纵向偏摆，为此，用交流电源加热填充焊丝，以减少磁偏吹。在这种情况下，当加热电流不超过焊接电流的 60% 时，电弧摆动的幅度可以被限制在 30° 左右。为了使焊丝加热电流不超过焊接电流的 60%，通常焊丝最大直径限为 1.2 mm。如焊丝过粗，由于电阻小，需增加加热电流，这对防止磁偏吹是不利的。

热丝 TIG 焊已成功用于焊接碳钢、低合金钢、不锈钢、镍和钛等。对于铝和铜，由于电阻率小，需要很大的加热电流，从而造成过大的磁偏吹，影响焊接质量，因此不采用这种方法。

6.4.2　TIG 点焊

TIG 点焊的原理如图 6-23 所示，焊枪端部的喷嘴将被焊的两块金属压紧，保证连接面密合，然后靠钨极与母材之间的电弧使钨极下方的金属局部熔化形成焊点。TIG 点焊适用于焊接各种薄板结构以及薄板与较厚材料的焊接，所焊材料目前主要是不锈钢、低合金钢等。

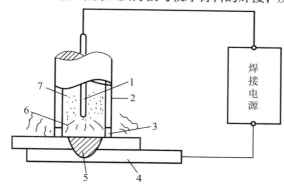

图 6-23　TIG 点焊示意图
1-钨极；2-喷嘴；3-出气孔
4-焊件；5-焊点；6-电弧；7-氩气

TIG 点焊的焊前清理要求和一般的 TIG 焊一样。焊接电流既可以采用直流正接，也可用交流（但应该辅加稳弧装置）。通常都采用直流正接，因为它可以比交流获得更大的熔深，可以采用较小的焊接电流（或者较短的时间），从而减小热变形和其他的热影响。

TIG 点焊的引弧有高频引弧、诱导电弧引弧两种方法，目前最常用的是高频引弧。高频引弧是依靠高频电压击穿钨极和焊件之间的气隙而引弧。诱导电弧引弧是先在钨极和喷嘴之间引燃一小电流（约 5 A）的诱导电弧，然后再接通焊接电源，引燃焊接电弧。

和电阻点焊相比，TIG 点焊有如下优点。

（1）可从一面进行焊接，方便灵活。对无法从两面焊接的构件尤其适合。

（2）更易于焊接厚度相差悬殊的焊件。

（3）需施加的压力小，无需加压装置。

（4）设备费用低，耗电少。

TIG 点焊的缺点如下。

（1）焊接速度不如电阻点焊高。

（2）焊接费用（人工费、氩气消耗等）较高。

6.4.3　双电极 TIG 焊

双电极脉冲氩弧焊是一种高效的焊接方法。但是直流钨极氩弧焊多电极焊接时，由于相近的电极通以同方向的电流，电极间电弧相互作用出现磁偏吹，影响焊接过程。为此采用两个电弧交替供电，如图 6－24 所示。由于两个电极电流互相错开，减少了磁偏吹，因此可以选择较大的焊接电流，提高焊接速度。

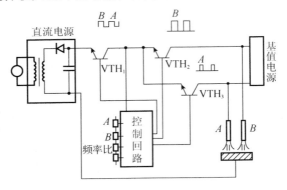

图 6－24　双电极 TIG 脉冲氩弧焊

6.4.4　管－管 TIG 焊

在锅炉、化工、电力、原子能等工业部门的管线及换热器生产和安装中，经常要遇到管－管的焊接问题，在这个领域内广泛采用钨极氩弧焊。在工业管道制造和安装过程中，许多情况下管道是固定不动的，此时，要求焊枪围绕工件做 360°的空间旋转。所以，完成一条焊缝的过程实际上是全位置焊接，每种位置需要不同的规范参数相匹配，为了保证焊缝获得均匀的熔透和熔宽，要求参数稳定而精确。同时要求机头的转速稳定而可靠，并与规范参数相适应。钨极氩弧焊或者脉冲钨极复弧焊由于其过程电弧非常稳定，无飞溅，输入的热输入调节方便，易得到单面焊双面成型的焊缝，所以是管道焊接的理想方法。

在一个接头的焊接过程中，焊接电流大小和机头运动速度应相互配合，在电弧引燃后焊接电流逐渐上升至工作值，将工件预热并形成熔池，待底层完全熔透后，机头才开始转动。电弧熄灭前，焊接电流逐渐衰减，机头运动逐渐加快，以保证环缝首尾平滑地搭措接。

管子全位置焊接根据管子直径、壁厚往往需要分段进行程序控制，按照不同的位置划分焊接电流和焊接速度，因此控制电路要实现机头行走、转动，送丝速度调节，机头摆动频率及停留时间改变，保护气体的输送，焊接电流和弧长的控制及各区间的时间设定及焊缝的对中等。其中控制参数多而且要求精度高，目前趋向计算机进行编程控制居多。所有参数通过键盘进行调节和编程，系统有外接打印机，随时记录焊接参数，计算机屏幕可以图像显示各种参数的实时变化，并可随时调阅原设定参数。

6.4.5 A – TIG 焊

A – TIG 焊法的主要特点是在施焊板材的表面涂上一层很薄的活性剂（一般为 SiO_2、TiO_2、CrO_3 以及卤化物的混合物），使得电弧收缩和改变熔池流态，从而大幅增加 TIG 焊的焊接熔深，如图 6 – 25 所示。

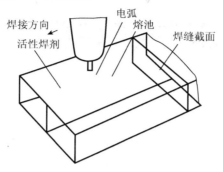

图 6 – 25 A – TIG 焊接过程示意图

在相同规范、相同设备的条件下，活性焊剂 TIG 焊的熔深能比常规的 TIG 焊增加 1~3 倍。在焊接板厚 12 mm 以下的不锈钢材料时，无需开坡口，可一次焊接完成，并实现单面焊双面成型。同时由于活性剂在电弧高温下分解的作用，对于焊缝金属中的非纯净物有净化作用，能够提高焊接接头的性能。焊接薄板时，A – TIG 焊可以提高焊接速度，或者使用小规范焊接以减小热输入及变形。在焊接中等厚度的材料可以开坡口一次焊透，更厚的焊件可以减少焊道的层数。

目前 A – TIG 焊已广泛应用于航空、航天、造船、汽车、锅炉等要求较高的场合的钛合金、不锈钢、镍基合金、铜镍合金和碳钢的焊接中。

复习思考题

1. 简述 TIG 焊的原理及特点。TIG 焊常选用哪些材料的电极？

2. TIG 焊按电流种类和极性可分为哪几种？试述每种方法的优缺点。

3. 为什么 TIG 焊焊接时要提前供气和滞后停气？

4. TIG 焊的焊接参数有哪些？试述其对焊接过程和焊缝成型的影响。

5. 为什么交流钨极氩弧焊适合于焊接铝、镁及其合金材料？

6. 为什么 TIG 焊不能用接触引弧？

第7章

等离子弧焊接与切割

现代物理学认为等离子体是除固体、液体、气体之外物质的第四种存在形态。它是充分电离了的气体,由带负电的电子、带正电的正离子及部分未电离的、中性的原子和分子组成。

等离子弧是电弧的一种特殊形式,它是借助于等离子弧焊枪的喷嘴等外部拘束条件使电弧受到压缩,弧柱横断面受到限制,使弧柱的温度、能量密度得到提高,气体介质的电离更加充分,等离子流速也显著增大。这种将阴极和阳极之间的自由电弧压缩成高温、高电离度、高能量密度及高焰流速度的电弧即为等离子弧。从本质上讲,它仍然是一种气体放电的导电现象。利用等离子弧作为热源可以用于焊接、切割、喷涂及堆焊等。

7.1 等离子弧的产生及特性

7.1.1 等离子弧的形成

等离子弧是一种压缩电弧,目前广泛采用的压缩电弧的方法如图7-1所示。从形式上看,它类似于钨极氩弧焊的焊枪,但其电极缩入到喷嘴内部,电弧在电极与焊件之间产生,电弧通过水冷喷嘴的内腔及其狭小的孔道,受到强烈的压缩,弧柱截面缩小,电流密度增加,能量密度提高,电弧温度急剧上升,电弧介质的电离度剧增,在弧柱中心部分接近完全电离,形成极明亮的细柱状的等离子弧。这种高温、高电离度、高能量密度及高焰流速度的等离子弧的获得,是以下三种压缩作用的结果。

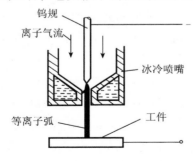

图7-1 等离子弧的形成示意图

钨规
离子气流
冰冷喷嘴
等离子弧
工件

(1)机械压缩效应。当把一个用水冷却的铜制喷嘴放置在其通道上，强迫这个"自由电弧"从细小的喷嘴孔中通过时，弧柱直径受到小孔直径的机械约束而不能自由扩大，而使电弧截面受到压缩。这种作用称为"机械压缩效应"。

（2）热收缩效应。水冷铜喷嘴的导热性很好，紧贴喷嘴孔道壁的"边界层"气体温度很低，电离度和导电性均降低。这就迫使带电粒子向温度更高、导电性更好的弧柱中心区集中，相当于外围的冷气流层迫使弧柱进一步收缩。这种作用称为"热收缩效应"。

（3）电磁收缩效应。这是由通电导体间相互吸引力产生的收缩作用。弧柱中带电的粒子流可被看成是无数条相互平行且通以同向电流的导体。在自身磁场作用下，产生相互吸引力，使导体相互靠近。导体间的距离越小，吸引力越大。这种导体自身磁场引起的收缩作用使弧柱进一步变细，电流密度与能量密度进一步增加。

电弧在上述三种压缩效应的作用下，直径变小、温度升高、气体的离子化程度提高、能量密度增大。最后与电弧的热扩散作用相平衡，形成稳定的压缩电弧。这就是工业中应用的等离子弧。作为热源，等离子弧获得了广泛的应用，可进行等离子弧焊接、等离子弧切割、等离子弧堆焊、等离子弧喷涂、等离子弧冶金等。

在上述三种压缩作用中，喷嘴孔径的机械压缩作用是前提；热收缩效应则是电弧被压缩的最主要的原因；电磁收缩效应是必然存在的，它对电弧的压缩也起到一定作用。

7.1.2 等离子弧的影响因素

等离子弧是压缩电弧，其压缩程度直接影响等离子弧的温度、能量密度、弧柱挺度和电弧压力，影响等离子弧压缩程度的主要因素如下。

1. 等离子弧电流

当电流增大时，弧柱直径也要增大。因电流增大时，电弧温度升高，气体电离程度增大，因而弧柱直径增大。如果喷嘴孔径不变，则弧柱被压缩程度增大。

2. 喷嘴孔道形状和尺寸

喷嘴孔道形状和尺寸对电弧被压缩的程度具有较大的影响，特别是喷嘴孔径对电弧被压缩程度的影响更为显著。在其他条件不变的情况下，随喷嘴直径的减小，电弧被压缩程度增大。

3. 离子气体的种类及流量

离子气（工作气体）的作用主要是使压缩电弧强迫通过喷嘴孔道，保护钨极不被氧化等。使用不同成分的气体作离子气时，由于气体的热导率和热焓值不同，对电弧的冷却作用不同，故电弧被压缩的程度不同。例如，在常用的氢、氮、氩三种气体中，氢气的热焓值最高，热导率最大，氮气次之，氩气最小。所以这三种气体对电弧的冷却作用随氩－氮－氢顺序递增，对电弧的压缩作用也以这个顺序递增。通过对离子气成分和流量的调节，可进一步提高、控制等离子弧的温度、能量密度及其稳定性。

改变和调节这些因素可以改变等离子弧的特性，使其压缩程度适应于切割、焊接、堆焊或喷涂等方法的不同要求。例如为了进行切割，要求等离子弧有很大的吹力和高

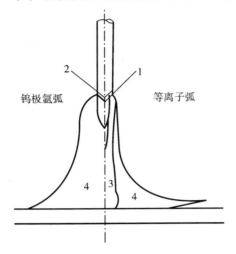

度集中的能量，应选择较小的压缩喷嘴孔径、较大的等离子气流量，较大的电流和导热性好的气体；为进行焊接，则要求等离子弧的压缩程度适中，应选择较切割时稍大的喷嘴孔径、较小的等离子气流量。

7.1.3 等离子弧的特性

（1）温度高、能量密度大。普通钨极氩弧的最高温度为 $10\ 000 \sim 24\ 000\ \mathrm{K}$，能量密度在 $10^4\ \mathrm{W/cm^2}$ 以下。等离子弧的最高温度可达 $24\ 000 \sim 50\ 000\ \mathrm{K}$，能量密度可达 $10^5 \sim 10^8\ \mathrm{W/cm^2}$，且稳定性好。等离子弧和钨极氩弧的温度比较如图 7 - 2 所示。

钨极氩弧   等离子弧

图 7 - 2 等离子弧和钨极氩弧的温度分布
1 - 24 000 ~ 50 000 K；2 - 18 000 ~ 24 000 K
3 - 14 000 ~ 18 000 K；4 - 10 000 ~ 14 000 K
（钨极氩弧：200 A，15 V
等离子弧：200 A，30 V，压缩孔径，2.4 mm）

（2）等离子弧的能量分布均衡。等离子弧由于弧柱被压缩，横截面减小，弧柱电场强度明显提高，因此等离子弧的最大压降是在弧柱区，加热金属时利用的主要是弧柱区的热功率，即利用弧柱等离子体的热能。所以说，等离子弧几乎在整个弧长上都具有高温。这一点和钨板氩弧是明显不同的。

（3）等离子弧的挺度好、冲力大。钨极氩弧的形状一般为圆锥形，扩散角在 45°左右；经过压缩后的等离子弧，其形态近似于圆柱形，电弧扩散角很小，约为 5°左右，因此挺度和指向性明显提高。等离子弧在三种压缩作用下，横截面缩小，温度升高，喷嘴内部的气体剧烈膨胀，迫使等离子弧高速从喷嘴孔中喷出，因此冲力大，挺直性好。电流越大，等离子弧的冲力也越大，挺直性也就越好。当弧长发生相同的波动时，等离子弧加热面积的波动比钨极氩弧小得多。例如，弧柱截面同样变化 20%，钨极氩弧的弧长波动只允许 0.12 mm，而等离子弧的弧长波动仍可达 1.2 mm。等离子弧和钨极氩弧的扩散角比较如图 7 - 3 所示。

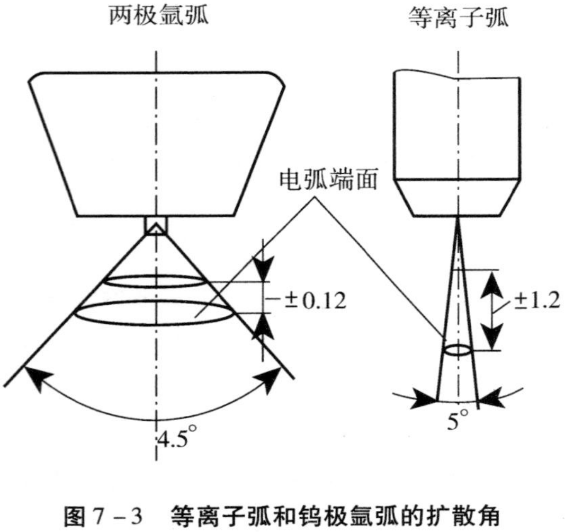

两极氩弧   等离子弧

电弧端面

±0.12

±1.2

4.5°

5°

图 7 - 3 等离子弧和钨极氩弧的扩散角

（4）等离子弧的静特性曲线仍接近于 U 形。由于弧柱的横截面受到限制，等离子弧的电场强度增大，电弧电压明显提高，U 形曲线上移且其平直区域明显减小，如图 7-4所示。使用小电流时，等离子弧仍具有缓降或平的静特性，但 U 形曲线的下降区斜率明显减小。所以在小电流时等离子弧静特性与电源外特性仍有稳定工作点。而钨极氩弧在小电流范围内其电弧的静特性曲线是陡降的，电流的微小变化将造成电弧电压的急剧变化，容易造成电弧的静特性曲线与电源外特性曲线相切，使电弧失稳。

（5）等离子弧的稳定性好。等离子弧的电离度较钨极氩弧更高，因此稳定性好。外界气流和磁场对等离子弧的影响较小，不易发生电弧偏吹和漂移现象。焊接电流在 10 A 以下时，一般的钨极氩弧很难稳定，常产生电弧漂移，指向性也常受到破坏。而采用微束等离子弧，当电流小至 0.1 A 时，等离子弧仍可稳定燃烧，指向性和挺度均好。这些特性在用小电流焊接极薄焊件时特别有利。

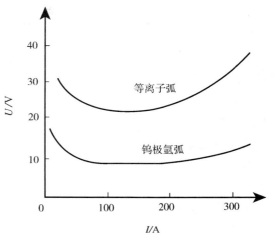

图 7-4　等离子弧的静特性

7.1.4　等离子弧的类型及应用

等离子弧按接线方式和工作方式不同，可分为非转移型、转移型和混合型（又称联合型）三种类型，如图 7-5 所示。

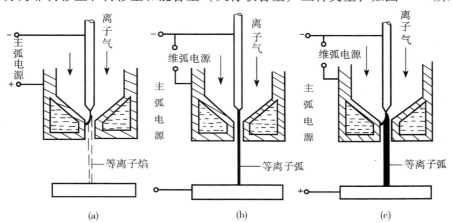

图 7-5　等离子弧的类型
（a）非转移型；（b）转移型；（c）混合型

1. 非转移型等离子弧

电源的负极接钨极，正极接喷嘴，等离子弧产生在钨极与喷嘴之间，水冷喷嘴既是电弧的电极，又起到冷壁拘束作用，而焊件却不接电源。在离子气流的作用下，电弧从喷嘴中喷出，形成离子焰，这种在电极与喷嘴之间建立的等离子弧即为非转移型等离子弧，也称为等离子焰，如图7-5（a）所示。因为非转移型弧对焊件的加热是间接的，传到焊件上的能量较少。这种非转移型等离子弧主要用于喷涂、薄板的焊接和许多非金属材料的切割与焊接。

2. 转移型等离子弧

电源负极接钨极，正极接焊件，等离子弧产生在钨极与焊件之间，这种等离子弧焊接时，在电极与焊件之间建立的等离子弧即为转移型等离子弧，如图7-5（b）所示。水冷喷嘴不接电源，仅起冷却拘束作用。转移型等离子弧难以直接形成，必须先引燃等离子焰流，靠离子气流将等离子焰流接触焊件而形成等离子弧。因为转移型等离子弧能把较多的热量传递给焊件，弧热的有效利用率高，同时转移型等离子弧具有很高的动能和冲击力。所以，焊接与切割几乎都采用转移型等离子弧。

3. 联合型等离子弧

当非转移型等离子弧和转移型等离子弧同时存在时，则称为联合型等离子弧，如图7-5（c）所示。这种形式的等离子弧，极大地提高了小电流转移弧工作时的稳定性，主要用于微束等离子弧焊、等离子弧粉末堆焊和低压等离子弧喷涂中。

7.2　等离子弧焊接

7.2.1　等离子弧焊的工艺特点及应用

等离子弧焊接是20世纪60年代迅速发展起来的一种高能密度焊接方法。与钨极氩弧焊相比具有以下工艺特点。

（1）由于等离子弧的能量密度大，弧柱温度高，对焊件加热集中，不仅熔透能力和焊接速度显著提高，而且可利用小孔效应实现单面焊双面成型，生产效率显著提高。

（2）焊缝深宽比大，热影响区小，焊件变形较小，可以获得优良的焊接质量。

（3）焊接电流下限小到0.1 A时，电弧仍然能稳定燃烧，并保持良好的挺度和方向性。所以等离子弧焊不仅能焊接中厚板，也适合于焊接超薄件。

（4）由于钨极内缩在喷嘴里而，焊接时钨极与焊件不接触，因此可减少钨极烧损和防止焊缝金属夹钨。

（5）由于电弧呈圆柱形，对焊枪高度变化的敏感性明显降低，这对保证焊缝成型和熔透均匀性都十分有益。但焊枪与焊缝的对中性要求较高。

采用等离子弧焊接方法可以焊接不锈钢、高强度合金钢、耐高温合金、钛及其合金、铝及其合金、铜及其合金以及低合金结构钢等。目前，等离子弧焊已应用于化工、原子能、电子、精密仪器仪表、轻工、冶金、火箭、航空等工业和空间技术中。

7.2.2 等离子弧焊设备及材料

1. 等离子弧焊设备

等离子弧焊设备由焊接电源、等离子弧发生器（焊枪）、控材系统，气路和水路系统等组成，还包括焊接小车、转动夹具的行走机构和控制电路等。手工等离子弧焊设备的组成见图7-6。

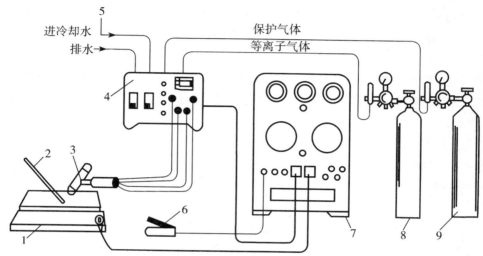

图7-6　手工等离子弧焊设备的组成

1-工件；2-填完焊丝；3-焊枪；4-控制系统；5-水冷系统；

6-启动开关（常安装在焊枪上）；7-焊接电源；8，9-供气系统

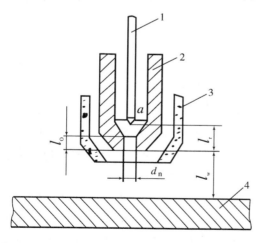

图7-7　钨极、喷嘴与工件的相互位置及主要尺寸

d_n-喷嘴直径；l_0-喷嘴孔道长度；l_r-钨极内缩长度

l_w-喷嘴到工件的距离；α-压缩角

1-钨极；2-压缩喷带；3-保护罩；4-工作

（1）焊接电源一般采用具有垂直下降或陡降外特性的电源，只采用直流电源，并采用正极性接法。等离子弧焊所需的电源空载电压较高。采用氩气作等离子气时，空载电压60~85 V；采用 Ar + He 或其他混合气体时，空载电压110~120 V。采用联合型等离子弧焊接时，转移弧与非转移弧同时存在，需要两套独立的电源供电。

焊接电流大于30 A 一般采用转移型电弧。合用一个电源，电路上非转移弧的电流低一些（通常是串联电阻 R）。焊接电流30 A 以下的微束等离子

弧焊采用联合型电弧，非转移型和转移型电弧同时存在，需采用两个独立的电源。使用的最小焊接电流大于或等于 5 A 时可以不用维弧电源。

（2）控制系统。控制系统的作用是控制焊接设备的各部分按照预定程序进入、退出工作状态，通常由高频发生器控制电路、送丝电机拖动电路、焊接小车或专用工装控制电路以及程控电路等组成。程控电路控制等离子气预通时间、等离子气流递增时间、保护气预通时间、高频引弧及电弧转移、焊件预热时间、电流衰减熄弧、延迟停气等。

（3）等离子弧焊枪。等离子弧焊枪是等离子弧焊设备中的关键部分（又称为等离子弧发生器），对等离子弧的性能及焊接过程稳定性起着决定性作用，焊枪结构设计由上枪体、下枪体、压缩喷嘴、中间绝缘体及冷却套等组成，其中最关键的部件为喷嘴及电极。

喷嘴是等离子弧焊枪的关键部件。钨极、喷嘴与工件的相互位置及主要尺寸见图7-7。等离子弧焊枪的喷嘴结构见图7-8。根据喷嘴孔道的数量，等离子弧焊枪的喷嘴分为单孔形图[7-8（a）、（c）]和三孔形［图7-8（b）、（d）、（e）]两种。根据孔道的形状，喷嘴可分为圆柱形［图7-8（a）、（b）]及收敛扩散形［图7-8（c）、（d）、（e）]两种。大部分等离子弧焊枪采用圆柱形压缩孔道，而收敛扩散形压缩孔道有利于电弧的稳定。等离子弧焊枪最重要的喷嘴形状参数为喷嘴孔径 d_n、孔道长度 l_0 和压缩角 α。

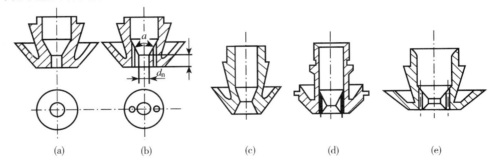

（a）　　　　（b）　　　　　（c）　　　　　（d）　　　　　（e）

图7-8　等离子弧焊枪的喷嘴结构形状

（a）圆柱单孔形；（b）圆柱三孔形；（c）收敛扩散单孔形；

（d）收敛扩散三孔形；（e）带压缩段的收敛扩散三孔形

d_n – 喷嘴直径；l_0 – 喷嘴孔道长度；α – 压缩角

为了保证焊接电弧稳定，不产生双弧，钨极应与喷嘴保持同心，而且钨极的内缩长度 l_r 要合适。钨极的内缩长度 l_r 对电弧压缩作用有影响。内缩长度 l_r 增大时，压缩作用大，但内缩长度 l_r 过大易引起双弧。一般取 $l_r = l_0 \pm$（0.2～0.5）mm。

（4）供气系统。供气系统由等离子气路、正面保护气路及反面保护气路等组成，而等离子气路必须能够进行衰减控制。为此，等离子气路一般采用两路供给，其中一路可经气阀放空，以实现等离子气的衰减控制。采用氩气与氢气的混合气体作等离子气时，气路中最好设有专门的引弧气路，以降低对电源空载电压的要求。

（5）水路系统。由于等离子弧的温度在 10 000 ℃ 以上，为了防止烧坏喷嘴并增加对电弧的压缩作用，必须对电极及喷嘴进行有效的水冷却。冷却水的流量不得小于3

L/min，水压不小于 0.15 ~ 0.2 MPa。水路中应设有水压开关，在水压达不到要求时，切断供电回路。

2. 等离子弧焊材料

（1）焊丝。与钨极氩弧焊或熔化极氩弧焊相同。

（2）钨极。等离子弧焊一般采用钍钨极或铈钨极，有时也采用锆钨极或锆电极。钨极一般需要水冷，小电流时采用间接水冷方式，钨极为棒状电极；大电流时，采用直接水冷，钨极为镶嵌式结构。钨电极必须完全是圆柱形并且同心。为了便于引弧和提高电弧的稳定性，棒状电极端头一般磨成尖锥形（夹角20°~60°）或尖锥平台形，电流较大时还可磨成锥球形，以减少烧损。表7-1列出了不同直径棒状电极的许用电流。

表 7 - 1　不同直径棒状电极的许用电流

电极直径/mm	电流范围/A	电极直径/mm	电流范围/A
0.25	<15	2.4	150 ~ 250
0.50	5 ~ 20	3.2	250 ~ 400
1.0	15 ~ 80	4.0	400 ~ 500
1.5	70 ~ 150	5.0 ~ 9.0	500 ~ 1 000

（3）气体。等离子弧焊的气体按其作用分为离子气和保护气两种。大电流等离子弧焊时，离子气和保护气用同一种气体，否则会影响等离子弧的稳定性；小电流（微弧）等离子弧焊时，离子气一律用 Ar 气，保护气可用 Ar 气，也可用 Ar 和 H$_2$ 或 He 气的混合气体。大电流等离子弧焊与小电流等离子弧焊焊接各种材料所用气体见表 7 - 2 和表 7 - 3。

7.2.3　等离子弧焊工艺

1. 等离子弧焊方法

等离子弧焊是借助水冷喷嘴对电弧的拘束作用，获得高能量密度的等离子弧进行焊接的方法，国际统称为 PAW（Plasma Arc Welding）。按焊缝成型原理，等离子弧焊有下列三种基本方法：穿孔型等离子弧焊、熔透型等离子弧焊、微束等离子弧焊。此外，还有一些派生类型，如脉冲等离子弧焊、交流等离子弧焊、熔化极等离子弧焊等。

表 7 - 2　大电流等离子弧焊常用等离子气及保护气体

金属种类	厚度/mm	焊接工艺	
		穿孔法	熔透法
碳钢（铝镇静钢）	<3.2	Ar	Ar
	>3.2	Ar	25% Ar + 75% He
低合金钢	<3.2	Ar	Ar
	>3.2	Ar	25% Ar + 75% He

金属种类	厚度/mm	焊接工艺	
		穿孔法	熔透法
不锈钢	<3.2	Ar 或 92.5% Ar + 7.5% He	Ar
	>3.2	Ar 或 95% Ar + 5% He	25% Ar + 75% He
铜	<2.4	Ar	He 或 25% Ar + 75% He
	>2.4	不推荐①	He
镍合金	<3.2	Ar 或 92.5% Ar + 7.5% He	Ar
	>3.2	Ar 或 95% Ar + 5% He	25% Ar + 75% He
活性金属	<6.4	Ar	Ar
	>6.4	Ar + （50 ~ 90）% He	25% Ar + 75% He

①由于底部成型不良，该技术只能用于铜锌合金的焊接。

表 7-3　小电流等离子弧焊常用的保护气体（等离子气为 Ar 气）

金属种类	厚度/mm	焊接工艺	
		穿孔法	熔透法
铝	<1.6	不推荐	Ar 或 He
	>1.6	He	He
碳钢（铝镇静钢）	<1.6	不推荐	Ar
	>1.6	Ar 或 25% Ar + 75% He	Ar 或 25% Ar + 75% He
低合金钢	<1.6	不推荐	Ar、He 或 Ar + （1 ~ 5）% H$_2$
	>1.6	25% Ar + 75% He 或 Ar + （1 ~ 5）% H$_2$	
不锈钢	所有厚度	Ar、25% Ar + 75% He 或 Ar + （1 ~ 5）% H$_2$	Ar、He 或 Ar + （1 ~ 5）% H$_2$
铜	<1.6	不推荐	75% Ar + 25% He 或 He 或 75% H$_2$ + 25% Ar
	>1.6	He 或 25% Ar + 75% He	He
镍合金	所有厚度	Ar、25% Ar + 75% He 或 Ar + （1 ~ 5）% H$_2$	Ar、He 或 Ar + （1 ~ 5）% H$_2$
活性金属	<1.6	Ar、He 或 25% Ar + 75% He	Ar
	>1.6	Ar、He 或 25% Ar + 75% He	Ar 或 25% Ar + 75% He

注：气体选择仅指保护气体，在所有情况下等离子气均为氩气。

（1）穿透型等离子弧焊。穿透型焊接法又称小孔型等离子弧焊。该方法是利用等离子弧直径小、温度高、能量密度大、穿透力强的特点，在适当的工艺参数条件下实现的，焊缝断面呈酒杯状，如图7-9所示。焊接时，采用转移型等离子弧把焊件完全熔透并在等离子流力作用下形成一个穿透焊件的小孔，并从焊件的背面喷出部分等离子弧（称其为"尾焰"）。熔化金属被排挤在小孔周围，依靠表面张力的承托而不会流失。随着焊枪向前移动，小孔也跟着焊枪移动，熔池中的液态金属在电弧吹力、表面张力作用下沿熔池壁向熔池尾部流动，并逐渐收口、凝固，形成完全熔透的正反面都有波纹的焊缝，这就是所谓的小孔效应，如图7-10所示。利用这种小孔效应，不用衬垫就可实现单面焊双面成型。焊接时一般不加填充金属，但如果对焊缝余高有要求的话，也可加入填充金属。目前大电流（100～500 A）等离子弧焊通常采用这种方法进行焊接。

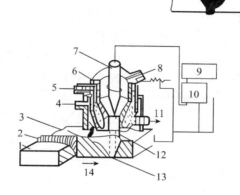

图7-9　穿透型等离子弧示意图

1-焊件；2-焊缝；3-液态熔池中的小孔；4-保护气；

5-进水；6-喷嘴；7-钨极；8-等离子气；

9-焊接电源；10-高频发生器；11-出水；12-等离子弧；

13-尾焰；14-焊接方向；15-接头断面

采用穿透型焊接法时，要保证焊件完全熔透且正反面都能成型，关键是能形成穿透性的小孔，并精确控制小孔尺寸，以保持熔池金属平衡的要求。另外，小孔效应只有在足够的能量密度条件下才能形成。板厚增加时所需的能量密度也增加，而等离子弧的能量密度难以再进一步提高。因此，穿透型焊接法只能在一定的板厚条件下才能实现。焊件太薄时，由于小孔不能被液体金属完全封闭，故不能实现小孔焊接法。如果焊件太厚，一方面受到等离子弧能量密度的限制，形成小孔困难。另一方面，即使能形成小孔，也会因熔化金属多，液体金属的质量大于表面张力的承托能力而流失，不能保持熔池金属平衡，严重时将会形成小孔空腔而造成切割现象。由此可以看出，对在液体时表面张力较大的金属（如钛等），穿透型焊的厚度就可以大一些。此法在应用上最适于焊接3～8 mm不锈钢、12 mm以下钛合金、2～6 mm低碳钢或低合金结构钢以及铜、黄铜、镍及镍合金的对接焊。在上述厚度范围内可在不开坡口、不加填充金属、不用衬垫的条件下实现单面焊双面成型。当焊件厚度大于上述范围时，需开 V 形坡口进行多层焊。

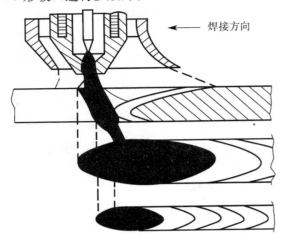

图 7 – 10　等离子弧的小孔效应

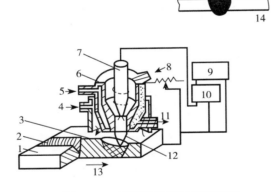

图 7 – 11　熔透型等离子弧示意图

1 – 焊件；2 – 焊缝；3 – 液态熔池；4 – 保护气；
5 – 进水；6 – 喷嘴；7 – 钨极；8 – 等离子气；
9 – 焊接电源；10 – 高频发生器；11 – 出水；
12 – 等离子弧；13 – 焊接方向；14 – 接头断面

（2）熔透型等离子弧焊。熔透型等离子弧焊又称熔入型焊接法，它是采用较小的焊接电流（30～100 A）和较低的离子气流量，采用混合型等离子弧焊接的方法。在焊接过程中不形成小孔效应，焊件背面无"尾焰"。液态金属熔池在弧柱的下面，靠熔池金属的热传导作用熔透母材，实现焊透。焊缝断面形状呈碗状，如图 7 – 11 所示。熔透型等离子弧焊基本焊法与钨极氩弧焊相似。焊接时可加填充金属，也可不加填充金属。主要用于薄板（0.5～2.5 mm 以下）的焊接、多层焊封底焊道以后各层的焊接以及角焊缝的焊接。

（3）微束等离子弧焊。焊接电流在 30 A 以下的等离子弧焊通常称为微束等离子弧焊。有时也把焊接电流稍大的等离子弧焊归为此类。这种方法使用很小的喷嘴孔径（0.5～1.5 mm），得到针状细小的等离子弧，主要用于焊接厚度 1 mm 以下的超薄、超小、精密的焊件。

微束等离子弧焊通常采用混合型等离子弧，采用二个独立焊接电源。其一向钨极与喷嘴之间的非转移弧供电，这个电弧称为维弧，其供电电源为维弧电源。维弧电流一般为 2～5 A，维弧电源的窄载电压一般大于 90 V，以便引弧。另一个电源向钨极与焊件间的转移弧（主弧）供电，以

进行焊接。焊接过程中两个电弧同时工作。在焊接电流小于 10 A 时维弧的作用尤为明显。当维弧电流大于 2 A 时，转移型等离子弧在小至 0.1 A 焊接电流下仍可稳定燃烧，因此小电流时微束等离子弧十分稳定。

上述三种等离子弧焊方法均可采用脉冲电流，借以提高焊接过程的稳定性，此时称为脉冲等离子弧焊。脉冲等离子弧焊易于控制热输入和熔池，适于全位置焊接，并且其焊接热影响区和焊接变形都更小。尤其是脉冲微束等离子弧焊，特点更突出，因

面应用较广。

（4）变极性等离子弧焊。随着铝及铝合金在航天航空、石油化工贮罐、火箭、导弹零件制造等领域的日益广泛应用，虽然交流 IG 焊、MIG 焊可成功地焊接铝及其合金，但在焊接厚大铝及其铝合金时，其生产效率以及缺陷的产生是一个急待解决的问题。在穿透型等离子弧焊时，由于一般采用直流正接，无阴极清理作用不能成功焊接铝及其合金。如何利用穿透型等离子弧焊的特点应用于铝及其合金的焊接，变极性等离子弧焊应运而生，成功地实现了厚大铝及其铝合金的焊接。

变极性等离子弧焊是采用正、反极性电流及正、负半波时间均可调节的交流方波电流进行焊接的一种方法。正如前述，等离子弧具有很高的能量密度，挺直性好和高的弧焰流速，利用这些特性，在焊接过程中实现小孔焊接。在穿透型等离子弧焊时，可以将被焊金属表面的污物很容易地从小孔吹出工作背面，减少焊前对工作的清理，实现单面焊双面成型，对气孔等缺陷不敏感，焊缝成型好，使小孔周围的熔化区更加对称，在焊接中、厚焊件时时减少了焊接层数，焊后变形小，极大地提高了焊接效率。

电弧交替地变为反极性和正极性的作用是：反极性电弧作用于焊件表面，以清理掉阻碍液态金属良好融化、流动和熔合的氧化膜，并对焊件预热，为正极性电弧的到来做好热量的储备；而正极性电弧在加热焊件的同时，形成一定的电弧力集中于熔池中心，实现焊件深而窄的熔化和穿透。

变极性等离子弧焊主要用小孔法工艺焊接铝及其合金。反极性持续时间和电流的合理配合，在满足阴极清理的同时，又获得稳定的焊接工艺过程，并可获得较大的焊缝深宽比，钨极烧损少。在变极性等离子弧焊接过程中，负半周电流持续时间对焊接工艺的影响主要表现在焊缝成型上，很短的负半周电流持续时间就可以提供足够的阴极清理作用。但负半周电流持续时间太短，使得一个周期内电流在一个很短的时间内两次过零，因为在过零瞬时电流为零，使得电弧温度下降，等离子弧冲击力急剧下降。当过零后电流迅速上升，电弧温度也又迅速上升。由于电弧力的急剧变化造成穿孔力不均匀，同时在很短的负半周电流持续时间不能提供足够的热和形成小孔所需的能量，影响焊缝成型，特别是背面成型。

在穿透型等离子弧焊接铝及其合金时，正负半周电流持续时间是非常重要的焊接参数。负半周电流持续时间一般取 4~5 ms，可获得比较满意的焊缝成型。负半周电流持续时间过长，极容易引起双弧，造成喷嘴的烧损，同时在有维弧存在的情况下，负半周电流持续时间过长会造成主弧与维弧相互干涉。为保证变极性等离子弧焊焊接电流过零时等离子主弧燃烧稳定，往往采用一个加在钨极与喷嘴之间的直流电源作为维弧电源。在焊接过程中引燃主弧时，有时却造成维弧熄灭，使主弧不能顺利引燃，更为严重的是在焊接过程中发生电弧不稳定地放电，造成主弧熄灭，这种现象即为主、维弧的相互干涉现象。一旦产生主、维弧的相互干涉现象，严重影响焊接过程的稳定性和焊缝成型，也会造成钨极的烧损。当负半周电流持续时间小于 2 ms 时，焊缝容易出现气孔。正半周电流持续时间一般取 15~20 ms。

2. 接头形式

用于等离子弧焊接的通用接头形式为 I 形对接接头、开单面 V 形和双面 V 形坡口的对接接头以及开单面 U 形和双面 U 形坡口的对接接头。除此之外，也可用角接接头和 T 形接头。

（1）厚度大于 1.6 mm，但小于表 7 - 4 所列厚度值的焊件，可不开坡口，采用穿透型焊接法一次焊透。

表 7 - 4 等离子弧焊一次焊透的焊件厚度　　　　　　　　　　mm

材料	不锈钢	钛及钛合金	镍及镍合金	低碳钢
厚度范围	≤8	≤12	≤6	≤8

（2）对于厚度较大的焊件，需要开小角度 V 形坡口进行多层焊，坡口钝边可留至 5 mm，第一层焊缝采用穿透型焊接法，以后各层焊缝可采用熔透型焊接法焊接。

（3）焊件厚度如果为 0.1 ~ 1.6 mm，通常使用微束等离子弧焊接。采用的接头形式有 I 形对接，卷边对接或卷边角接及端接，如图 7 - 12 所示。卷边高度 h 可为 （2 ~ 5）δ。焊接时要采用可靠的焊接夹具，以保证焊件的装配质量。装配间隙和错边量越小越好。

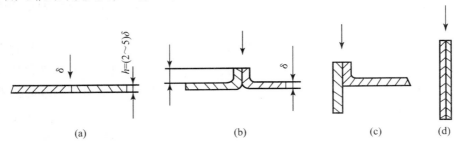

图 7 - 12　微束等离子弧的接头形式
（a）I 形对接接头；（b）卷边对接接头；（c）卷边角接接头；（d）端接接头

3. 焊件清理与装配

等离子弧焊时，工件越薄、越小，清理越要仔细。如待焊处、焊丝等必须清理干净，以确保焊接质量。

等离子弧焊的焊件装配与夹紧一般与钨极氩弧焊相似，但对于微束等离子弧焊接薄板时，则应满足以下要求。

（1）微束等离子弧焊的引弧处（即起焊处）坡口边缘必须紧密接触，间隙应小于工件厚度的 10%，否则起焊处两侧金属熔化难以结合形成熔池，容易烧穿。如达不到间隙要求时，必须添加焊丝。

（2）对于厚度为 0.01 ~ 0.8 mm 的金属，焊接接头的装配、夹紧要求见表 7 - 5 及图 7 - 13 和 7 - 14。

表7-5 厚度为0.01~0.8 mm的薄板对接接头的装配要求 (δ为工件厚度，mm)

焊缝形式	间隙 b	错边 e	压板间距 c	垫板凹槽宽 B
I 形坡口焊缝	$<0.2\delta$	$<0.4\delta$	$10\delta \sim 20\delta$	$4\delta \sim 16\delta$
卷边对接焊缝	$<0.6\delta$	$<1.0\delta$	$15\delta \sim 30\delta$	$4\delta \sim 16\delta$

4. 焊接参数的选择

等离子弧焊焊接时，焊透母材的方式主要有穿透焊和熔透焊（包括微束等离子弧焊）两种。在采用穿透型等离子弧焊时，焊接过程中确保小孔的稳定，是获得优质焊缝的前提。影响小孔稳定性的主要焊接工艺参数如下。

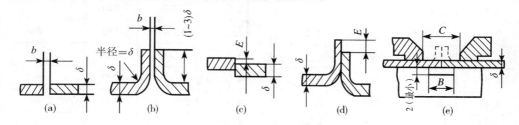

图7-13 厚度不大于0.8 mm板对接接头的装配要求

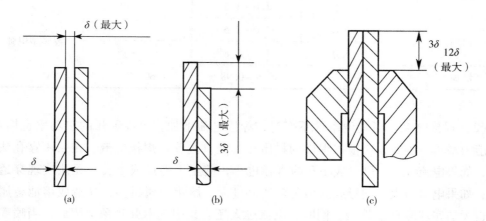

图7-14 厚度不大于0.8 mm板端面接头的装配要求

（1）喷嘴孔径。喷嘴孔径直接决定等离子弧的直径及能量密度，应根据焊接电流大小及等离子气种类及流量来选择。喷嘴孔径是选择其他参数的前提，在焊接生产过程中，当焊件厚度增大时，焊接电流也应增大，但一定孔径的喷嘴其许用电流是有限制的，表7-6列出了各种直径的喷嘴孔径与许用电流。喷嘴孔径 d_n 确定后，孔道长度

l_0 越长，对等离子弧的压缩作用越强，但 l_0 太大时，等离子弧不稳定。常以 l_0/d_n 表示喷嘴孔道压缩特征，称为孔道比。通常要求孔道比在一定的范围之内，见表 7-7。孔道比超过一定值将导致双弧产生。

压缩角 α 小时，能增强对电弧的压缩作用。若压缩角 α 小于钨极末端尖锥角，可能在两锥面之间产生打弧现象，使等离子弧不稳定。常用的压缩角 α 为 $60° \sim 75°$；当离子气流量较小和孔道比较小时，压缩角 α 在 $30° \sim 75°$ 范围内均可以用。

表 7-6 各种直径的喷嘴孔径与许用电流

喷孔孔径 /mm	许用电流/A		离子气流量 /(L·min⁻¹)	喷孔直径 /mm	许用电流/A		离子气流量 /(L·min⁻¹)
	焊接	切割			焊接	切割	
0.5	≤5			2.8	180	240	
0.8	1~25	14	0.24	3.2	150~300	280	2.86
1.2	20~60	80		3.5	300	380	
1.6	20~75	100	0.47	4.0	—	400	
2.1	40~100	140	0.92	4.8	200~500	450	2.83
2.5	100~200	180	1.89	5.0			

表 7-7 喷嘴的孔道比及压缩角

喷孔用途	喷孔孔径/mm	孔道比	压缩角/(°)	等离子弧类型
焊接	06.~1.2	2.0~6.0	25~45	联合型电弧
	1.6~3.5	1.0~1.2	60~90	转移型电弧
切割	0.8~2.0	2.0~2.5	—	
	2.5~5.0	1.5~1.8	—	
堆焊	—	0.6~0.98	60~75	

（2）焊接电流。当其他条件不变时，焊接电流增加，等离子弧的热功率也增加，熔透能力增强。因此，应根据焊件的材质和厚度首先确定焊接电流。在采用穿孔法焊接时，如果电流太小，则形成小孔的直径也小，甚至不能形成小孔，无法实现穿透法焊接；如果电流过大，则形成的小孔直径也过大，熔化金属过多，易造成熔池金属坠落，也无法实现穿透法焊接。同时，电流过大还容易引起双弧现象。因此，当喷嘴孔径及其他焊接参数一定时，焊接电流应控制在一定范围内。

（3）离子气种类及流量。目前应用最广的离子气是氩气，适用于所有金属。为提高焊接生产效率和改善接头质量，不同金属可在氩气中加入其他气体。例如，焊接不锈钢和镍合金时，可在氩气中加入体积分数为 5%~7.5% 的氢气；焊接钛及钛合金时，可在氩气中加入体积分数为 50%~75% 的氦气。

当其他条件不变时，离子气流量增加，等离子弧的冲力和穿透能力都增大。因此，要实现稳定的穿孔法焊接过程，必须要有足够的离子气流量；但离子气流量太大时，会使等离子弧的冲力过大将熔池金属冲掉，同样无法实现穿透法焊接。

（4）焊接速度。当其他条件不变时，提高焊接速度，则输入到焊缝的热量减少，在穿孔法焊接时，小孔直径将减小；如果焊速太高，则不能形成小孔，故不能实现穿透法焊接。焊接速度的确定，取决于焊接电流和离子气流量。

在穿透法焊接过程中，这三个参数应相互匹配。匹配的一般规律是：当焊接电流一定时，若增加离子气流量，则应相应增加焊接速度；当离子气流量一定时，若增加焊接速度，则应相应增加焊接电流；当焊接速度一定时，若增加离子气流量，则应相应减小焊接电流。

（5）喷嘴高度。喷嘴端面至焊件表面的距离为喷嘴高度。生产实践证明喷嘴高度应保持在 3~8 mm 较为合适。如果喷嘴高度过大，会增加等离子弧的热损失，使熔透能力减小，保护效果变差；但若喷嘴高度太小，则不便操作，喷嘴也易被飞溅物堵塞，还容易产生双弧现象。

（6）保护气成分及流量。等离子弧焊时，除向焊枪输入离子气外，还要输入保护气，以充分保护熔池不受大气污染。大电流等离子弧焊时保护气与离子气成分应相同，否则会影响等离子弧的稳定性。小电流等离子弧焊时，离子气与保护气成分可以相同，也可以不同，因为此时气体成分对等离子弧的稳定性影响不大。保护气一般采用氩气，焊接铜、不锈钢、低合金钢时，为防止焊缝缺陷，通常在氩气中加一定量的氦气、氢气或二氧化碳等气体。保护气流量应与离子气流量有一个适当的比例。如果保护气流量过大，则会造成气流紊乱，影响等离子弧稳定性和保护效果。不锈钢和钛焊接时应有背面保护气，必要时还应附加保护罩。穿透法焊接时，保护气流量一般选择15~30 L/min。

熔透型等离子弧焊的工艺参数项目和小孔型等离子弧焊基本相同。焊件熔化和焊缝成型过程则和钨极氩弧焊相似。中、小电流（0.2~100 A）熔透型等离子弧焊通常采用混合型弧。由于非转移弧（维弧）的存在，使得主弧在很小电流下（1 A 以下）也能稳定燃烧。但维弧电流过大容易损坏喷嘴，一般选用 2~5 A。

穿透型、熔透型等离子弧焊也可以采用脉冲电流（脉冲频率在 15 Hz 以下）焊接，以控制全位置焊接时的焊缝成型，减小热影响区宽度和焊接变形。

7.2.4 等离子弧的双弧现象及防止

在使用转移型等离子弧进行焊接或切割过程中，正常的等离子弧应稳定地在钨极与焊件之间燃烧，但由于某些原因往往还会在钨极和喷嘴及喷嘴和工件之间产生与主弧并列的电弧，如图 7-15 所示，这种现象就称为等离子弧的双弧现象。

1. 双弧的危害

在等离子弧焊接或切割过程中，双弧带来的危害主要表现在下列几方面。

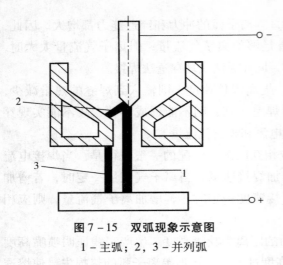

图 7 - 15   双弧现象示意图
1 - 主弧；2，3 - 并列弧

（1）破坏等离子弧的稳定性，使焊接或切割过程不能稳定地进行，恶化焊缝成型和切口质量。

（2）产生双弧时，在钨极和焊件之间同时形成两条并列的导电通路，减小了主弧电流，降低了主弧的电功率。因而使焊接时熔透能力和切割时的切割厚度都减小了。

（3）双弧一旦产生，喷嘴就成为并列弧的电极，就有并列弧的电流通过。此时等离子弧和喷嘴内孔壁之间的冷气膜又受到破坏，因而使喷嘴受到强烈加热，故容易烧坏喷嘴，使焊接或切割工作无法进行。

2. 形成双弧的原因

关于双弧的形成原因有多种不同的论点。一般认为，在等离子弧焊接或切割时，等离子弧弧柱与喷嘴孔壁之间存在着由离子气所形成的冷气膜。这层冷气膜由于铜喷嘴的冷却作用，具有比较低的温度和电离度，对弧柱向喷嘴的传热和导电都具有较强的阻滞作用。因此，冷气膜的存在一方面起到绝热作用，可防止喷嘴因过热而烧坏。另一方面，冷气膜的存在相当于在弧柱和喷嘴孔壁之间有一绝缘套筒存在，它隔断了喷嘴与弧柱间电的联系，从而冷气膜在弧柱和喷嘴之间建立起一个隔热绝缘的位障，使等离子弧能稳定燃烧在钨极和焊件之间，不会产生双弧。当冷气膜的阻滞作用被击穿时，绝热和绝缘作用消失，就会产生双弧现象。

3. 影响双弧形成的因素

（1）喷嘴结构及尺寸。喷嘴结构及尺寸对双弧形成有决定性作用。在其他焊接参数不变的情况下，喷嘴孔径减小或增大孔道长度时，会使冷气膜的厚度减薄，而平均温度升高，减小冷气膜的位障作用，使喷嘴产生双弧的临界电流降低、故容易产生双弧。同理，钨极的内缩量增大时，也易产生双弧。

（2）焊接电流当喷嘴结构及尺寸确定时，如果焊接电流增大，则一方面等离子弧弧柱的直径增大，使得弧柱和喷嘴孔壁之间的冷气膜减薄，容易被击穿；另一方面，等离子弧弧柱的扩展又受到喷嘴孔径的拘束，则弧柱电场强度增大，弧柱压降增加，从而会导致形成双弧。因此，对于给定的喷嘴，允许使用电流有一个极限的临界值，超过此临界值，则易形成双弧，把此临界值称为该喷嘴形成双弧的临界电流。

（3）离子气的成分和流量。离子气成分不同，则对弧柱的冷却作用不同，并且弧柱的电场强度也不同。如果离子气成分对弧柱有较强的冷却作用，则热缩效应增强、弧柱截面减小，使冷气膜厚度增加，隔热绝缘作用增强，便不易形成双弧。例如，采用 Ar + H_2 混合气时，其中双原子气体 H_2 高温吸热分解，所以对弧柱冷却作用增强，虽然也使喷嘴孔道内弧柱压降增加，但因冷气膜厚度增加，隔热绝缘作用增强，则使引起双弧的临界电流提高。

当离子气流量减小时，由于冷气膜厚度减小，容易形成双弧。

（4）喷嘴冷却效果和表面沾黏物。喷嘴冷却不良，温度提高，或表面有氧化物玷污，或金属飞溅物沾黏形成凸起时，则使临界电流降低，也是导致产生双弧的原因。

（5）同心度的影响。钨极和喷嘴不同心会造成冷气膜不均匀，使局部区域冷气膜厚度减小易被击穿，常常是导致双弧的主要诱因。

4. 防止双弧的措施

（1）适当增大喷嘴孔径，减小孔道长度和内缩量，都会使喷嘴通道内部弧柱压降减小，以防止双弧的形成。喷嘴孔径的增大，使孔道内弧柱的电场强度减小，从而使喷嘴通道内部弧柱压降减少，同时使形成双弧的临界电流值提高，不易产生双弧。

（2）适当增加离子气流量，虽然也会使喷嘴通道内部弧柱压降增加，但由于同时也使冷气膜厚度增加，隔热绝缘作用增强，因而双弧形成可能性反而减小。

（3）保证钨极和喷嘴的同心度，同心度越好，电弧越稳定。

（4）采用切向进气，使外围气体密度高于中心区域，既有利于提高中心区域电离度，又有利于降低外围区域温度，提高冷气膜厚度，使隔热绝缘作用增强，也有利于防止双弧的形成。

（5）采用陡降外特性电源，有利于避免产生双弧。

7.3 等离子弧切割

等离子弧切割是利用等离子弧的热能实现切割的方法。国际统称为 PAC（Plasma Arc Cutting）。等离子弧切割的原理与氧气的切割原理有着本质的不同。氧气切割主要是靠氧与部分金属的化合燃烧和氧气流的吹力，使燃烧的金属氧化物熔渣脱离基体而形成切口的。因此氧气切割不能切割熔点高、导热性好、氧化物熔点高和黏滞性大的材料。等离子弧切割过程不是依靠氧化反应，面是靠熔化来切割工件的。等离子弧的温度高（可达 50 000 K），目前所有金属材料及非金属材料都能被等离子弧熔化，因而它的适用范围比氧气切割要大得多。

7.3.1 等离子弧切割原理及特点

1. 等离子弧切割原理

等离子弧切割是利用高温、高流速和高能密度的等离子弧或焰流作为能源，将被切割的金属材料局部熔化并立即吹除，从而形成狭窄切口的热切割方法。等离子弧切割原理见图 7-16，其中图 7-16（a）采用转移弧，适用于金属材料切割，图 7-16（b）采用非转移弧，既可用于非金属材料切割，也可用于金属材料切割，但由于工件不接电源，电弧挺度差，故能切割的金属材料厚度较小。

2. 等离子弧切割特点

由于等离子弧的温度高（可达 20 000 K 以上）、能量密度高（$10^5 \sim 10^6$ W/cm^2），并且切割用等离子弧的挺度大、冲刷力强，所以等离子弧切割具有以下特点。

（1）可切割多种材料、应用范围广。等离子弧切割属于高温熔化型切割，它可以切割几乎所有的金属材料，例如不锈钢、铸铁、有色金属以及钨及钨合金等难熔金属材料。使用非转移弧时，还能切割非金属材料，如玻璃、陶瓷、耐火砖、水泥块、矿石和大理石等。

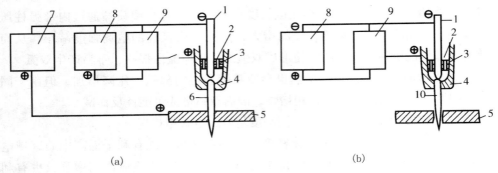

(a)   (b)

图 7 - 16　等离子弧切割原理示意图

（a）转移型等离子弧切割；（b）非转移型等离子弧切割；

1 - 电极；2 - 离子气；3 - 对中环；4 - 喷嘴；5 - 工件；6 - 转移弧；

7 - 转移弧电源；8 - 非转移弧电源；9 - 高频振荡器；10 - 等离子焰

（2）切割速度快、生产率高。切割较薄板时，这一特点更为突出，例如切割 5 ~ 6 mm 厚的低碳钢板，当工作电流为 200 A 时，其切割速度可高达 3 m/min，是气割速度的 5 倍以上。在目前采用的各种热切割方法中，等离子弧的切割速度仅低于激光切割法，而远远优先于其他切割方法。

（3）工件变形小、切口性能好。由于切割速度快、切口受热时间短暂，因此工件的切割变形小，切口平直，并且切割面的热影响区很窄。这对于不锈钢等高合金材料以及淬火倾向较大的钢材来讲，采用等离子弧切割是十分有益的。另外，采用非惰性气体（例如氮气、压缩空气）作为离子气进行切割，切割面的氮化层或氧化层也很薄。对于低碳钢，切割面无需二次加工，可直接进行焊接。

（4）切割起始点无需预热。引弧后便可即刻进入切割状态，不需要像气体火焰切割那样的预热过程。并且，对于较薄工件的封闭形曲线的切割，可在割枪行进过程中进行穿透切割。这不但可以提高切割效率，更重要的是简化了切割程序，便于实现自动化切割，尤其在生产线上和数控切割机上，更显示出等离子弧切割的这一优势。

（5）使用方便、切割成本低。凡是有电源和气源的场合都可以使用等离子弧切割机，尤其是中小型空气等离子弧切割机，气源为压缩空气，切割机又可移动，使用方便，操作也很简单。切割所用的离子气主要是空气或氮气，以电为能源，消耗件是电极和喷嘴，因此正常情况下的综合切割成本是低廉的，其切割成本仅是氧乙炔火焰切割同等厚度低碳钢板的 1/2～1/3 左右。

（6）等离子弧切割存在着烟尘、弧光和噪声三种有害因素，并且切割功率越大，危害越严重。因此应采取必要的防护措施，消除或减轻它们对环境的污染和对人体的危害。

7.3.2 等离子弧切割的分类及方法

1. 等离子切割的分类

等离子弧切割方法可根据其主要特点，按照离子气成分、弧型、弧的压缩方式、切割的环境条件以及切割机额定输出电流的大小等方面进行分类（图7－17），其中按离子气成分分类是最普通、最常用的基本分类方法。

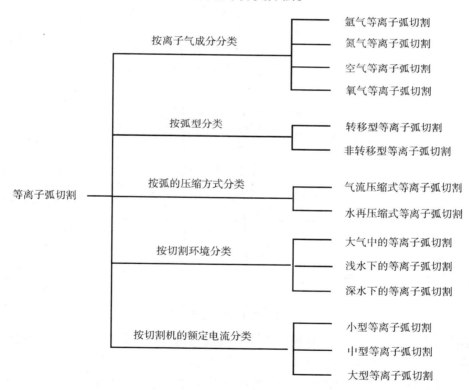

图 7－17　等离子弧切割的分类

2. 等离子切割方法

（1）一般等离子弧切割。等离子弧切割可采用转移型电弧或非转移型电弧，非转移型电弧适宜于切割非金属材料。但由于工件不接电，电弧挺度差，故非转移型电弧切割金属材料的切割厚度小。因此，切割金属材料通常都采用转移型电弧。一般的等离子弧切割不用保护气，工作气体和切割气体从同一喷嘴内喷出，引弧时，喷出小气流离子气体作为电离介质，切割时，则同时喷出大气流气体以排除熔化金属。

切割薄金属板材时，可采用微束等离子弧来获得更窄的割口。

（2）双流（保护）等离子切割。双流技术要求等离子弧切割矩带有外部保护气喷嘴，见图7-18。这个喷嘴可以在等离子气体周围提供同轴的辅助保护气体流。保护气体常用氮气、空气、二氧化碳，氩气及氩氢混合气体。双流（保护）等离子切割的优点在于辅助的保护气体可以保护等离子气体和切割区，还可以降低和消除切割表面的污染。喷嘴外部有保护气罩，以防止喷嘴和工件接触时产生双弧损坏喷嘴。

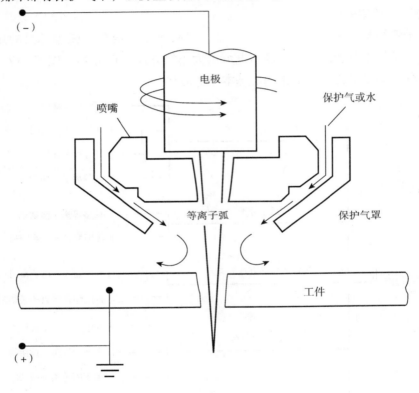

图7-18 双流等离子切割示意图

切割低碳钢时，双流技术的割速稍高于单气流切割，但在某些应用中难获得满意的切割质量。切割不锈钢和铝合金时，制速和质量与单气流相比差别不大。

当切割质量在冶金性上对切边组织，物理性上对挂结瘤，在切割精度上对平行度、垂直度及表面粗糙度等有严格要求时，可以使用双流切割技术。

（3）水保护等离子切割。水保护等离子切割是机械化的等离子切割，是双流技术的一种变化。水保护等离子切割是用水来代替喷嘴外层的保护气，这项技术主要是用于切割不锈钢。水冷可以延长割枪喷嘴的使用寿命及改善切割面的外观质量，水也可以吸收切割时的粉尘，改善切割环境。但当对切割速度、割边垂直度和沿切割面挂结瘤要求严格时，则不建议使用这项技术。

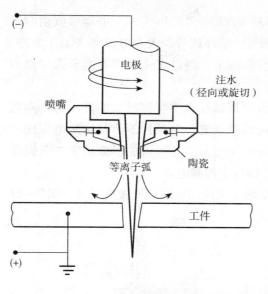

图 7 – 19　注水等离子切割示意图

（4）水再压缩等离子切割（注水等离子切割）。注水等离子切割是一种自动切割方法，见图 7 – 19。一般使用 250 ~ 750 A 的电流。所注水流沿电弧周围喷出，喷出水有两种形态。

①水沿电弧径向高速喷出。

②水以旋涡形式切向喷出并包围电弧。注水对电弧造成的收缩比传统方法造成的电弧收缩更大。这项技术的优点在于提高了割口的平行度、垂直度，同时也提高了切割速度，最大限度地减少了结瘤的形成。

等离子弧切割时，由割枪喷出的工作气体和高速流动的水束，共同迅速地将熔化金属排开。典型割枪如图 7 – 20 所示。

喷出喷嘴的高速水流有两种进水形式。一种为高压水流径向进入喷嘴孔道后再从割枪喷出；另一种为轴向进入喷嘴外围后以环形水流从割枪喷出。这两种形式的原理分别如图 7 – 20（a）、（b）所示。高压高速水流在割枪中，一方面对喷嘴起冷却作用，另一方面对电弧起再压缩作用。图 7 – 20（a）形式对电弧的再压缩作用较强烈。喷出的水束一部分被电弧蒸发，分解成氧与氢，它们与工作气体共同组成切割气体，使等离子弧具有更高的能量；另一部分未被电弧蒸发、分解，但对电弧有着强烈的冷却作用，使等离子电弧的能量更为集中，因而可增加切割速度。喷出割枪的工作气体采用压缩空气时，为水再压缩空气等离子弧切割，它利用空气热焓值高的特点，可进一步提高切割速度。

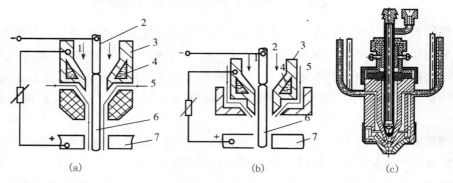

图 7 – 20　水再压缩等离子弧切割原理及割枪

（a）径向进水式；（b）轴向进水式；（c）典型轴向进水式割枪；

1 – 气体；2 – 电极；3 – 喷嘴；4 – 冷却水；5 – 压缩水；6 – 电弧；7 – 工件

水再压缩等离子弧切割的水喷溅严重，一般在水槽中进行，工件位于水面下 200

mm 左右。切割时，利用水的特性，可以使切割噪声降低 15 dB 左右，并能吸收切割过程中所形成的强烈弧光、金属粒子、灰尘、烟气、紫外线等，大大地改善了工作条件。水还能冷却工件，使割口平整和割后工件热变形减小，割口宽度也比等离子弧切割的割口窄。

水再压缩等离子弧切割时，由于水的充水冷却以及水中切割时水的静压力，降低了电弧的热效率，要保持足够的切割效率，在切割电流一定条件下，其切割电压比一般等离子弧切割电压要高。此外，为消除水的不利因素，必须增加引弧功率、引弧高频强度和设计合适的割枪结构来保证可靠引弧和稳定切割电弧。

（5）空气等离子弧切割　空气等离子弧切割一般使用压缩空气做离子气，图 7-21 为空气等离子弧切割原理图及割枪结构。

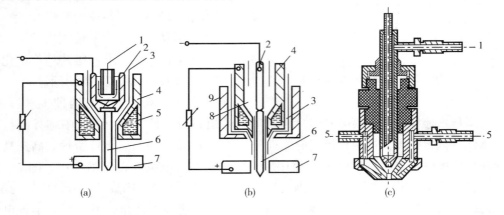

图 7-21　空气等离子弧切割原理及割枪

（a）单一式空气切割原理；（b）复合式空气切割原理；（c）典型单一式空气割枪；
1-电极冷却水；2-电极；3-压缩空气；4-镶嵌式压缩喷嘴；5-压缩喷嘴冷却水；
6-电弧；7-工件；8-工作气体；9-外喷嘴

空气等离子弧切割成本低，气体来源方便。压缩空气在电弧中加热后分解和电离，生成的氧与切割金属产生化学放热反应，加快了切削速度。充分电离了的空气等离子体的热熔值高，因而电弧的能量大，切割速度快。由于切割速度快，人工费相对降低，加之压缩空气价廉易得，空气等离子弧在切割 30 mm 以下板材时比氧乙炔焰更具有优势。

除切割碳钢外，这种方法也可以切割铜、不锈钢、铝及其他材料。但是这种方法电极受到强烈的氧化腐蚀，所以一般采用纯锆或纯铪电极。即使采用锆、铪电极，它的工作寿命一般也只在 5~10 h 以内。为了进一步提高切割碳钢时的速度和质量，可采用氧作离子气，但氧作离子气时电极烧损更严重。为降低电极烧损，也可采用复合式空气等离子弧切割，其切割原理如图 7-21（b）所示。这种方法采用内外两层喷嘴，内层喷嘴通入常用的工作气体，外喷嘴内通入压缩空气。

7.3.3 等离子弧切割工艺

1. 切割工艺参数

（1）切割气体。等离子弧切割工作气体既是等离子弧的导电介质，又能排除切口中的熔融金属，对切割质量和速度有明显影响。等离子弧切割中使用的离子气体有 N_2、Ar、$N_2 + H_2$、$N_2 + Ar$，也有用压缩空气、氧气、水蒸气或水作为产生等离子弧的介质。离子气的种类决定切割时的电弧电压，电弧电压越高，切削功率越大，切割速度及切割厚度都相应提高。但电弧电压越高，要求切割电源的空载电压越高，否则开始切割时难以引弧或电弧在切割过程中易熄灭。各种工作气体在等离子弧切割中的适用性见表 7 - 8。

表 7 - 8　各种工作气体在等离子弧切割中的适用性

气体	主要用途	备注
Ar、$N_2 + H_2$、$N_2 + Ar$、$Ar_2 + H_2 + N_2$	切割不锈钢，有色金属及合金	Ar 只用于切割薄金属
N_2、$N_2 + H_2$	切割不锈钢，有色金属及合金	N_2 气作为水再压等离子弧的工作气体也可用于切割碳素钢
O_2（粗氧）、空气	切割碳素钢或低合金钢，也可用于切割不锈钢和铝	主要的铝合金结构一般不用

（2）切割电流。切割电流与电极尺寸、喷嘴孔径、切割速度有关，切割电流过大，容易烧毁电极、烧毁喷嘴，容易产生双弧现象，切割表面也粗糙；切割电流过小，则工件不能割透。在其他参数一定的情况下，切割电流与喷嘴孔径 d 的关系为：

$$I = (70 \sim 100) \, d$$

对于切割厚度已经确定的工件，切割电流越大，则切割速度越快。但是，单纯加大切割电流，使等离子弧加粗，切口变宽，增加了材料的损失。

（3）切割电压。切割大厚度工件时，提高切割电压比提高切割电流更为有效。切割电压的提高，可以通过改变或调整切割气体的成分来实现。但是，切割电压超过电源的空载电压 2/3 时容易熄弧。

（4）空载电压。空载电压与切割厚度、切割速度有关，所以，采用双原子气体等离子弧切割时，为了容易引弧和稳弧，必须提高空载电压。空载电压一般应是切割电压的两倍。

（5）切割速度。切割速度与工件的材质、厚度、切割电流、空载电压、切割气体种类及流量、喷嘴孔径及离工件的高度等有关。在切割功率不变的情况下，提高切割速度，可使切口变窄，切割热影响区减小。因此，在保证切透的前提下，尽可能选择大的切割速度。

（6）气体流量。气体流量的大小，影响到电弧压缩的程度及吹除熔化金属的效果。气体流量大，有利于压缩电弧，使等离子弧的能量更为集中，有利于吹除熔化金属的熔渣，有利于提高切割速度和切割质量。但是，流量过大，也会从电弧中带走过多的热量，不仅降低了切割能力，不利于电弧的稳定；流量过小，电弧压缩程度不好，切割功率达不到要求，切口质量不高。气体流量和切割速度选择不当，会使切口和工件产生毛刺（或称为熔瘤、粘渣）。

一种割枪使用的离子气流量大小，在一般情况下不变动，当切割厚度变化较大时才做适当改变。如切割厚度小于 100 mm 的不锈钢时，离子气流量一般为 2500～3 500 L/h，切割厚度大于 100 mm 的不锈钢时，离子气流量一般为 4 000 L/h。

（7）喷嘴高度。在电极内缩量一定时（通常为 2～4 mm），喷嘴距工件的高度为 6～8 mm，过大会降低切割能力；距离过小，容易烧毁喷嘴。

（8）电极内缩量。电极内缩量是等离子弧切割的重要参数，它极大地影响着电弧压缩程度和电极的烧损。电极内缩量越大，电弧的压缩效果越强，但是，电极内缩量太大时，电弧反而不稳定；电极内缩量过小，不仅电弧的压缩效果差，容易造成喷嘴烧损，使切割工作不能连续进行。所以，在不影响电弧稳定及不产生"双弧"现象的前提下，应尽量增大电极的内缩量。一般取 8～11mm。

2. 提高切割质量的途径

良好的切割质量应该是切口面光洁、切口窄，切口上部呈直角、无熔化圆角，切口下部无毛刺（熔瘤）。为实现上述质量要求，应注意下面几点。

（1）切口宽度和平直度。等离子弧切割的切口宽度一般为氧气切割时的 1.5～2.0 倍。随板厚增大，切口宽度也要增大。这时往往会形成切口顶部宽度大于底部宽度，即顶部较底部切除较多的金属，而且顶部边缘有时会出现熔化圆角。但只要切割工艺参数选择合适，操作得当，上述现象并不严重。用小电流切割板厚在 25 mm 以下的不锈钢或铝材时，可获得平直度很高的切口，8 mm 以下板材切口不需加工，可直接用于焊接。

（2）切口毛刺的消除。用等离子弧切割不锈钢时，由于熔化金属的流动性比较差，不易全部从切口处吹掉；又因不锈钢的导热性较差，切口底部金属容易过热，因此切口内没被吹掉的熔化金属容易与切口底部的过热金属熔合在一起，冷却凝固后形成毛刺。由于这种不锈钢毛刺的强度高，韧性又好，因此难以去除，给加工带来很大困难。消除不锈钢切口毛刺可采用增大等离子弧功率、选择合适的离子气流量、保证钨极与喷嘴同心、选择合适的切割速度等方法。切割铜、铝等导热性好的材料时，一般不易产生毛刺，即使产生毛刺，也容易除掉，对切割质量影响不大。

（3）避免产生双弧。在等离子弧切割过程中，为保证切割质量，必须防止产生双弧现象。因为一旦产生双弧，一方面使主弧电流减小，即主弧功率减小，导致切割参数不稳，切口质量下降；另一方面喷嘴成为导体而易被烧坏，影响切割过程，同样会降低切割质量，甚至使切割无法进行。所以在进行等离子弧切割时，必须设法防止产生双弧。避免产生双弧的措施与等离子弧焊接类似。

大厚度工件的切割时，为保证切口质量，应采取下列工艺措施。

（1）适当提高切割功率。随切割厚度增大，等离子弧的功率必须相应增大，以保证切透工件。一般是采用提高切割电压的方法来提高等离子弧的功率。

（2）适当增大离子气流量。增大离子气流量可提高等离子弧的挺度和增大电弧吹力，以保证切透工件。切割大厚度工件时，最好采用氮加氧混合气做离子气，以提高等离子弧的温度和能量密度。

（3）采用电流递增或分级转弧。等离子弧切割时一般采用转移型等离子弧。在转弧过程中，由于有大的电流突变，往往会引起转弧中断或烧坏喷嘴，因此切割设备应采用电流递增或分级转弧。为此，可在回路中串联一个限流电阻，以降低转弧时的电流值，转弧后再将其短路掉。

（4）切割前进行预热。为使开始切割处能顺利割穿，在开始切割前要对切割处进行预热，预热时间视被切削材料的性能和厚度确定。厚度为 50 mm 的不锈钢材料，预热时间约为 2.5 ~ 3.5 s。厚度为 200 mm 的不锈钢材料，则要预热 8 ~ 20 s。开始切割时要等工件完全割穿才能移动割枪，收尾时要等工件完全割开后才能断弧。

复习思考题

1. 等离子弧形成的过程及机理是什么？
2. 等离子弧有哪几种基本弧型？是根据什么进行分类的？各自具有什么特征？
3. 什么是双弧现象？产生双弧现象的机理是什么？
4. 影响形成双弧的因素有哪些？如何防止双弧的产生？
5. 等离子弧切割与气割相比较，它们的切割实质有何不同？
6. 等离子弧切割应如何选择切割参数？
7. 简要说明提高等离子弧切割质量的途径。

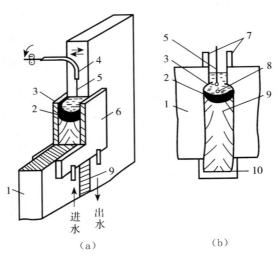

第8章
其他熔焊方法

8.1 电渣焊

8.1.1 电渣焊的基本原理及分类

1. 电渣焊的基本原理

电渣焊是利用电流通过液态熔渣产生的电阻热进行焊接的方法，其原理如图 8-1 所示。

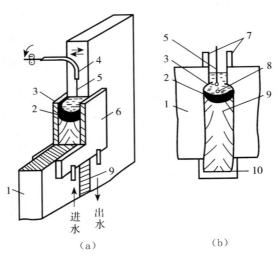

进水 出水

（a） （b）

图 8-1 电渣焊原理示意图

（a）立体示意图；（b）断面图

1-焊件；2-金属熔池；3-渣池；4-导电嘴；5-焊丝；6-强迫成型装置；

7-引出板；8-金属熔滴；9-焊缝；10-引弧板（槽形）

焊前先把焊件垂直放置，两焊件间预留一定间隙（一般为 20~40 mm）并在焊件

上、下两端分别装好引弧板（槽形）和引出板，在焊件两侧表面装好强迫成型装置。

焊接开始时，通常先使焊丝与引弧板短路起弧，然后不断加入少量焊剂，利用电弧的热量使焊剂熔化形成液态熔渣，待渣池达到一定深度时，增加焊丝送进速度并降低焊接电压，使焊丝插入渣池，电弧熄灭，转入电渣焊接过程。由于高温的液态熔渣具有一定的导电性，焊接电流流经渣池时在渣池内产生大量电阻热将焊件边缘和焊丝熔化，熔化的金属沉积到渣池下面形成金属熔池。随着焊丝的不断送进，熔池不断上升并冷却凝固形成焊缝。由于熔渣始终浮于金属熔池的上部，不但保证了电渣过程的顺利进行，而且对金属熔池起到了良好的保护作用。随着熔池不断上升，焊丝送进装置和强迫成型装置亦随之不断提升，焊接过程得以连续进行。

2. 电渣焊的种类

根据所采用电极的形状和电极是否固定，电渣焊方法主要有丝极电渣焊、熔嘴电渣焊（包括管极电渣焊）和板极电渣焊。此外，电渣焊与压力焊结合的电渣压力焊在建筑工程中获得了较为广泛的应用。

（1）丝极电渣焊。丝极电渣焊时采用焊丝作为电极，焊丝通过导电嘴送入渣池，导电嘴和焊接机头随金属熔池的上升同步向上提升，如图8－2所示。焊接较厚的焊件时可以采用多根焊丝，但焊接设备和技术较为复杂。为了增加所焊焊件的厚度并使母材在厚度方向上受热熔化均匀，还可以同时使焊丝在接头间隙中往复摆动以获得较均匀的熔宽和熔深。这种焊接方法由于焊丝在接头

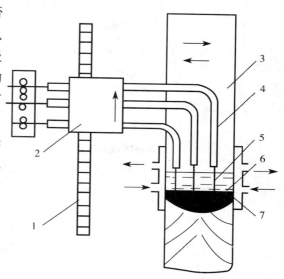

图8－2　丝极电渣焊示意图

1－导轨；2－焊机机头；3－焊件；4－导电杆；
5－渣池；6－金属熔池；7－水冷成型滑块图

间隙中的位置及焊接参数都容易调节，从而易于控制熔宽和熔深，故适合于环焊缝焊接和高碳钢、合金钢对接接头及T形接头的焊接，常用于焊接厚度为40～50 mm和焊缝较长的焊件。但这种焊接方法的设备及操作较复杂，而且由于机头位于焊缝一侧，只能在焊缝另一侧安设控制变形的定位铁，以致焊后会产生角变形，故在一般对接焊缝、T形焊缝中较少采用。

（2）熔嘴电渣焊。熔嘴电渣焊的电极为固定在接头间隙中的熔嘴（通常由钢板和钢管点焊而成）和由送丝机构不断向熔池中送进的焊丝构成，如图8－3所示。随焊接厚度的不同，可以采用单个熔嘴或多个熔嘴；根据焊件的具体形状，熔嘴可以相应地是规则或不规则的形状。

熔嘴电渣焊设备简单、操作方便，目前已成为对接焊缝和T形焊缝的主要焊接方法，此外，熔嘴电渣焊设备体积小，焊接时机头位于焊缝上方，故适合于梁体等复杂

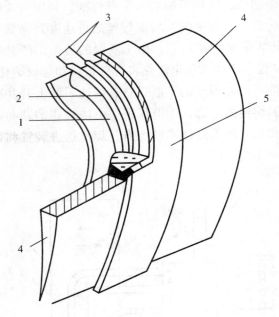

图 8-3　熔嘴电渣焊示意图

1-熔嘴；2-导丝管；3-焊丝；
4-焊件；5-强迫成型装置

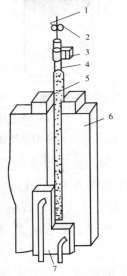

图 8-4　管极电渣焊示意图

1-焊丝；2-送丝滚轮；3-管极夹持机构；
4-管极钢管；5-管极涂料；6-焊件；
7-水冷成型滑块

结构的焊接；由于可采用多个熔嘴且熔嘴固定于接头间隙中，不易产生短路等故障，所以很适合于大截面结构的焊接，同时熔嘴可以做成各种曲线或曲面形状，适合于曲线及曲面焊缝如大型船舶的艉柱等的焊接。

当被焊件厚度不太大时，熔嘴可简化为一根或两根管子，这种方法也称为管极电渣焊（见图 8-4），它是熔嘴电渣焊的一个特例。

管极电渣焊的电极也叫管状焊条，其外表涂有 2~3 mm 厚的涂料。管极涂料具有一定的绝缘性能以防管极与焊件发生电接触，故管极不会和焊件短路，可以缩小装配间隙，因而管极电渣焊可节省焊接材料和提高焊接生产率。此外，还可以通过管极上的涂料适当地向焊缝中掺入合金，对细化焊缝晶粒有一定作用。由于焊件厚度不太大时可只采用一根管极，操作方便且管极易于弯成各种曲线形状，故管极电渣焊多用于中等厚度（约 20~60 mm）的焊件及曲线焊缝的焊接。

另外，也有采用空心矩形断面的熔嘴来代替管极，同时采用厚度为 1 mm 或 0.8 mm 的带钢代替焊丝来进行焊接，形成所谓的"窄间隙电渣焊"，如图 8-5 所示。由于采用了带状电极，使焊接电流流经带极端部时的主通电点会沿带极宽度方向往复移动，从而克服了管极电渣焊间隙较小时焊件沿厚度方向加热不均、易于在焊件表面产生未熔合的缺陷，因而可以采用更小的装配间隙（一般为 10~15 mm），与一般的电渣焊相比，焊接生产率可显著提高，而材料、电能的消耗和焊接热输入大为降低。

（3）板极电渣焊。板极电渣焊的电极为板条状，通过送进机构将板极不断向熔池中送进，根据被焊件厚度不同可采用一块或数块金属板条进行焊接，如图 8 - 6 所示。单板极由于沿板极宽度方向热能分布不均，使焊缝熔宽不均匀，呈明显的腰鼓形。如用多板极，成型可有所改善。板极可以是铸造的也可以是锻造的，甚至可用边角料制成，焊材的来源经济方便，尤其适于不宜拉拔成焊丝的合金钢材料的焊接和堆焊；板极在焊接过程中无需做横向摆动，因而设备、工艺简单。板极电渣焊的板极一般为焊缝长度的 4 ~ 5 倍，因此送进设备高大，焊接过程中板极易在接头间隙中晃动而导致和焊件短路，操作较为复杂，所以一般不用于普通材料的焊接。板极电渣焊目前多用于模具钢的堆焊、轧辊的堆焊等。

（4）电渣压力焊。电渣压力焊主要用于钢筋混凝土建筑工程中竖向钢筋的连接，所以也叫钢筋电渣压力焊，其原理如图 8 - 7 所示。它具有电弧焊、电渣焊和压力焊的特点，在焊接方法的分类上属于熔化压力焊的范畴。钢筋电渣压力焊是将两钢筋安放在竖直位置，采用对接形式，利用焊接电流通过端面间隙，在焊剂层下形成电弧过程和电渣过程，产生电弧热和电阻热熔化钢筋端部，最后加压完成连接的一种焊接方法。其焊接过程包括引弧过程、电弧过程、电渣过程、顶压过程四个阶段。

3. 电渣焊的特点和应用

和其他熔化焊方法相比，电渣焊有如下特点。

（1）只适宜在垂直位置焊接。当焊缝中心线处于铅垂位置时，电渣焊形成熔池及焊缝成型条件最好，故最适合于垂直位置焊缝的焊接，也可用于小角度倾斜焊缝（与水平面垂直线的夹角小于 30°）的焊接，因此焊缝金属中不易产生气孔及夹渣。

（2）厚大焊件能一次焊。由于整个渣池

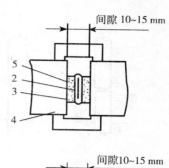

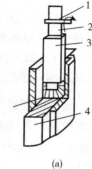

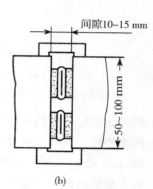

图 8 - 5　窄间隙电渣焊的两种形式示意图
（a）窄间隙电渣焊示意图；
（b）采用一根带极、两根带极的情况
1 - 带极输送轮；2 - 带极；3 - 熔嘴；
4 - 焊件；5 - 焊剂

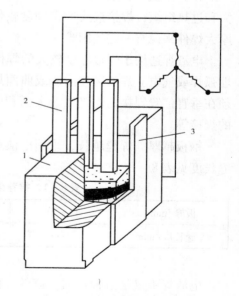

图 8 - 6　板极电渣焊示意图
1 - 焊件；2 - 板极；3 - 强迫成型装置

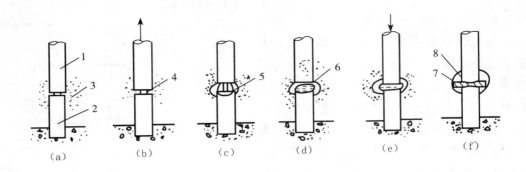

图 8 – 7　电渣压力焊接过程示意图

(a) 引弧前；(b) 引弧过程；(c) 电弧过程；(d) 电渣过程；(e) 顶压过程；(f) 凝固后

1 – 上钢筋；2 – 下钢筋；3 – 焊剂；4 – 电弧；5 – 熔池；6 – 熔渣（渣池）；7 – 焊缝；8 – 焊渣

均处于高温下，热源体积大，故不论焊件厚度多大都可以不开坡口，只要留一定装配间隙便可一次焊接成型，生产率高。与开坡口的焊接方法（如埋弧焊）相比，热效率高（达80%，埋弧焊约为60%），焊接材料消耗较少（仅约为埋弧焊的1/20），能节省大量的电能、金属和加工时间。

（3）焊缝成型系数和熔合比调节范围大。通过调节焊接电流和电压，可以在较大范围内调节焊缝成型系数和熔合比，较易调整焊缝的化学成分以获得所需的力学性能以及降低焊缝金属中的有害杂质，防止产生焊缝热裂纹。

（4）渣池对被焊件有较好的预热作用。焊接碳当量较高的金属不易出现淬硬组织，冷裂倾向较小；焊接中碳钢、低合金钢时均可不预热。

（5）焊缝和热影响区晶粒粗大焊缝和热影响区在高温停留时间长，易产生晶粒粗大和过热组织，焊接接头冲击韧度较低，一般焊后应进行正火和回火热处理，但这对厚大焊件来说有一定的困难。

电渣焊适用于焊接厚度较大的焊件（目前焊接的最大厚度达300 mm）；难于采用埋弧焊或气电立焊的某些曲线或曲面焊缝的焊接；由于现场施工或起重设备的限制必须在垂直位置焊接的焊缝以及大面积的堆焊；某些焊接性较差的金属如高碳钢、铸铁的焊接等。

钢板越厚、焊缝越长，采用电渣焊焊接越合理。推荐采用电渣焊焊接的板厚及焊缝长度见表 8 – 1。

表 8 – 1　推荐采用电渣焊的板厚及焊缝长度

板厚/mm	30 ~ 50	50 ~ 80	80 ~ 100	100 ~ 150
焊缝长度/mm	>1000	>800	>600	>400

电渣焊不仅是一种优质、高效、低成本的焊接方法，而且它还为生产、制造大型构件和重型设备开辟了新途径。一些外形尺寸和重量受到生产条件限制的大型铸造和锻造结构，借助于电渣焊方法，可用铸 – 焊、锻 – 焊或轧 – 焊结构来代替，从而使工

厂的生产能力得到显著提高。

目前，电渣焊已成为大型金属结构制造的一种重要、成熟的加工手段，在重型机械、钢结构、大型建筑、锅炉、石油化工等行业中获得了较为广泛的应用。

8.1.2 电渣焊材料

电渣焊所用的焊接材料主要包括电极（焊丝、熔嘴、板极、管极等）和焊剂。

1. 电极

电渣焊由于渣池温度较低、冶金反应缓慢而且焊剂用量少、更新率低，一般不通过焊剂来向焊缝金属掺合金，而是主要通过调整电极材料的合金成分来对焊缝金属的化学成分和力学性能加以控制。在选择电渣焊电极时应考虑到母材对焊缝的稀释作用。

在焊接碳素钢和低合金钢时，为使焊缝具有良好的抗裂性和抗气孔能力，除控制电极的硫、磷含量外，电极的含碳量通常应低于母材（一般控制在 $w(C) < 0.10\%$ 左右），由此引起焊缝力学性能的降低可通过提高锰、硅和其他合金元素的含量来补偿。

在丝极电渣焊中，焊接 $w(C) < 0.18\%$ 的低碳钢时，可采用 H08A 或 H08MnA 焊丝；焊接 $w(C) = 0.18\% \sim 0.45\%$ 的碳钢及低合金钢时，可采用 H08MnMoA 或 H10Mn2 焊丝。在丝极、熔嘴、管极电渣焊时，常用的焊丝直径是 2.4 mm 和 3.2 mm，其熔敷效率、给送性能、焊接电流范围和可矫直性等综合性能较全面。常用钢材电渣焊焊丝选用见表 8 - 2。

板极和熔嘴板使用的材料也可按上述原则选用。在焊接低碳钢和低合金钢时，通常可用 Q295（09Mn2）钢板作为板极和熔嘴板，熔嘴板厚度一般取 10 mm，熔嘴管一般用 $\phi 10$ mm×2 mm 的 20 钢无缝钢管，熔嘴板宽度及板极尺寸按接头形状和焊接工艺需要确定。管极电渣焊所用的电极——管状焊条，由焊芯和涂料层（药皮）组成。焊芯一般采用 10 钢、15 钢或 20 钢冷拔无缝钢管，根据焊接接头的形状和尺寸，可以选用 $\phi 12$ mm×3 mm、$\phi 12$ mm×4 mm、$\phi 14$ mm×2 mm、$\phi 14$ mm×3 mm 等多种型号的钢管。国内也有焊条厂生产电渣焊专用的管状焊条。

表 8 - 2 常用钢材电渣焊焊丝选用表

焊件种类	钢 号	焊 丝
钢板	Q235A、Q235B、Q235C、Q235D	H08A、H08MnA
	20g、22g、25g、Q345（16Mn）、Q295（09Mn2）	H08Mn2Si、H10MnSi、H10Mn2、H08MnMoA
	Q390（15MnV、15MnTi、16MnNb）	H08Mn2MoVA
	Q420（15MnVN、14MnVTiRE）	H10Mn2MoVA
	14MnMoV、14MnMoVN、15MnMoVN、18MnMoNb	H10Mn2MoVA、H10Mn2NiMo
铸锻件	15、20、25、35	H10Mn2、H10MnSi
	20MnMo、20MnV	H10Mn2、H10MnSi
	20MnSi	H10MnSi

2. 焊剂

电渣焊用焊剂的主要作用与一般埋弧焊用焊剂不同。电渣焊过程中焊剂熔化成熔渣后，由于渣池具有相应的电阻而使电能转化成熔化填充金属和母材的热能，此热能还起到预热焊件、延长金属熔池存在时间和使焊缝金属缓冷的作用，但不像埋弧焊用焊剂那样还要具有对焊缝金属掺合金的作用。电渣焊用焊剂必须能容易、迅速地形成电渣过程并能保证电渣过程的稳定性，因此，要求液态熔渣有适当的导电性。但熔渣的导电性也不能过高，否则将增加焊丝周围的电流分流而减弱高温区内液流的对流作用，使焊件熔宽减小甚至产生未焊透。另外，液态熔渣应具有适当的黏度，熔渣太黏稠易在焊缝金属中产生夹渣和咬肉现象；熔渣太稀则会使熔渣易从焊件与滑块之间的缝隙中流失，严重时会破坏焊接过程而导致焊接中断。

电渣焊用焊剂一般由硅、锰、钛、钙、镁和铝的复合氧化物组成。由于焊剂用量仅约为熔敷金属的 1% ~ 5%，故在电渣焊过程中不要求通过焊剂向焊缝掺合金。

目前，国内生产的最常用的电渣焊专用焊剂为 HJ360。与 HJ431 相比，HJ360 由于适当提高了 CaF_2 和降低了 SiO_2 的含量，故可使熔渣的导电性和电渣过程的稳定性得到改善。HJ170 也作为电渣焊专用焊剂，由于它含有大量 TiO_2，使焊剂在固态下具有导电性（俗称导电焊剂），在电渣焊造渣阶段，可利用这种固体导电焊剂的电阻热使焊剂加热熔化完成造渣过程，渣池建立后再根据需要添加其他焊剂。除上述两种电渣焊专用焊剂外，HJ431 也被广泛用于电渣焊。

8.1.3　电渣焊设备

电渣焊设备主要包括焊接电源、机头以及成型（滑）块等，下面以丝极电渣焊设备为例介绍。

1. 电渣焊电源

从经济方面考虑，电渣焊多采用交流电源。为保持稳定的电渣过程及减小网路电压波动的影响，电渣焊电源应避免出现电弧放电过程或电渣电弧的混合过程，否则将破坏正常的电渣过程。因此，电渣焊电源必须是空载电压低、感抗小（不带电抗器）的平特性电源。另外，电渣焊的变压器必须是三相供电，其二，次电压应具有较大的调节范围。由于电渣焊焊接时间长且中间无停顿，因此电渣焊焊接电源的负载持续率应按 100% 考虑。

目前国内常用的电渣焊电源有 BPl－3×1000 和 BPl－3×3000 电渣焊变压器，典型电渣焊机如 HS－l000 型等。

2. 电渣焊机头

丝极电渣焊机头包括送丝机构、摆动机构及升降机构。

（1）送丝机构和摆动机构。电渣焊送丝机构与熔化极电弧焊使用的送丝机构类似，送丝速度可均匀无级调节。摆动机构的作用是扩大单根焊丝所焊的焊件厚度，它的摆动距离、行走速度以及在每一行程终端的停留时间均可控制和调整。

（2）升降机构。焊接垂直焊缝时，焊接机头借助升降机构随着焊缝金属熔池的上升而向上移动。升降机构可分为有轨式和无轨式两种，焊接时升降机构的垂直上升可通过控制器用手工提升或自动提升，自动提升运动可利用传感器检测渣池位置而加以控制。

3. 水冷成型（滑）块（强迫成型装置）

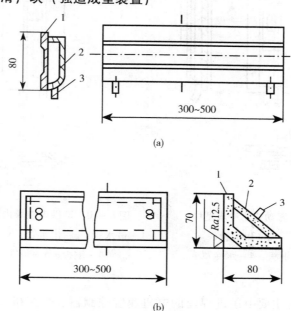

图 8-8　固定式水冷成型块

（a）对接接头用；（b）T形接头用

1-铜板；2-水冷罩壳；3-管接头

为了提高电渣焊过程中金属熔池的冷却速度，水冷成型（滑）块一般用纯铜板制成。环缝电渣焊用的固定式内水冷成型圈，当允许在焊件内部留存时，亦可用钢板制成。

（1）固定式水冷成型块。如图8-8所示，该成型块的一侧加工成与焊缝加厚部分形状相同的成型槽，一侧焊上冷却水套。单块固定式水冷成型块的长度通常为300～500 mm。

（2）移动式水冷成型滑块。如图8-9所示，它的形状和结构与固定式成型块相似，只是长度较短。

（3）环缝电渣焊用的内成型滑块。如图8-10所示，它可以根据焊件的内圆尺寸制成相应的弧形。内成型滑块要求固定在支架上，用来保持滑块的位置和将滑块压紧在焊件的内表面上。

（4）移动式水冷成型滑块。如图8-9所示，它的形状和结构与固定式成型块相似，只是长度较短。

（5）环缝电渣焊用的内成型滑块。如图 8 – 10 所示，它可以根据焊件的内圆尺寸制成相应的弧形。内成型滑块要求固定在支架上，用来保持滑块的位置和将滑块压紧在焊件的内表面上。

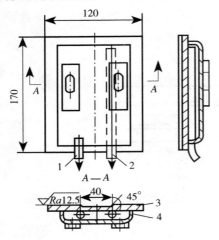

图 8 – 9 　移动式水冷成型块　　　　图 8 – 10 　环缝电渣焊内成型滑块

1 – 进水管；2 – 出水管；　　　　1 – 进水管；2 – 出水管；3 – 薄钢板外壳；

3 – 铜板；4 – 水冷罩壳；　　　　　　4 – 铜板；5 – 角铁支架

4. 控制系统

电渣焊控制系统主要由送进焊丝的电机速度控制器、焊接机头横摆距离及停留时间控制器、升降机构垂直运动控制器以及电流表、电压表等组成。

8.2　螺柱焊

将螺柱的一端与板件（或管件）表面接触，通电引弧，待接触面熔化后，给螺柱一定压力完成焊接的方法称为螺柱焊。

8.2.1　螺柱焊的特点及应用

1. 螺柱焊的特点

（1）与普通的电弧焊相比，螺柱焊焊接时间短（通常小于 1 s）、对母材热输入小，因此焊缝和热影响区小，焊件变形小、生产率高。

（2）熔深浅，焊接过程不会对焊件背面造成损害，焊后无须清理。

（3）与螺纹拧入的螺柱相比所需母材厚度小，因而节省材料，还可减少连接部件所需的机械加工工序，成本低。

（4）易于将螺柱与薄件连接，且焊接带（镀）涂层的焊件时易于保证质量。

292

（5）与其他焊接方法相比，可使紧固件之间的间距达到最小，对于需防渗漏的螺柱连接，容易保证密封性要求。

（6）与焊条电弧焊相比，所用设备轻便且便于操作，焊接过程简单。

（7）易于全位置焊接。

（8）对于易淬硬金属，容易在焊缝和热影响区形成淬硬组织，接头延性较差。

2. 螺柱焊的应用

螺柱焊是焊接紧固件的一种快速方法，不仅效率高，而且可以通过专用设备对接头质量进行有效的控制，能够得到全断面熔合的焊接接头，保证接头良好的导电性、导热性和接头强度，在紧固件固定于焊件上可以代替铆接或钻孔螺钉紧固、焊条电弧焊、电阻焊、钎焊等，它可以焊接低碳钢、低合金钢、不锈钢、有色金属以及带镀（涂）层的金属等，广泛应用于汽车、仪表、造船、机车、航空、机械、锅炉、化工设备、变压器及大型建筑结构等行业。

8.2.2 螺柱焊的分类

螺柱焊根据所用焊接电源和接头形成过程的差别通常可分为电弧螺柱焊（也称作标准螺柱焊）、电容储能螺柱焊（也称做电容放电螺柱焊）以及短周期螺柱焊（也称作短时间螺柱焊）三种基本形式。各种螺柱焊方法的分类及特点见表8-3。

表8-3 螺柱焊分类与特点

项 目	电容储能螺柱焊			电弧螺柱焊	短周期螺柱焊
	预接触式	预留间隙式	拉弧式		
焊接时间/ms	1~3	1~3	4~10	100~2 000	20~100
可焊螺柱直径/mm	3~10	3~10	3~10	3~25	3~10
可焊板厚/mm	0.3~3.0	0.3~3.0	0.3~3.0	0.3~3.0	0.4~3
熔池深度/mm	<0.2	<0.2	<0.2	2.5~5	<0.2
d/δ	8	8	8	3~4	8
生产率/（个·min^{-1}）	2~15	2~15	手动2~15 自动40~60	2~15	手动2~15 自动40~60
可焊金属材料	碳钢、不锈钢、镀层钢板	碳钢、不锈钢、铝合金、铜合金	碳钢、不锈钢、铝合金	碳钢碳钢、不锈钢、铝合金	
螺柱端部形状	圆法兰和凸台	圆法兰和凸台	圆法兰、平头钉	圆、方、异形均可加工成锥形	圆法兰、平头钉

1. 电弧螺柱焊

电弧螺柱焊的焊接过程大致为：将待焊螺柱装入焊枪夹头，并将陶瓷保护圈装入瓷圈夹头中。首先在螺柱与焊件间引燃电弧，使螺柱端面和相应的焊件表面被加热到熔化状态，达到适宜的温度时，将螺柱挤压到熔池中，使两者融合形成焊缝。电弧螺柱焊靠预先加在螺柱引弧端的焊剂或陶瓷圈来保护熔融金属。电弧螺柱焊的电弧放电是持续而稳定的电弧过程，焊接电流不经过调制，焊接过程中焊接电流基本上是恒定的，其电源一般是普通的直流或逆变电源。

电弧螺柱焊的操作顺序如图 8 - 11 所示（箭头表示螺柱运动方向），操作步骤如下。

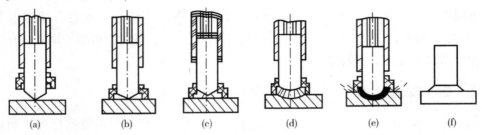

(a)　　　　(b)　　　　(c)　　　　(d)　　　　(e)　　　　(f)

图 8 - 11　电弧螺柱焊操作顺序

（1）将焊枪置于焊件上 ［图 8 - 11 （a）］。

（2）预加压力使螺柱与陶瓷保护圈同时紧贴焊件表面 ［图 8 - 11 （b）］。

（3）扣压焊枪上的按钮开关，接通焊接回路，螺柱被自动提升，在螺柱与焊件之间引燃电弧 ［图 8 - 11 （c）］。

（4）电弧扩展到整个螺柱端面，并使端面少量熔化；电弧同时使螺柱下方的焊件表面熔化形成熔池 ［图 8 - 1 （d）］。

（5）电弧按设定时间熄灭，螺柱受弹簧压力，其熔化端被快速压入熔池，同时焊接回路断开 ［图 8 - 11 （e）］。

（6）将焊枪抽起，打碎并除去保护套圈 ［图 8 - 11 （f）］。

电弧螺柱焊的焊接设备由焊接电源、控制系统和焊枪三大部分组成。常用下降外特性直流电源，但电源容量比焊条电弧焊电源要大得多，同时要求有较高的空载电压。小直径螺柱焊也可以采用焊条电弧焊的电源。

焊枪是螺柱焊设备的执行机构，有手提式与固定式。手提式使用较为普遍与方便，固定式是为特定产品专门设计且固定在支架上，在一定工位上完成螺柱焊接。两种焊枪的工作原理相同。

2. 电容储能螺柱焊

电容储能螺柱焊的供电电源是电容器组。电容器在螺柱端部与焊件表面间的放电过程是不稳定的电弧过程，电弧电压和电流每瞬时都在变化，焊接过程是不可控的。根据引弧方式，电容储能螺柱焊可以分为预接触式、预留间隙式及拉弧式三种方法。

（1）预接触式。预接触式也叫接触引弧式，这种方法必须在螺柱法兰端部预加工出一个凸台。预接触式电容储能螺柱焊焊接过程如图 8 - 12 所示（箭头表示螺柱运动方向）。操作步骤如下。

①螺柱凸台与焊件接触［图 8 - 12（a）］。

②按下焊枪上的开关，使电容中储存的电能瞬间通过螺柱端部凸台释放，凸台熔化、汽化产生电弧后，在焊枪中的弹簧压力作用下螺柱向下运动［图 8 - 12（b）］。

③电弧热使螺柱法兰端部及焊件表面形成熔化薄层，螺柱继续向下运动［图 8 - 12（c）］。

④螺柱插入熔池，电弧熄灭，在压力下螺柱法兰端部与焊件形成接头［图 8 - 12（d）］。

⑤焊接结束［图 8 - 12（e）］。

（2）预留间隙式。预留间隙式也叫直冲式。这种方法使用的螺柱与预接触式电容储能螺柱焊所使用的螺柱形状相同，均带法兰凸台，但在电容器组储存的能量特别大的条件下（100 μF）也可以焊法兰端部为 168°的近似平头钉。预留间隙式螺柱焊焊接过程如图 10 - 13 所示（箭头表示螺柱运动方向）。操作步骤如下。

①启动焊枪上的凸轮开关，焊枪中提升机构将螺柱从焊件表面提升一段距离（预留间隙）［图 8 - 13（a）］。

②螺柱在焊枪弹簧压力下向下运动，同时电容器放电开关接通，在螺柱与焊件之间加上一个放电电压（150 V 左右）［图 8 - 13（b）］。

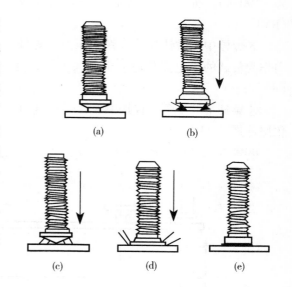

图 8 - 12　预接触式电容放电螺柱焊过程

③在螺柱带电向下运动过程中，法兰端部凸起与焊件接触，电容放电，将小凸起熔化产生电弧。螺柱继续下落，电弧热使螺柱法兰整个端面与焊件相应部分形成熔化层，电弧长度逐渐缩短［图 8 - 13（c）、（d）］。

④螺柱侵入熔池，电弧熄灭［图 8 - 13（e）］。

⑤焊接结束［图 8 - 13（f）］。

（3）拉弧式。拉弧式电容储能螺柱焊原理与电弧螺柱焊相似，但焊接时的电弧由先导电弧与焊接电弧两部分组成。先导电弧由整流电源供电，焊接电弧由电容器组供电，所以这种方法既可以归类于电容储能螺柱焊又可归类于短周期螺柱焊，焊接过程同预接触式电容储能螺柱焊相似，如图 8 - 14 所示，操作步骤如下。

①螺柱垂直接触焊件，启动焊枪开关，整流电源供电［图 8 - 14（a）］

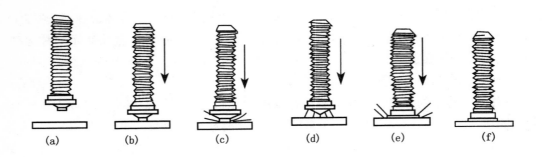

图 8 – 13　预留间隙式电容放电螺柱焊过程

②螺柱提升，电弧产生，此时的电弧称作小电弧或先导电弧（先导电弧电流约 30～100 A）。先导电弧清扫焊件表面及螺柱端部，维持约 40～100 ms ［图 8 – 14 (b)］。

③焊枪中电磁铁释放，弹簧压力使螺柱下落，弧柱缩短。在下落过程中电容器组向作为负载的小电弧放电，引发大电弧，这个大电弧称为焊接电弧 ［图 8 – 14 (c)、(d)］。

④螺柱继续下落，焊接电弧维持 4～6 ms，使焊件表面形成熔池、螺柱端部形成熔化层 ［图 8 – 14 (d)］。

⑤螺焊接结束 ［图 8 – 14 (e)］。

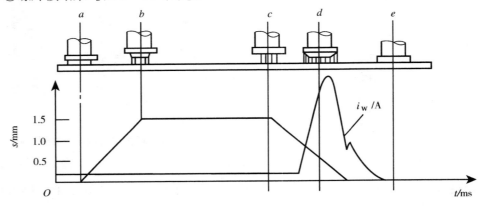

图 8 – 14　拉弧式电容放电螺柱焊接过程及其时序图

电容储能螺柱焊的焊接设备由电源、控制系统和焊枪三部分组成，电源与控制系统一般装在同一个箱体内。预接触式及预留间隙式电容储能螺柱焊的电源相同，可以通用。

电容储能螺柱焊的焊枪中，预接触式电容储能螺柱焊枪最简单，只有螺柱夹持机构与弹簧压下机构，其他两种电容储能螺柱焊的焊枪构造相似，但因各有自己的特殊性，不能互换。

3. 短周期螺柱焊

短周期螺柱焊可看做普通电弧螺柱焊的一种特殊形式，但因为二者焊接接头形成的本质不同，所以单独分类成一种方法。焊接过程如图 8-15 所示，也是由短路—提升—焊接—落钉—有电顶锻等几个过程组成，但焊接时间只有电弧螺柱焊的 1/10 到几十分之一，所以叫短周期或短时间螺柱焊，其操作步骤如下。

（1）螺柱落下，与焊件定位短路。启动焊枪开关，螺柱与焊件间通电（见图 8-15 中①）。

（2）螺柱提升，引燃小电弧，清扫螺柱端部与焊件表面（见图 8-15 中②）。

（3）延时数十毫秒后大电流自动接通，焊接电弧产生，使焊件形成熔池、螺柱端部形成熔化层（见图 8-15 中③）。

（4）螺柱端部侵入熔池，电弧熄灭，同时焊枪的电磁铁释放弹簧压力作用在螺柱（见图 8-15 中④）。

（5）接头形成，焊接结束，整个焊接过程不超过 100 ms（见图 8-15 中⑤）。

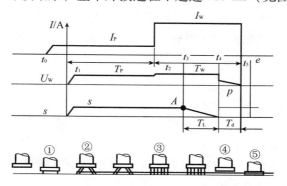

图 8-15 短周期螺柱焊工作循环图

I_W-焊接电流；U_W-电弧电压；T_W-焊接时间；T_d-有电顶锻阶段；

I_P-先导电流；T_P-先导电弧时间；T_L-落钉时间；S-螺柱位移；

p-焊枪中弹簧对螺柱压力

短周期螺柱焊作为热源的电弧是稳定燃烧的，不像电容储能螺柱焊的电弧每瞬时都在变化，但电弧电流经过了波形调制。短周期螺柱焊设备包括电源、控制装置、送料机及焊枪，其中电源、控制箱通常装在同一箱体内。电源可以是整流器、电容器组，也可以是逆变器。一般情况下是两个电源并联，分别为先导电弧及焊接电弧供电，只有以逆变器作电源时可以用同一电源，经调制后为电弧分别提供先导电流与焊接电流。

8.2.3 螺柱焊方法的选择

电弧螺柱焊、电容储能螺柱焊以及短周期螺柱焊三类焊接方法既有共同点又分别有各自最佳的应用范围。选择焊接方法时考虑的依据主要是被焊件厚度、材质和紧固件的尺寸。

（1）螺柱直径大于 8 mm 的一般是受力接头，适合用电弧螺柱焊方法。虽然电弧螺柱焊可以焊直径约在 3~25 mm 的螺柱，但 8 mm 以下采用其他方法如电容储能螺柱焊或短周期螺柱焊更为合适。

（2）螺柱直径和焊件厚度有一定的比例关系。对电弧螺柱焊，这一比例为 3～4，对电容储能螺柱焊和短周期螺柱焊这个比例可以达到 8～10，所以板厚 3 mm 以下最好采用电容储能螺柱焊或短周期螺柱焊，而不宜采用电弧螺柱焊，虽然电弧螺柱焊也勉强可以焊 2～3 mm 的钢板。

（3）对于碳钢、不锈钢及铝合金，电弧螺柱焊、电容储能螺柱焊及短周期螺柱焊都可以选用，但对铝合金、铜及涂层钢薄板或异种金属材料最好选用电容储能螺柱焊。

8.3 高能束焊接

高能束焊通常指功率密度达到 10^5 W/cm^2 以上的焊接方法，其束流由电子、光子、离子或两种以上的粒子组合而成，属于此类高功率密度的热源有：等离子弧、电子束、激光束以及复合热源（如激光束 + 电弧）等。本节介绍电子束焊和激光焊这两种高能束焊接方法。

8.3.1 电子束焊

1. 电子束焊的原理

电子束焊是把高速运动的电子流会聚成束，轰击焊件接缝处，把机械能转变为热能，使被焊金属熔化形成焊缝的一种熔化焊方法。图 8-16 是真空电子束焊接装置的示意图。

从电子枪中产生的电子在 25～300 kV 的电压下，被加速到 0.3～0.7 倍的光速，经静电透镜和电磁透镜会聚成功率密度很高的电子束流，撞击到焊件表面，电子的动能转变为热能，使金属迅速熔化和蒸发。在高压金属蒸气的作用下熔化的金属被排开，电子束就能继续撞击深处的固态金属，在被焊件上很快形成一个锁形小孔（图 8-17），小孔周围被液态金属包围。随着电子束与焊件的相对移动，液态金属沿小孔周围流向熔池后部，因远离热源而逐渐冷却、

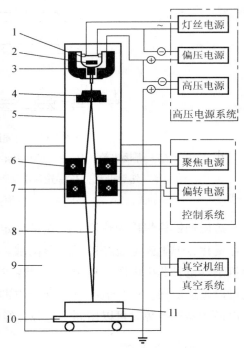

图 8-16 真空电子束焊接装置示意图

1—灯丝；2—阴极；3—聚束极；4—阳极；

5—电子枪；6—聚焦透镜；7—偏转线圈；

8—电子束；9—真空焊接室；10—焊接台；11—焊件

凝固形成焊缝。

电子束焊接过程中焊接熔池始终存在的这个小孔，从根本上改变了焊接熔池的传质、传热规律，由一般熔焊方法的热传导焊转变为深熔焊（穿孔焊），这是高能束流焊接的共同特点。

2. 电子束焊的特点

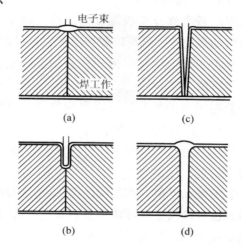

图 8 – 17　电子束焊接焊缝形成的原理
（a）接头局部熔化、蒸发；（b）金属蒸气排开
液体金属，电子束"钻入"母材；
（c）电子束穿透焊件，小孔由液态金属
包围；（d）电子束后方形成焊缝

电子束作为焊接热源有以下两个显著的特征。

①极高的功率密度。电子束焊接时常用的加速电压范围为 $30 \sim 150 \text{ kV}$，电子束电流为 $20 \sim 1\ 000 \text{ mA}$，而电子束焦点直径仅为 $0.1 \sim 1 \text{ mm}$，这样，电子束的功率密度可高达 100 W/cm^2 以上；

②精确、快速的可控性。电子的质量极小（$9.1 \times 10^{-13} \text{ kg}$）而带有一定的负电荷（$1.6 \times 10^{-19} \text{ C}$），其荷质比高达 $1.76 \times 10^{11} \text{ C/kg}$，通过电场、磁场可对电子束做快速而精确地控制。电子束的这一特点明显优于激光，后者只能用光学透镜和反射镜控制，速度较慢。基于电子束的上述特征，电子束焊接具有下列主要特点。

（1）优点。

①焊缝深宽比大。电子束的穿透能力强，焊缝的深宽比可达到 $50:1$ 甚至更高。由此可见电子束焊时可以不开坡口实现大厚度单道焊接，与电弧焊相比可以节省辅助材料和能源消耗数十倍。

②焊接速度快，热影响区小、焊接变形小。电子束焊接速度一般在 1 m/min 以上，焊缝热影响区很小，有时甚至几乎不存在。焊接热输入小以及可获得近似平行焊缝的

特点使电子束焊接的变形很小，对于精加工的焊件，电子束焊可用做最后的连接工序，焊后仍保持足够高的精度，无须再做加工而直接装配使用。

③焊缝质量高。真空电子束焊接不仅可以防止熔化金属受到有害气体的污染，而且有利于焊缝金属的除气和净化，因而特别适于活泼金属和高纯度金属的焊接，也常用于焊接真空密封元件，焊后元件内部保持在真空状态。

④适应性强。电子束焊的各个规范参数能方便地独立调节且调节范围很宽，可以焊接各种金属以及复合材料如陶瓷等，既可以焊接厚板也可以焊接薄板。

⑤焊接可达性好。电子束在真空中可以传到较远的位置上进行焊接，因而能够焊接一般焊接方法难以接近的部位。

⑥可控性好。通过控制电子束的偏移，可以实现复杂接缝的自动焊接，也可以通过电子束扫描熔池来消除缺陷，提高接头质量。

（2）缺点。

①设备比较复杂，价格昂贵。

②焊前对接头加工、装配要求严格，必须保证接头位置准确、间隙小而均匀。

③真空电子束焊接时，被焊件尺寸和形状常受到真空室的限制。

④电子束易受杂散电磁场干扰，影响焊接质量。

⑤电子束焊接时会产生X射线，需要严加防护以确保操作人员的健康和安全。

3. 电子束焊的分类

电子束焊的分类方法很多，通常多按照加速电压和焊件所处环境的真空度分类。

按电子束加速电压的高低可分为高压电子束焊接（120 kV以上）、中压电子束焊接（60～100 kV）和低压电子束焊接（40 kV以下）三类。

在相同功率的情况下，高压电子束焊接所需的束流小、加速电压高，这样就易于获得直径小、功率密度大的束斑和深宽比大的焊缝，对大厚度板材的单道焊及难熔金属和热敏感性强的材料的焊接特别适宜。高压电子束焊接的缺点是：屏蔽焊接时产生的X射线比较困难，电子枪的静电部分为防止高压击穿需用耐高压的绝缘子，使其结构复杂而笨重。

当电子束的功率不超过30 kW时，中压电子束焊机的电子枪能保证束斑的直径小于0.4 mm。除极薄的材料外，这样的束斑尺寸完全能满足焊接要求。30 kW的中压电子束焊机可焊接的最大钢板厚度可达70 mm左右，中压电子束焊接时产生的X射线完全能由适当厚度的钢制真空室壁所吸收，不需要采用铅板防护；电子枪极间不要求特殊的绝缘子，所以电子枪可以做成固定式或移动式。

低压电子束焊机不需要采取铅板的特别防护，也不存在电子枪间跳高压的危险，所以设备简单，电子枪可做成小型移动式的。其缺点是在相同功率的情况下，低压电子束的束流大、加速电压低，束流的会聚较困难，通常低压电子束的束斑直径难以达到1 mm以下，其功率也仅限于10 kW以内，所以低压电子束焊接只适宜于焊缝深宽比要求不高的薄板材料的焊接。

按被焊件所处环境的真空度可分为三种：高真空电子束焊、低真空电子束焊和非真空电子束焊。

高真空电子束焊是在 $10^{-4} \sim 10^{-1}$ Pa 的压强下进行的。良好的真空条件可以保证对熔池的"保护"，防止金属元素的氧化和烧损，适用于焊接活泼金属、难熔金属和质量要求高的焊件，是目前电子束焊接应用最广的一种方法，但也存在诸如被焊件的大小受工作室尺寸的限制、真空系统复杂、抽真空时间长等缺点，既降低了生产率，也增加了焊接的成本。

低真空电子束焊是使电子束通过隔离阀及气阻孔道进入在 $10^{-1} \sim 10$ Pa 压强下的工作室进行的，低真空电子束焊接熔池周围的污染程度不超过 12×10^{-6}，仍比焊接用的氩气要纯洁；一定压强时的低真空电子束流密度及其相应的功率密度的最大值与高真空的最大值相差很小，因此，低真空电子束虽然有些散射，但只要适当提高束流的加速电压，基本上仍然保持束流密度和功率密度高的特点。由于只需抽到低真空，所以适用于大批量零件的焊接和在生产线上使用。

非真空电子束焊接亦称为大气压电子束焊接。在非真空电子束焊接中，电子束仍然在高真空条件下产生，然后引入到大气压力的环境中对工件进行施焊，但由于气体压强增加，电子束会产生散射，其功率密度明显下降。这种焊接方法的最大优点是摆脱了工作室的限制，因而扩大了电子束焊接的应用范围，并推动这一技术向更高阶段的自动化方向发展。目前，非真空电子束焊接已开始在工业中应用，如用于薄板高速（ > 15 m/min）焊接，特别是不等厚接头的焊接。当前世界上建立的最大的非真空焊接工作站的容积达到 300 m³，电子枪在工作室内运动，在工业电视和焊缝跟踪系统的帮助下进行焊接。

4. 电子束焊的应用

随着电子束焊接工艺及设备的发展，特别是近 10 年来工业生产中对高精度、高质量连接技术需求的不断扩大，电子束焊接在航空、航天、核、能源工业、电子、兵器、汽车制造、纺织、机械等许多工业领域已经获得了广泛应用。

在能源工业中，各种压缩机转子、叶轮组件、仪表膜盒等；在核能工业中，反应堆壳体、送料控制系统部件、热交换器等；在飞机制造业中，发动机机座、转子部件、起落架等；在化工和金属结构制造业中，高压容器壳体等；在汽车制造业中，齿轮组合体、后桥、传动箱体等；在仪器制造业中，各种膜片、继电器外壳、异种金属的接头等都成功地应用了电子束焊。

另外，电子束焊还是一种适合于在太空进行的焊接方法，早在 1984 年，人类已在太空环境中利用一种手工电子束焊枪进行了焊接试验。电子束焊将成为太空环境中焊接人造天体的一种重要的焊接方法。

8.3.2 激光焊

1. 激光焊的原理及分类

随着生产的发展，对焊接技术的要求越来越高，激光焊接已成为对很多材料和结构不可缺少的焊接手段。激光焊就是利用激光器产生的高能量密度的激光光束作为热源的一种熔焊方法。激光器的种类很多，目前用于焊接的激光器主要有两大类：气体激光器和固体激光器（如图 8 – 18），前者以 CO_2 激光器为代表，后者以 YAG（钇铝石榴石）激光器为代表。

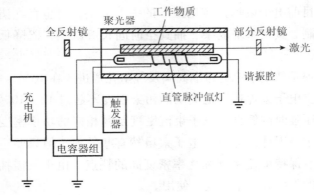

图 8 – 18　固体激光器的结构示意图

根据激光对焊件的作用方式，激光焊分为脉冲激光焊和连续激光焊。脉冲激光焊时，激光以脉冲的方式输出，其脉冲宽度、脉冲能量均精确可调，所以输入到焊件上的能量是断续的，因此，小功率的脉冲激光焊接尤其适合于 $\phi0.5$ mm 以下金属丝与丝、丝与板或薄膜之间的点焊，特别是微米级细丝、箔的点焊。脉冲激光焊中大量使用的脉冲激光器主要是 YAG 激光器，也可将连续输出的 YAG 激光器和 CO_2 激光器通过打开或关闭装在激光器上的光闸用于脉冲焊接。

连续激光焊时，激光连续稳定地输出，焊缝成型主要由激光功率及焊速确定。连续激光焊在激光器输出功率较低时，光的反射损失较大，为减少光能反射损失，通常要对被焊材料表面进行适当地处理（如黑化）。高功率激光焊时，熔池表面还会形成金属蒸气的等离子云，使激光束能量的反射损失显著增大、熔深减小，必须采用脉冲调制或气流吹除的办法来排除这一影响，保证焊接过程的顺利进行。连续激光焊可以使用大功率的钇铝石榴石激光器，但用得最多的还是 CO_2 激光器，因为 CO_2 激光器的效率更高，功率更大，而且因为是连续稳定地输出，因而可以进行从薄板精密焊到 50 mm 厚板深熔焊等各种焊接。

根据实际作用在焊件上的功率密度，激光焊接还可分为热传导焊接（功率密度小于 10^5 W/cm^2）和深熔焊接（功率密度不小于 10^5 W/cm^2）。

热传导焊接时，焊件表面温度不超过材料的沸点，焊件吸收的光能转变为热能后，通过热传导将焊件熔化，无小孔效应发生，焊接过程与非熔化极电弧焊相似，熔池形状近似为半球形。

深熔焊接时，金属表面在光束作用下，温度迅速上升到沸点，金属迅速蒸发形成的蒸气压力、反冲力等能克服熔融金属的表面张力以及液体的静压力等而形成小孔，激光束可直接深入材料内部，所以也叫小孔型或穿孔型焊接，光斑的功率密度更高时，所产生的小孔能贯穿整个板厚，因而能获得深宽比大的焊缝。图 8 – 19 为激光深熔焊接示意图。

2. 激光焊的特点

激光具有如下特性。

（1）亮度高。激光束可以通过光学系统汇聚成面积很小的斑点（ < 1 mm），所以其亮度要比普通光源高百万倍，有些脉冲激光器的光脉冲持续时间还可压缩至 10^{-9} ~ 10^{-12} s 甚至更短，这样其亮度甚至比太阳还亮 16 个数量级。

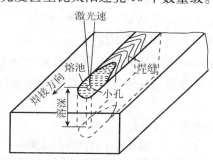

图 8 – 19　激光深熔焊接示意图

（2）方向性好。激光的发散角很小，接近于理想的平行光。

（3）单色性强。单色性是指激光的频率宽度很窄，或者说波长的变化范围很小，激光的单色性比普通光源好万倍以上。

（4）相干性好。相干性是指在不同的空间点上以及不同的时刻光波场相位的相关性。

激光上述的四个特性可以使激光能量在空间和时间上高度集中，因而是进行焊接和切割的理想热源。所以激光焊具有如下特点。

（1）聚焦后的功率密度可达 10^5 ~ 10^7 W/cm^2 甚至更高，加热集中，热影响区窄，因而焊件产生的应力和变形极小，特别适宜于精密焊接和微小零件的焊接。

（2）可获得深宽比大的焊缝，焊接厚件时可不开坡口一次成型，激光焊缝的深宽比目前已达 12∶1，不开坡口单道焊接的厚度已达 50 mm。

（3）适宜于难熔金属、热敏感性强的金属以及热物理性能相差悬殊、尺寸和体积悬殊焊件的焊接，甚至可以焊接陶瓷、有机玻璃等非金属材料。

（4）能透射、反射，有的还可以用光纤传输，在空间远距离传播而衰减很小，可焊接一般焊接方法难以施焊的部位和对密闭容器内的焊件进行焊接。

（5）激光束不受电磁干扰，无磁偏吹现象，适宜于焊接磁性材料。

（6）与电子束焊接相比，不需要真空室，不产生 X 射线，观察及对中方便。

（7）一台激光器可以完成多种工作，既可以焊接，还可以切割、合金化和热处理等。

激光焊的不足之处是设备的一次性投资大，对高反射率的金属直接进行焊接比较困难，可焊接的焊件厚度尚比电子束焊的小，对焊件加工、组装、定位要求高，激光器的电光转换及整体运行效率低。

3. 激光焊复合技术

激光焊复合技术是指将激光焊与其他焊接组合起来的集约式焊接技术，它是为了克服单纯激光焊的一些不足、扩展激光焊的应用而于近年来发展起来的一种新的工艺技术，其优点是能充分发挥组合中每种焊接方法的优点并克服某些不足。单纯的激光焊接由于激光束流细小，因此对接头的间隙要求比较高（<0.10 mm），熔池的搭桥能力较差，同时由于反射、等离子云等问题，严重影响焊接过程的稳定性，光能利用率低，能量浪费大，严重影响了激光焊接应用的进一步扩展。运用激光焊接复合技术能够较好地解决这些问题。近几年来，激光焊接复合技术发展很快，已应用于实际生产。目前，激光焊接复合技术主要有激光 - 电弧焊、激光 - 高频焊、激光 - 压焊等形式。

4. 激光焊的应用

激光焊接的一些应用实例见表 8 - 4。

表 8 - 4　激光焊接的部分应用实例

应用行业	实　例
航　空	发动机壳体、风扇机匣、燃烧室、流体管道、机翼隔架、电磁阀、膜盒等
航　天	火箭壳体、导弹蒙皮与骨架、陀螺等
造　船	舰船钢板拼焊
石　化	滤油装置多层网板
电子仪表	集成电路内引线、昆像管电子枪、全钽电容、速调管、仪表游丝、光导纤维
机　械	精密弹簧、针式打印机零件、金属薄壁波纹管、热电偶、电液伺服阀等
钢　铁	焊接厚度 0.2 ~ 8 mm，宽度为 0.5 ~ 1.8 mm 的硅钢、高中低碳钢和不锈钢，焊接速度为 1 ~ 10 m/min
汽　车	汽车底架、传动装置、齿轮、蓄电池阳极板、点火器叶中轴拨板组合件等
医疗器械	心脏起搏器以及心脏起搏器所用的锂碘电池等
食　品	食品罐

复习思考题

1. 什么是电渣焊？其基本原理是什么？
2. 什么是螺柱焊？它具有哪些特点？
3. 高能束焊接有哪几类？各有什么特点？

参考文献

［1］韩国明．焊接工艺理论与技术［M］．第二版．北京：机械工业出版社，2007．

［2］技工学校机械类通用教材编审委员［M］．焊工工艺学（第四版）．北京：机械工业出版社，2005．

［3］陈云祥．焊接工艺（焊接专业）［M］．北京：机械工业出版社，2006．

［4］邱宏星，陈太贵．新编焊工速成［M］．福州：福建科学技术出版社，2008．

［5］伍广．焊接工艺［M］．北京：化学工业出版社：2002．

［6］叶琦．焊接技术［M］．北京：化学工业出版社：2005．

［7］熊腊森．焊接工程基础［M］．北京：机械工业出版社，2002．

［8］雷世明．焊接方法与设备［M］．北京：机械工业出版社，2000．

［9］英若采．熔焊原理及金属材料焊接［M］．第2版．北京：机械工业出版社，1999．

［10］陈伯蠡．焊接工程缺欠分析与对策［M］．北京：机械工业出版社，1997．

［11］中国机械工程学会焊接学会．焊接手册第2卷第3版（材料的焊接）［S］．北京：机械工业出版社，2008．

［12］中国机械工程学会焊接学会．焊接手册第1卷第3版（焊接方法及设备）［S］．北京：机械工业出版社，2007．

［13］简明焊工手册编写组．简明焊工手册［S］．第3版．北京：机械工业出版社，2000．

［14］中国焊接协会培训工作委员会．焊工取证上岗培训教材［M］．北京：机械工业出版社，2001．

［15］刘云龙．焊工技师手册［M］．北京：机械工业出版社，2000．

［16］刘海棠．焊工基本技能［M］．北京：中国劳动出版社，2006．

［17］刘春玲．焊工快速入门［M］．北京：国防工业出版社，2007．

［18］刘云龙．CO_2气体保护焊技术［M］．北京：机械工业出版社，2009．

［19］国家职业资格培训教材编审委员会．刘云龙．焊工（初级）［M］．北京：

机械工业出版社，2005.

[20] 国家职业资格培训教材编审委员会，刘云龙主编. 焊工（中级）[M]. 北京：机械工业出版社，2007.

[21] 国家职业资格培训教材编审委员会，刘云龙主编. 焊工（高级）[M]. 北京：机械工业出版社，2007.

[22] 龚爱民，宁平. 焊接工艺创新设计与智能化生产新技术 [CD]. 哈尔滨：黑龙江文化音像出版，2004.